安装工程识图与施工工艺

主　编　郭远方　张会利

副主编　江丹迪　吴晶晶

主　审　许光毅

西南交通大学出版社

·成　都·

图书在版编目（CIP）数据

安装工程识图与施工工艺 / 郭远方，张会利主编
. —成都：西南交通大学出版社，2021.6
ISBN 978-7-5643-7976-6

Ⅰ. ①安… Ⅱ. ①郭… ②张… Ⅲ. ①建筑安装－建筑制图－识图－教材②建筑安装－工程施工－教材 Ⅳ. ①TU204②TU758

中国版本图书馆 CIP 数据核字（2021）第 024161 号

Anzhuang Gongcheng Shitu yu Shigong Gongyi
安装工程识图与施工工艺
主编 郭远方 张会利

责任编辑	杨 勇
封面设计	原谋书装
出版发行	西南交通大学出版社 （四川省成都市金牛区二环路北一段 111 号 西南交通大学创新大厦 21 楼）
发行部电话	028-87600564 028-87600533
邮政编码	610031
网 址	http://www.xnjdcbs.com
印 刷	成都蓉军广告印务有限责任公司
成品尺寸	185 mm × 260 mm
印 张	13
字 数	325 千
版 次	2021 年 6 月第 1 版
印 次	2021 年 6 月第 1 次
书 号	ISBN 978-7-5643-7976-6
定 价	38.00 元

课件咨询电话：028-81435775
图书如有印装质量问题 本社负责退换

前　言

安装工程识图与施工工艺是安装工程计量与计价的基础课程，要想获得正确的安装工程造价，必须会看安装工程的施工图纸并且要懂得施工工艺，安装工程识图与施工工艺实践性很强，涉及很多的标准规范。

本书根据《建筑工程施工质量验收统一标准》（GB 50300—2013）、《建筑给排水及采暖工程施工质量验收规范》（GB 50242—2002）、《给水排水管道工程施工及验收规范》（GB 50268—2008）、《消防给水及消火栓系统技术规范》（GB 50974—2014）、《建筑电气工程施工质量验收规范》（GB 50303—2015）、《建筑电气照明装置施工与验收规范》（GB 50617—2010）、《1 kV 及以下配电管线工程施工与验收规范》（GB 50575—2010）等相关规范和标准编写。

该教材为工程造价专业安装工程造价方向服务，以实际案例——宿舍楼安装施工图为例，讲解安装施工图的组成及与计量计价相关的施工工艺，相关课程是安装工程造价专业的专业基础课。本教材以一般安装工程的知识结构为准，主要分六个子分部讲解，分别是室内给水、室内排水、室内消火栓及室外给排水、电气干线、电气照明、防雷接地等，加上第一章安装工程图的制图规范。每一个子分部以概述、识图和施工工艺三个部分进行讲解。本书按照理论与实践相结合的原则，配有大量的工程实际图片，识图部分利用草图大师、revit 三维建模软件等进行实际案例和三维模型建立讲解。这样有助于读者对安装识图与施工工艺的理解和掌握。

本书由重庆建筑科技职业学院郭远方担任主编，重庆建筑科技职业学院张会利担任第二主编，重庆建筑科技职业学院江丹迪和吴晶晶担任副主编。具体编写情况为：郭远方编写第一章、第四章、第七章全部，第二章、第三章、第五章、第六章识图内容，张会利编写第六章第 1 节和第 3 节及课后习题、第三章课后习题，吴晶晶编写第二、三章第 1 节和第 3 节及第二章课后习题，江丹迪编写第五章第 1 节和第 3 节及课后习题。重庆许建业企业管理咨询有限公司创办人许光毅为本书的编写提供了很多指导、实训资料及案例，提供了部分课后习题，并且担任本书主审，在此表示衷心感谢。

在编写本书的过程中，编者参考了大量的图书和资料，在此向有关作者表示由衷的感谢。由于时间紧迫，编者水平有限，书中不足之处敬请读者批评指正。

编 者

2020 年 7 月

目　录

第一章　安装工程图

教学内容：

（1）正投影图。

（2）管道工程图常见表示。

（3）轴测投影图。

（4）剖面图。

教学目的：系统讲解安装工程图纸的表达方式和特点。

知识目标：掌握正投影的投影特点和规律；掌握轴测投影图的特点和规律，整体了解安装施工图的示例。

能力目标：运用所学的正投影和轴测投影初步识读安装工程施工图。

教学重点：正投影和轴测投影图的特点及投影规律。

第 1 节　安装工程正投影图

1.1　正投影的概念和特征

投射线相互平行且与投影面垂直，如图 1.1-1 所示，投射线垂直于各个投影面（水平投影面 H，正投影面 V，侧投影面 W），正投影法得到的投影图即为施工图中的平面图（水平投影面 H）和立面图（正投影面 V，侧投影面 W）。安装工程施工图中的平面图就是运用正投影得到的。

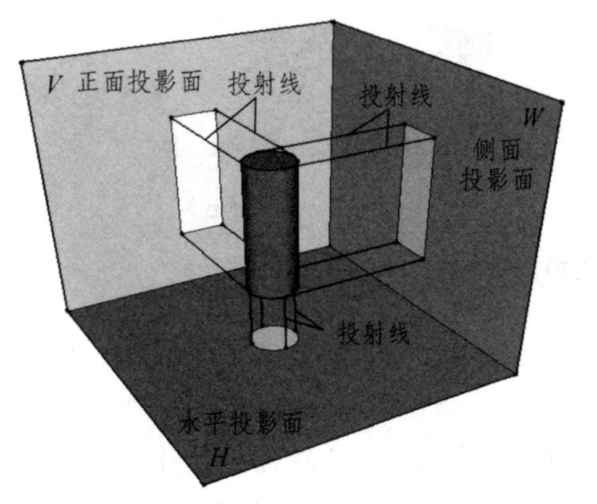

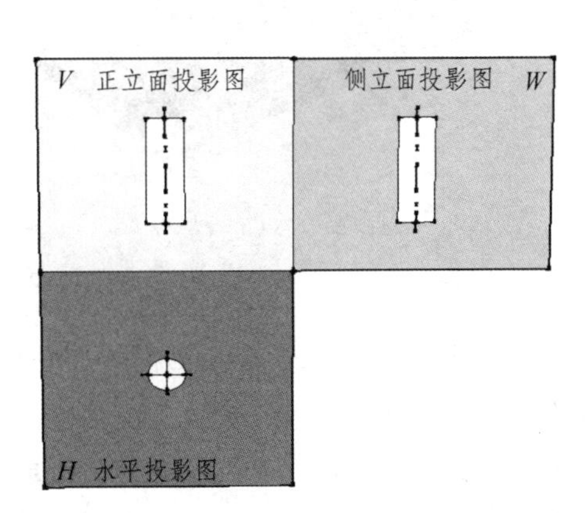

图 1.1-1　正投影

由图 1.1-1 可知，正投影有以下特征：

（1）显实性：当空间几何形体的直线或者平面平行于投影面的时候，在投影面的投影反映实长和实形。图中圆柱的上下底面平行于水平投影面 *H*，所以在水平面的投影即为与上下底面相等的圆，圆的直径即为管道的直径；圆柱的最外侧素线分别平行于 *V*、*W* 面，所以 *V*、*W* 面中矩形的高度即为管子的长度。由于显实性安装工程图中的管子、桥架、风管、配管、配线等的长度都可以由平面图测量得到。

（2）积聚性：当空间直线或者平（曲）面垂直于投影面的时候就会发生积聚，如图中圆柱的素线垂直于水平投影面 *H*，素线都积聚为 *H* 面圆周上的点（直线积聚成点）；圆柱的上下底面垂直于 *V*、*W* 面，上下底面的圆积聚成一条线，圆柱的侧面（曲面）垂直于 *H* 面，积聚成一个圆周（面积聚成线）。

（3）相似性：当直线和面倾斜于投影面时，投影图和空间线、面具有相似性，线投影之后还是线，面和面的投影具有相似性。

1.2　三面正投影的概念和投影规律

空间几何形体有长宽高三个方向的尺寸，而投影面只有两个方向的尺寸，所以要准确的反映空间几何形体的三维尺寸，用三个相互垂直的投影面 *H*、*V*、*W* 组成三面投影体系（如图 1.1-2），将三面正投影体系沿着 *Y* 轴剪开展开到同一个平面图，得到我们常说的三视图，如图 1.1-2 右图所示。在安装工程施工图中的平面图大多为水平面投影图，在水平面投影图中可以得到管子、桥架、风管、配管、配线等的长度。

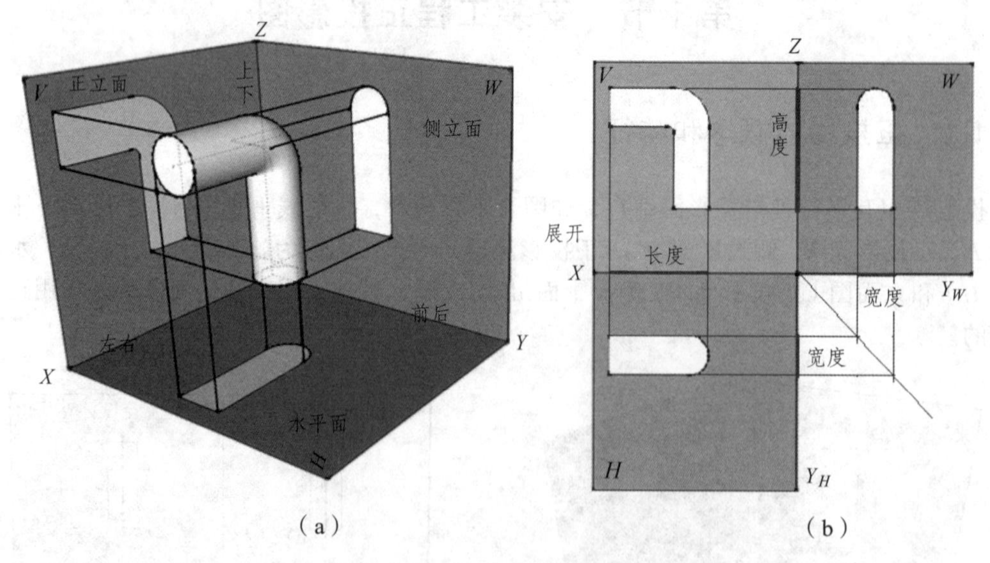

图 1.1-2　三面正投影体系

由于三视图中的每两个投影面共用一个坐标轴，所以三视投影图尺寸上相互关联，有以下投影规律（详见图 1.1-2）：

H、*V* 面共用 *X* 轴，长对正；*W*、*V* 面共用 *Z* 轴，高平齐；*H*、*W* 面共用 *Y* 轴，宽相等。

X 轴代表长度，方向为左右；*Y* 轴代表宽度，方向为前后；*Z* 轴代表高度，方向为上下。

H 面有 *X*、*Y* 轴，长度和宽度，左右和前后；*V* 面有 *X*、*Z* 轴，长度和高度，左右和上下；*W* 面有 *Z*、*Y* 轴，高度和宽度，上下和前后。

故在安装工程施工图中往往在平面图中可以得到管子、桥架、风管、配管、配线等的长度。如图 1.1-3 所示，根据图示轴线尺寸和墙体厚度，或者通过 CAD 测量命令可以得到图中相应水平管子的长度，获得相关的工程量计算。

管道工程图与建筑物轮廓线、轴线号、房间名称、楼层标高、门、窗、梁柱、平台和绘图比例等，均应与建筑专业一致，但图线应用细实线绘制。如图 1.1-3 所示，建筑墙体、门窗都为细实线表示。卫生间的放大图的建筑比例是 1∶50，那么管线的图纸实际长度是标注长度的两倍长，计算管线长度时，以标注尺寸为准。

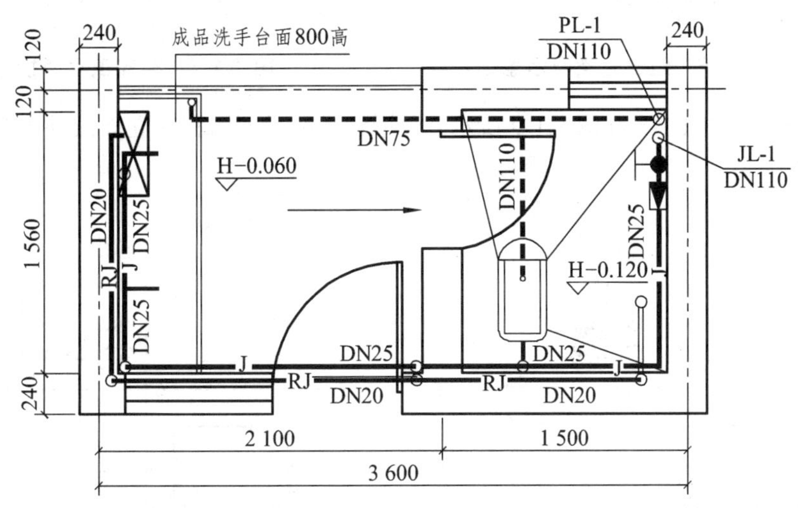

图 1.1-3　卫生间给排水平面图

1.3　举例练习

识读管线正投影图的一般方法是：看视图，想形状；对线条，找关系；合起来，想整体。综合识图举例解析如下。

【例题 1】　根据已知平面图绘制立面图（不考虑管子的长短）。如图 1.1-5 所示。

图 1.1-4　组合管水平投影图　　　　图 1.1-5　管号标示

【解析】

由平面图分析可知（图 1.1-5），其中 1、5 管是前后走向，2、4 管是上下走向，3 管是左右走向。前后走向的管垂直于正立面，那么立面图投影管子积聚成一个圆。2、3、4 管平行于正立面，管子的投影仍然为管子，反映实长。1 管深入 2 管的圆心，可知 1 管比 2 管高，在 2 管上面，同理，3 管没有深入 2 管的圆心，2 管在 3 管上面，3 管在 4 管上面，4 管在 5

管上面。综合分析可建立空间形体如图 1.1-6，补画立面图如图 1.1-7 所示（绘制时注意“长对正、高平齐”）。

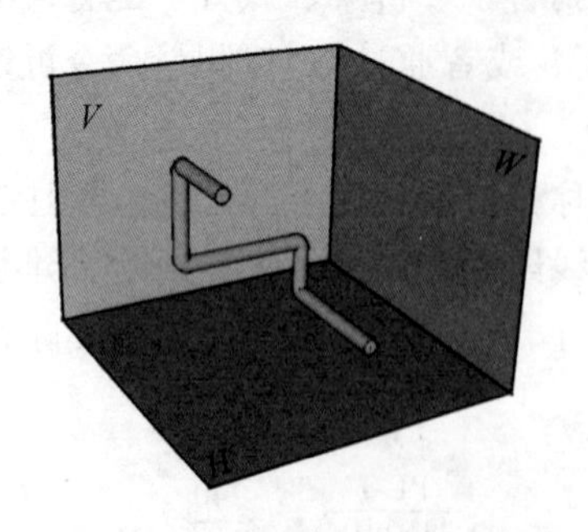

图 1.1-6 组合管空间示意

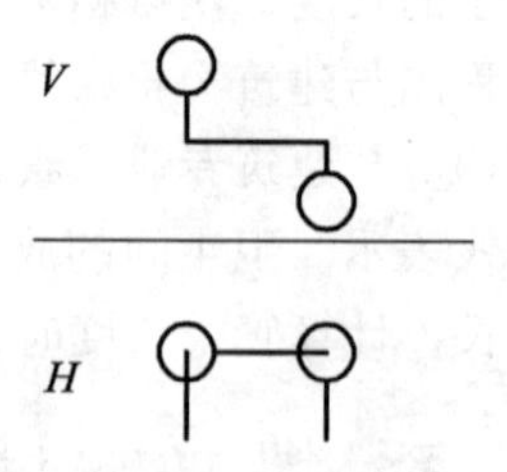

图 1.1-7 补齐正立面投影

【例题 2】 如图 1.1-8 和图 1.1-9 所示，根据管线的平面图和侧立面图补画正立面图（不考虑管子的长短）。

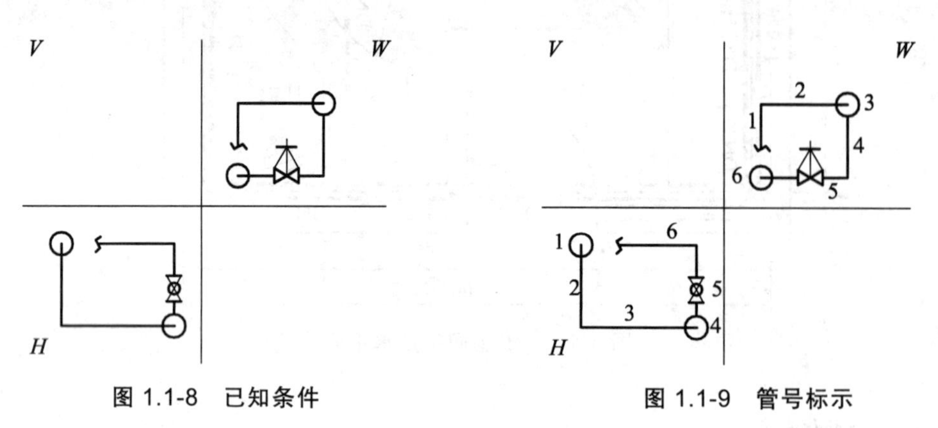

图 1.1-8 已知条件　　　图 1.1-9 管号标示

【解析】

根据“看视图，想形状”，结合平面图和侧立面可以分析得到管线的空间示意，如图 1.1-10 所示；根据“对线条、找关系”，找到管子的上下、左右、前后等方位关系，由图 1.1-10 可知，H 面投影中 2、3 管在 1、4 管上面，5、6 管在 4 管下面，W 面投影中 2、5 管在 3、6 管的左边，4 管在 3 管的右边；最后根据“合起来、想整体”，绘制正立面图如图 1.1-11。

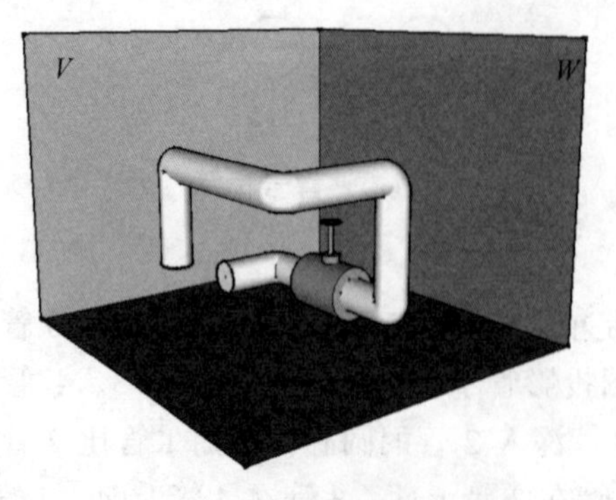

图 1.1-10 组合管空间示意

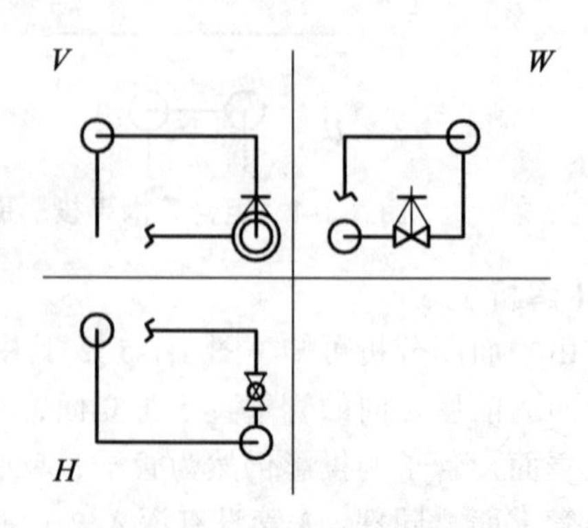

图 1.1-11 完成正立面投影

第 2 节　管道工程图常见表示

2.1　管道的单双线图

1. 单线图管子的三视图表示

单线图管子的平、立、侧面图如图 1.2-1 所示。在图中：管子的正/侧立面图是一条竖直的线；平面图是一个粗实线小圆；满足三视图的投影规律——长对正，高平齐，宽相等。

2. 双线图管子的平、立、侧面图

双线图管子的平、立、侧面图如图 1.2-2 所示。在图中：管子的正立面图是画有中心条竖直的中实线；平面图是画有字中心线的中实线小圆；满足三视图的投影规律——长对正，高平齐，宽相等。

实际工程中，管道常常用单线法表示，简单方便。

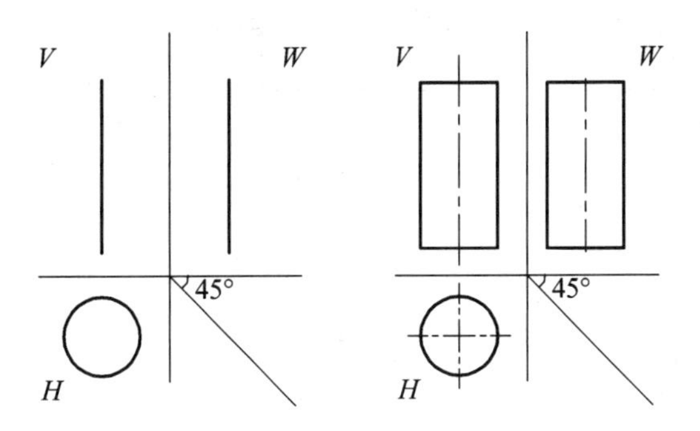

图 1.2-1　单线图/双线图

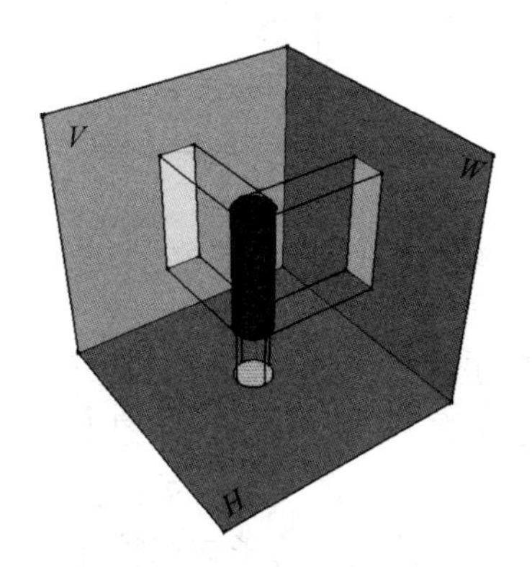

图 1.2-2　草图模型

常见管件的单双线表示如表 2.1-1。

表 1.2-1　常见管件的单双线三视图

名称	单线图	双线图	工程图例
90 度弯头	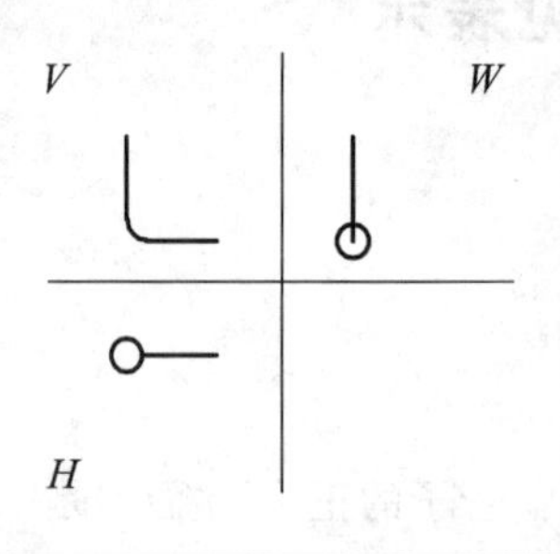 V W H	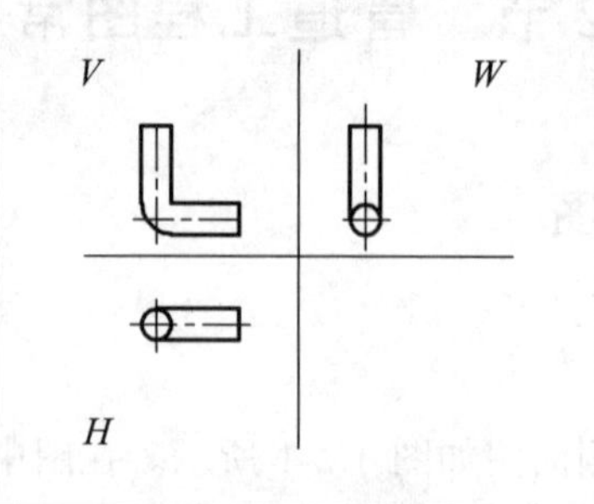 V W H	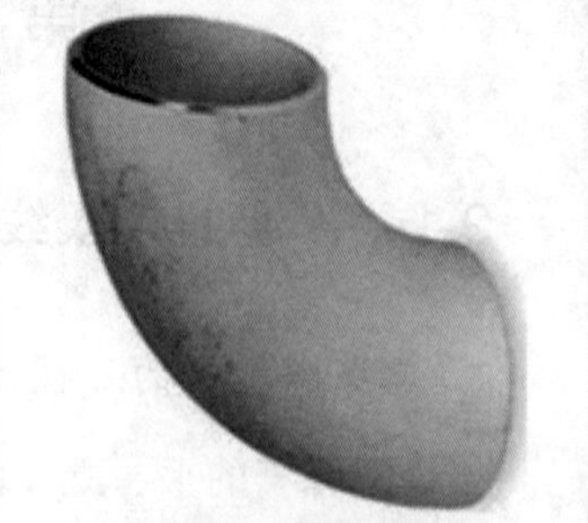
等径正三通	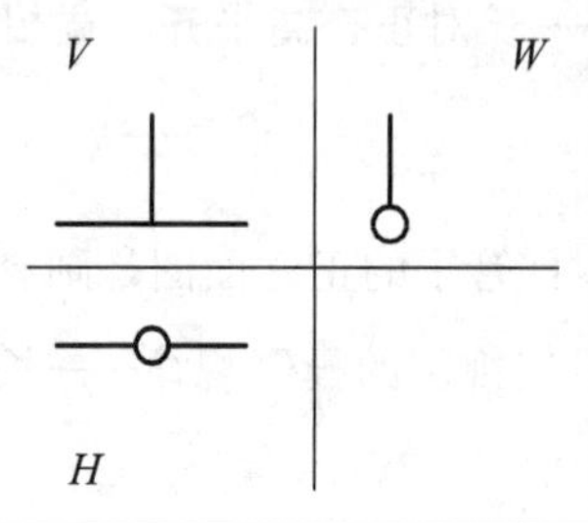 V W H	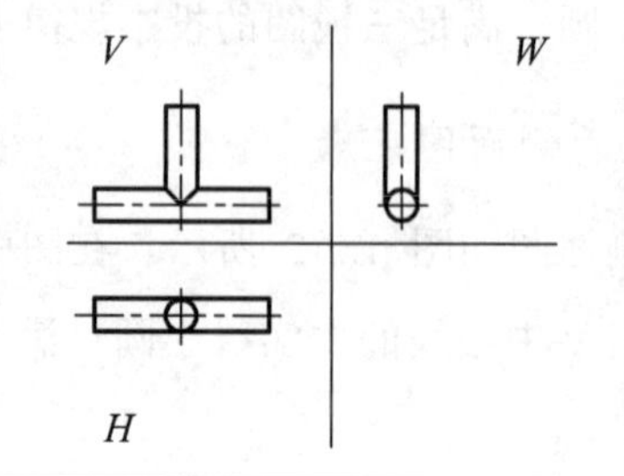 V W H	
四通管	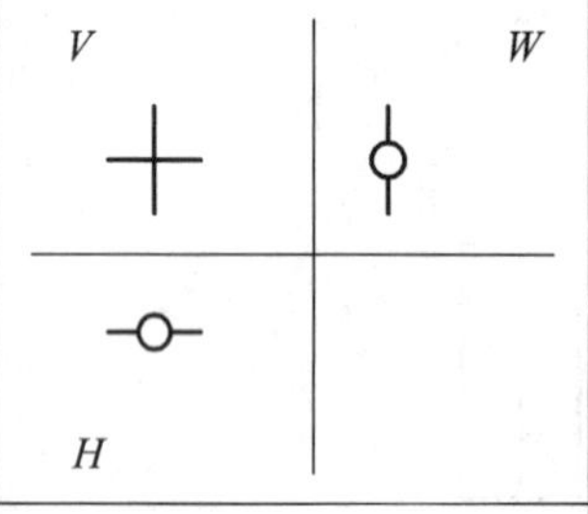 V W H	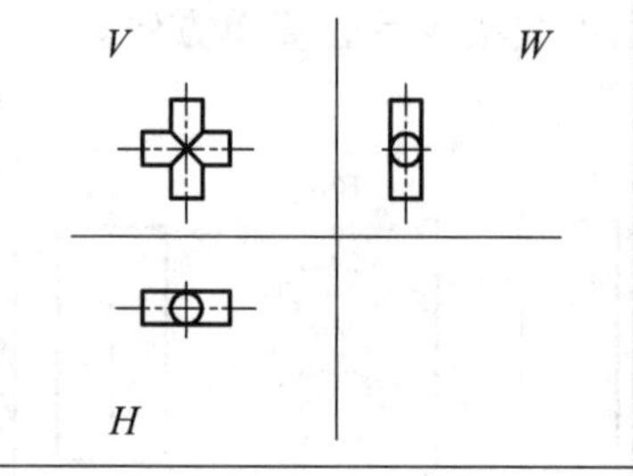 V W H	
阀门（阀柄向左）	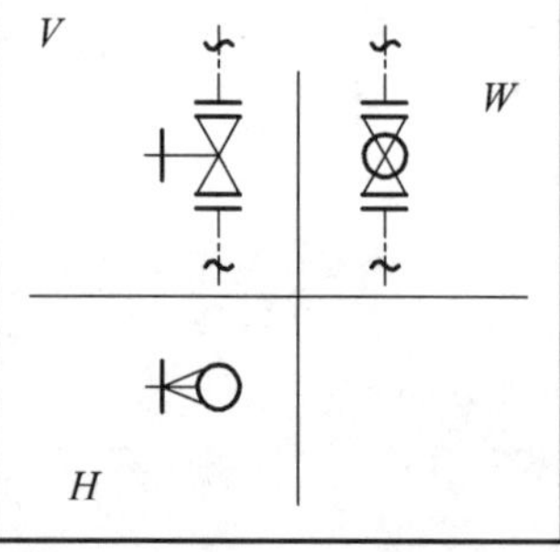 V W H	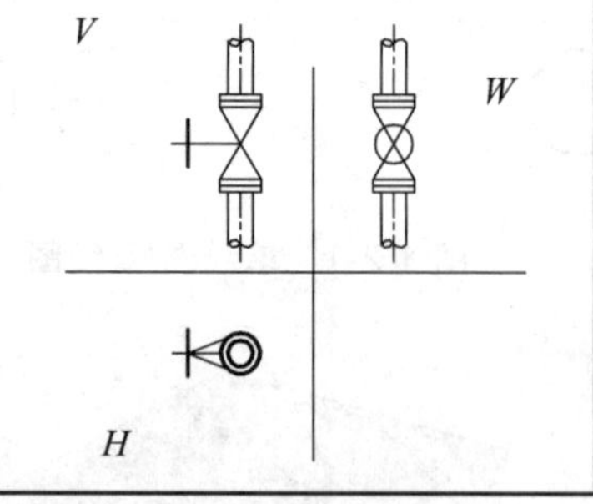 V W H	

2.2　管道的交叉与重叠

如图 1.2-3 所示，空间管道的交叉会在投影面有交点。有以下 3 种情况：单线图管子在平、立面图上的交叉；双线图管子在平面图和正立面图上的交叉；单、双线图管子在平、立面图的交叉。单线图管子在平、立面图上的交叉时被遮挡的管子在遮挡处断开（图 1.2-4）；双线图管子在平、立面图的交叉时被遮挡的管子在遮挡部分用虚线表示（图 1.2-5）；单、双线图管子在平、立面图的交叉时，单线管被双线管遮挡，遮挡部分用虚线表示，双线管被单线管遮挡时，不折断也不用虚线表示（图 1.2-6）。

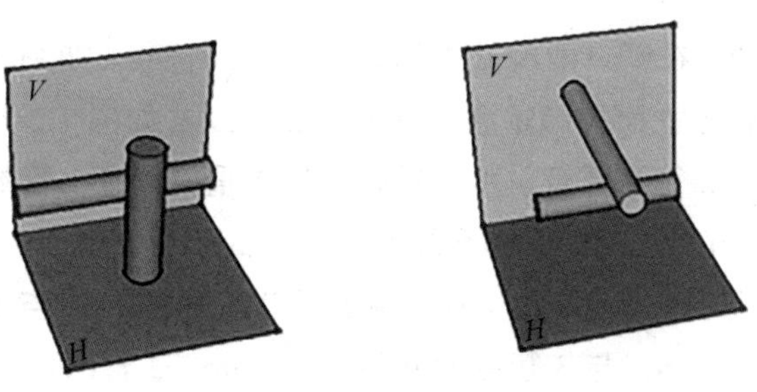

图 1.2-3　管子的交叉

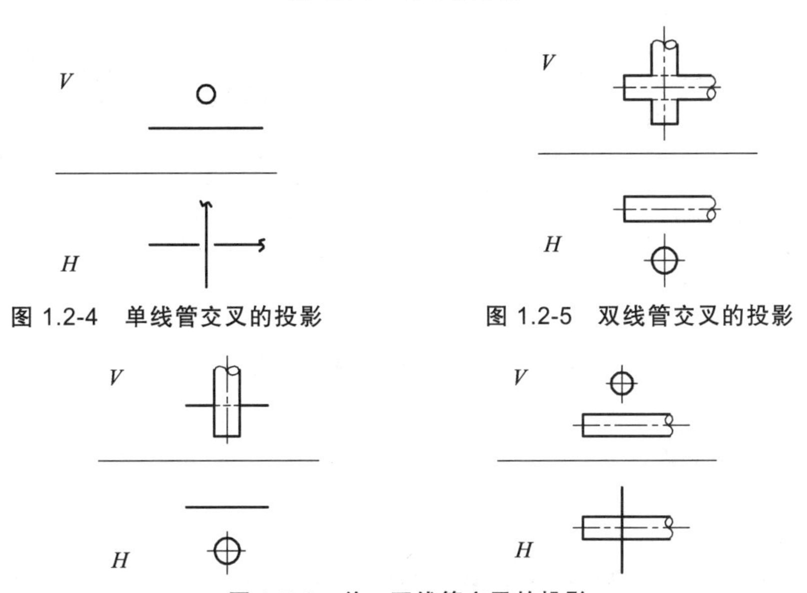

图 1.2-4　单线管交叉的投影

图 1.2-5　双线管交叉的投影

图 1.2-6　单、双线管交叉的投影

在管道的正投影图中，如果长短相等、直径相同的两根或两根以上的管子在同一投影平面重叠（如图 1.2-7），为了使重叠管线表达清楚，在平、立面图中一般采用的方法是“断高、前露低、后”，即假想将高（前）管的中间断开一段，在此露出低（后管），这种方法称折断显露法。

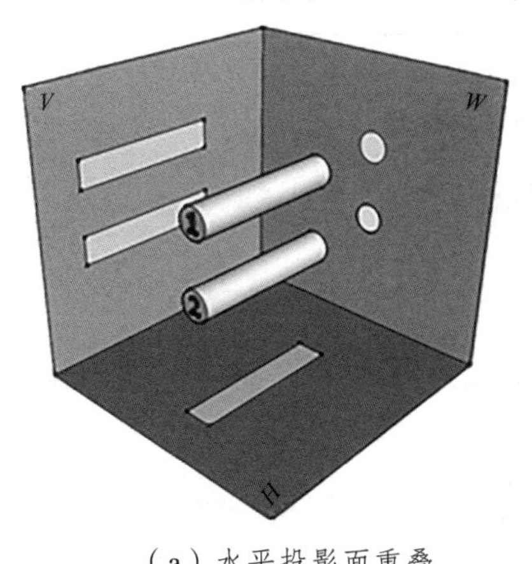

（a）水平投影面重叠

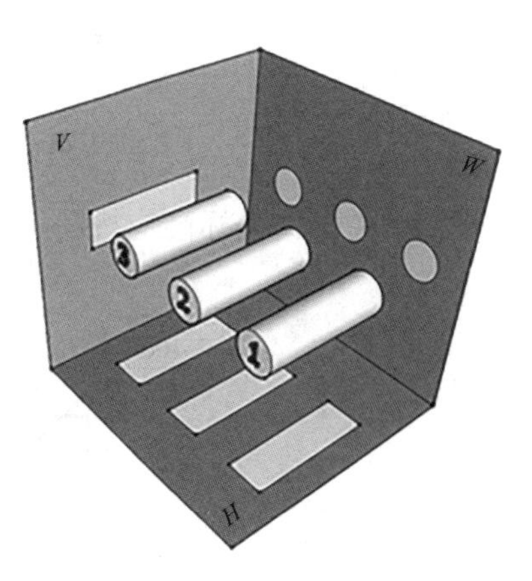

（b）正立面重叠

图 1.2-7　管子投影重叠

管子一般画成单线图，在断口两端处画细线 S 形折断符号。如图 1.2-8（a）和（b）所示，分别是水平面投影重叠和正立面投影重叠。具体平面图画法如图 1.2-8（a）和（b）所示，图 1.2-8（a）中 1 管为高管，2 管为低管；水平投影图形成重叠，将 1 管的两个断口各画 1 个 S，与 2 管端的间距 2 ~ 3 mm，2 管的两端不画 S。图 1.2-8（b）中 1 管为前管，2 管为中管，3 管为后管；正立面投影图形成重叠，将 1 管的两个断口各画 2 个 S，与 2 管端的间距 2 ~ 3 mm，将 2 管的两个断口各画 1 个 S，与 3 管端的间距 2 ~ 3 mm，3 管的两端不画 S。

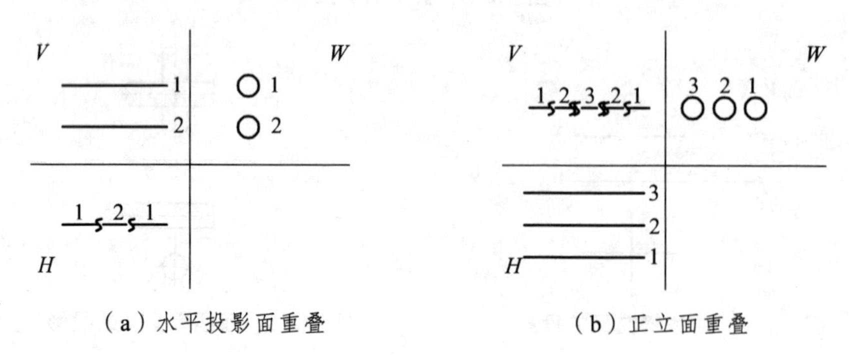

图 1.2-8　管子投影重叠三视图

2.3　管道的标高

标高的标注方法应符合下列规定：

（1）平面图中，管道标高应按图 1.2-9 的方式标注。

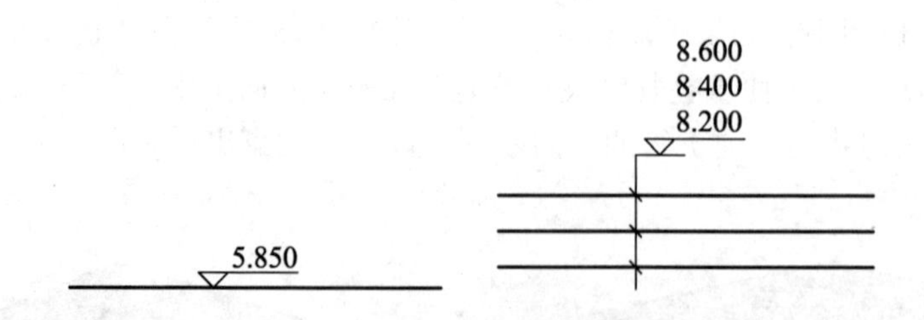

图 1.2-9　平面图中管道标高标注

（2）平面图中，沟渠标高应按图 1.2-10 的方式标注。

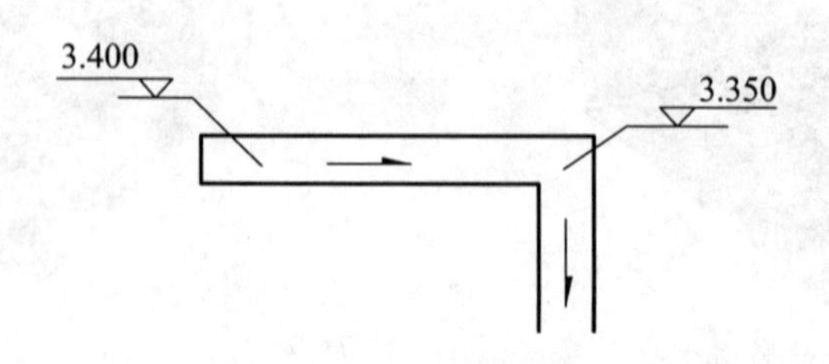

图 1.2-10　沟渠标高标注

（3）剖面图中，管道及水位的标高应按图 1.2-11 的方式标注。

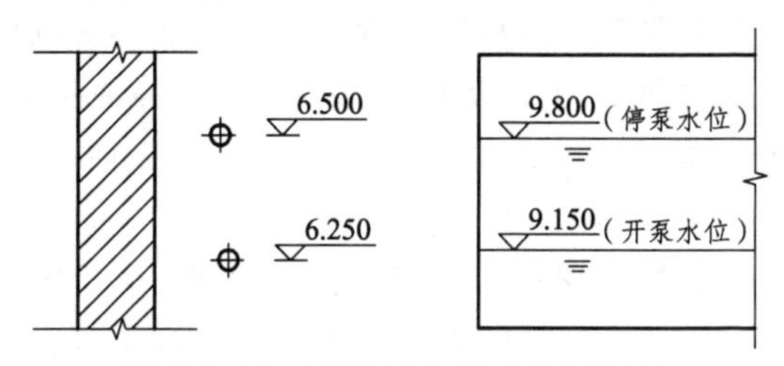

图 1.2-11　管道及水位的标高标注

（4）轴测图中，管道标高应按图 1.2-12 的方式标注。

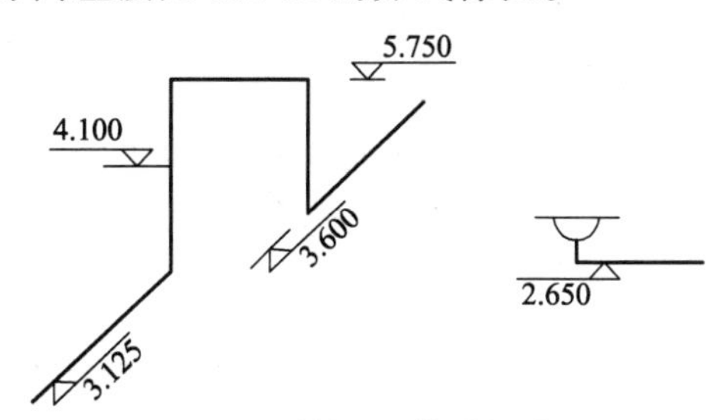

图 1.2-12　轴测图管道标高标注

第 3 节　安装工程轴测图

3.1　轴测图的概念

轴测图是用一个图面同时表达出物体的长、宽、高三个方向的尺度和形状，具有较强的立体感，生动形象，便于读者很快建立其安装工程的空间关系概念，弄清楚安装工程的上下、前后、左右三维空间关系，尺寸、标高、管道之间的相互关系等，所以系统图是安装工程施工图的重要组成部分。轴测图是采用平行投影的方法，沿不平行于任一三面投影坐标面的方向，将空间几何形体连同坐标轴投射到单一投影面上所得的图形，如图 1.3-1 所示。轴测图也叫轴测投影图。

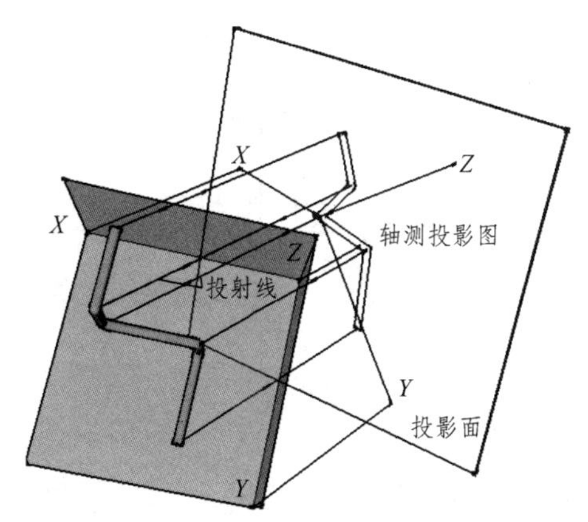

图 1.3-1　轴测图的形成

在安装工程专业中，常用的轴测图有两种：正等测图和斜等测图。

正等测图使物体的 3 个主要方向都与轴测投影面 P 具有相等的倾角，然后用与 P 平面垂直的平行投射线，将物体投射到 P 上，所得的图形称为正等轴测图（简称正等测图），如图 1.3-2 所示。正等测图的轴间角 $XOY = XOZ = YOZ = 120°$，OZ 轴一般画成铅直方向，OX 轴、OY 轴与水平线成 30°角。

斜等测图使物体的坐标平面 XOZ 平行于轴测投影面 P，然后用与 P 平面倾斜的平行投射线，将物体投射到 P 上，当三条坐标轴的轴向伸缩系数均为 1 时，所得图形称为斜等轴测图（简称斜等测图），如图 1.3-3 所示。斜等测图的轴间角 $XOZ = 90°$，$XOY = YOZ = 135°$（或 $XOY = YOZ = 45°$）。

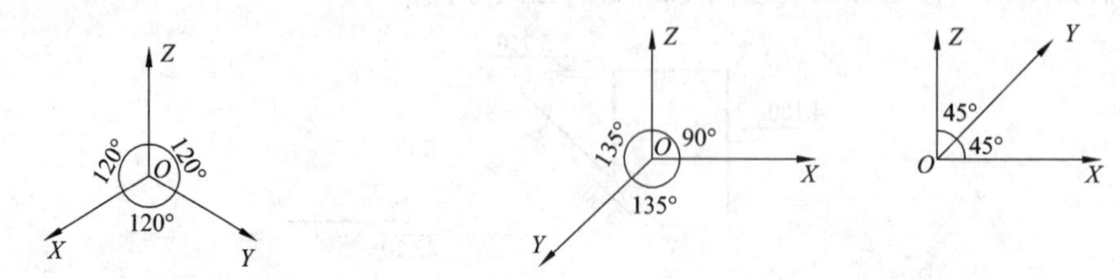

图 1.3-2　正等测图的轴间角及画法　　　图 1.3-3　斜等测图轴间角及画法

3.2　安装工程轴测系统图绘制规范

（1）轴测系统图应以 45°正面斜等测的投影规则绘制。

（2）轴测系统图应采用与相应的平面图相同的比例绘制。当局部安装工程密集或重叠处不易表达清楚时，应采用断开绘制画法，也可采用细虚线连接画法绘制。

（3）轴测系统图应绘出楼层地面线，并应标注出楼层地面标高，如图 1.3-4 所示。

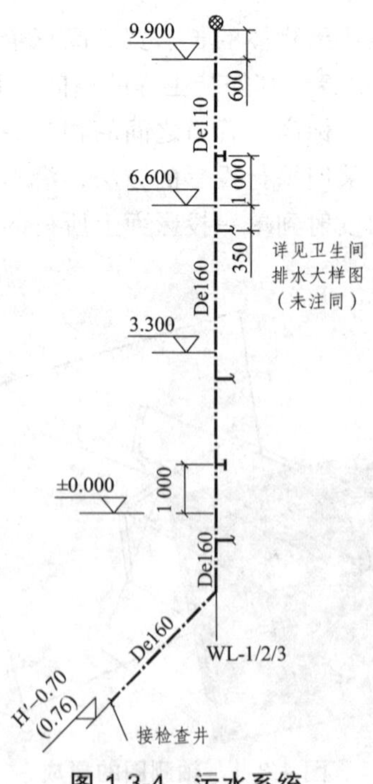

图 1.3-4　污水系统

（4）轴测系统图应绘出横管水平转弯方向、标高变化、接入管或接出管以及末端装置等，如图 1.3-5 所示。

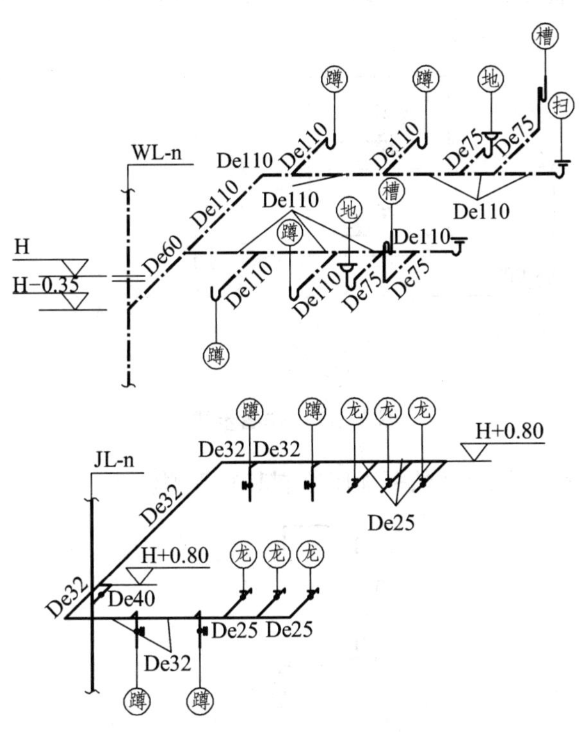

图 1.3-5　卫生间给排水轴测图（1∶50）

（5）轴测系统图应将平面图中对应的安装工程上的各类阀门、附件、仪表等给排水要素按数量、位置、比例一一绘出，如图 1.3-4、图 1.3-5 所示。

（6）轴测系统图应标注管径、控制点标高或距楼层面垂直尺寸、立管和系统编号，并应与平面图一致。

（7）引入管和排出管均应标出所穿建筑外墙的轴线号、引入管和排出管编号、建筑室内地面线与室外地面线，并应标出相应标高，如图 1.3-4、图 1.3-5 所示。

（8）卫生间放大图应绘制管道工程轴测图。多层建筑宜绘制管道工程轴测系统图，如图 1.3-5 所示。

3.3　系统图的绘制

【例题 3】　根据管线图 1.3-6 的平面图绘制其斜等测轴侧。

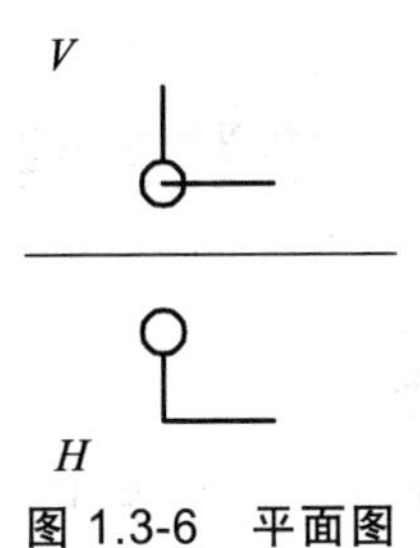

图 1.3-6　平面图

【解析】 绘制步骤见图 1.3-7。

绘制斜等测轴侧坐标系；讲管子编码；按照方位分别平行与对应的坐标系绘制管线；擦掉坐标轴。

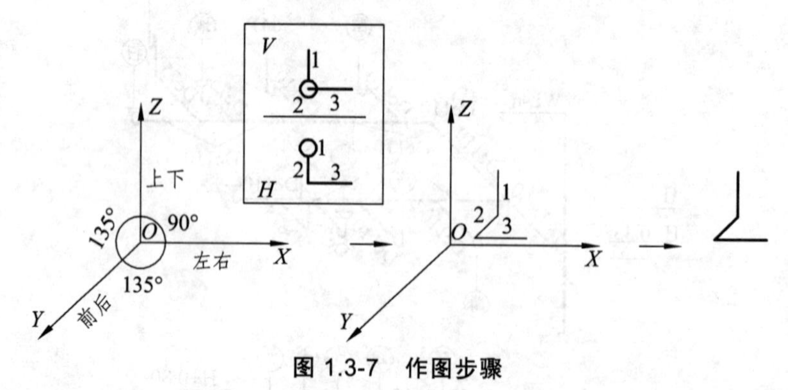

图 1.3-7 作图步骤

【例题 4】 根据管线图 1.3-8 的平面图绘制其斜等测轴侧。

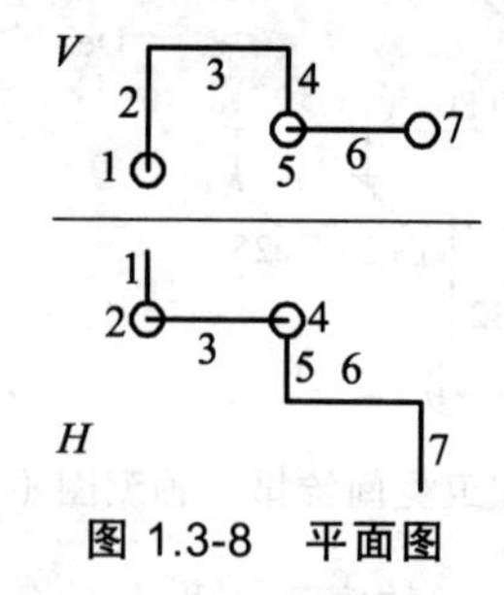

图 1.3-8 平面图

【解析】 绘制步骤见图 1.3-9。

绘制斜等测轴侧坐标系；讲管子编码；按照方位分别平行与对应的坐标系绘制管线；擦掉坐标轴。

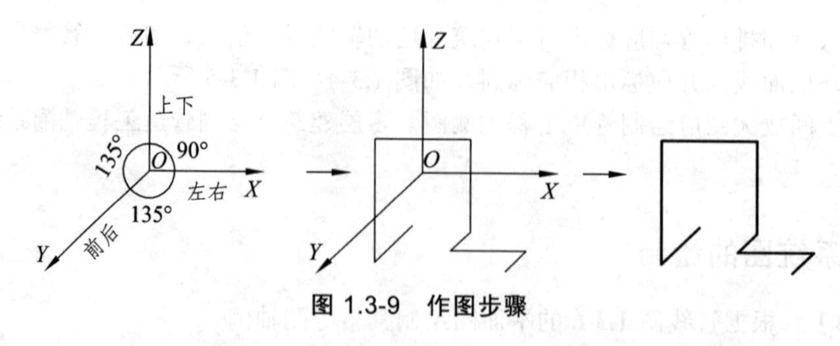

图 1.3-9 作图步骤

第 4 节 安装工程剖面图

4.1 安装工程的一般剖面图

在复杂的安装工程施工图中，往往有多根安装工程、管件、阀门，设备纵横交错，布置密集，影响识读，为了完整、清楚地反映各管线的真实结构和具体尺寸，一般采用安装工程剖面图解决。安装工程剖面图是**假想用剖切平面**在适当位置将管网剖断，移去观察者和剖切平面之间的部分（如图 1.4-1 所示），对剩余管线作正投影而得到的图形（如图 1.4-2 所示，剖切后求正立面投影）。它是利用剖切符号既能表示位置又能表示投射方向的特点，来表示管线的某个投影的。

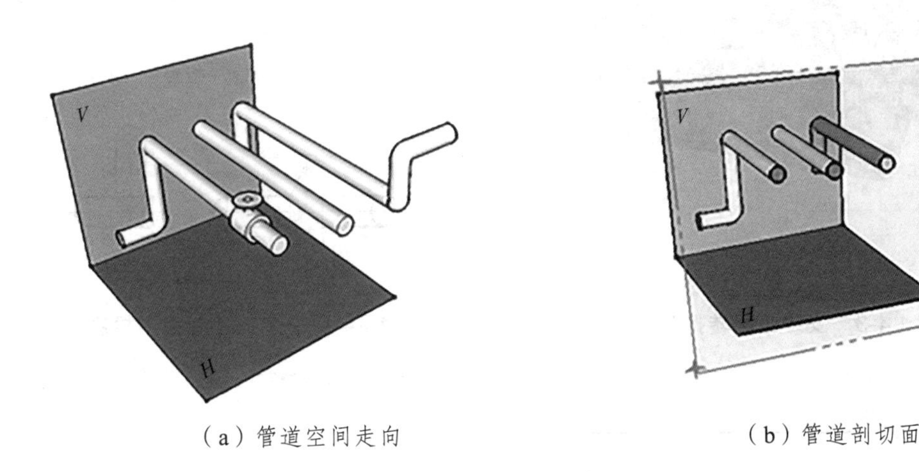

（a）管道空间走向　　（b）管道剖切面

图 1.4-1　管道三维模型图

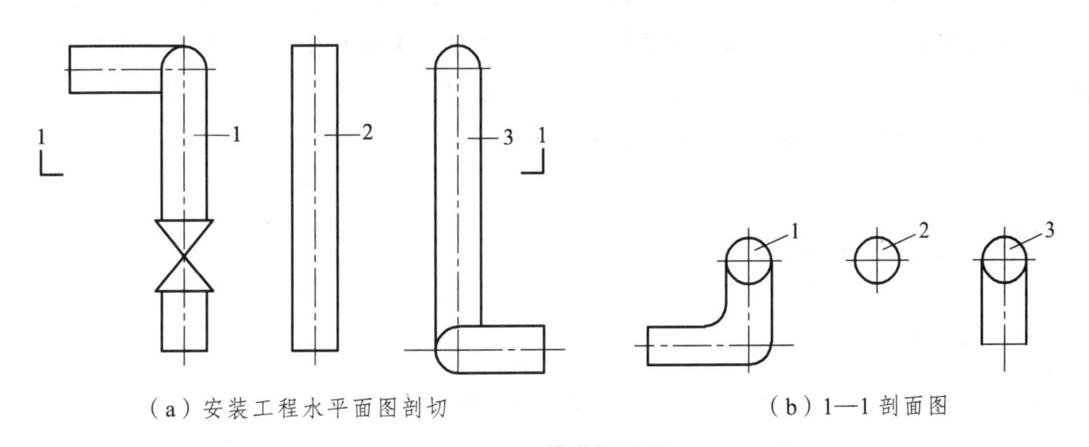

（a）安装工程水平面图剖切　　（b）1—1 剖面图

图 1.4-2　管道投影图

4.2　安装工程的特殊剖面图

用两个互相平行的剖切平面（如图 1.4-3 中，剖切平面 1、2），在管网间进行剖切，移去观察者和剖切平面之间的部分（如图 1.1-1 中），对剩余部分所作的投影图（如图 1.4-4 所示，剖切后求正立面投影）称为转折剖面图或阶梯剖。在一条剖切线上只需要剖切一部分管线，而另一部分管线需要保留时，可用转折剖来解决，一般只转折一次。在剖切转折处，用十字形粗实线表示剖切位置线，其他部分与一般剖面图标注相同。

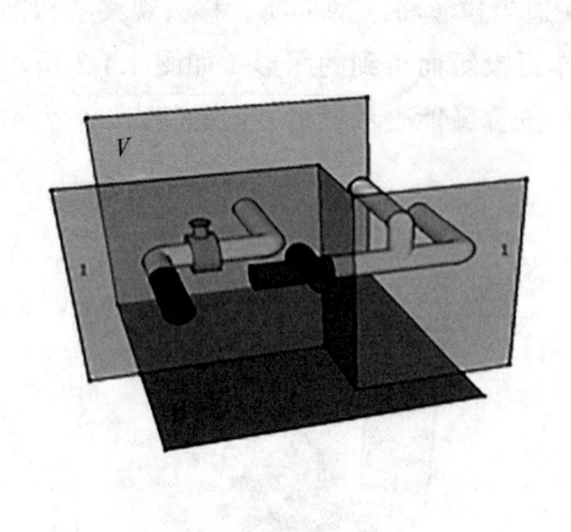

图 1.4-3　安装工程转折剖切

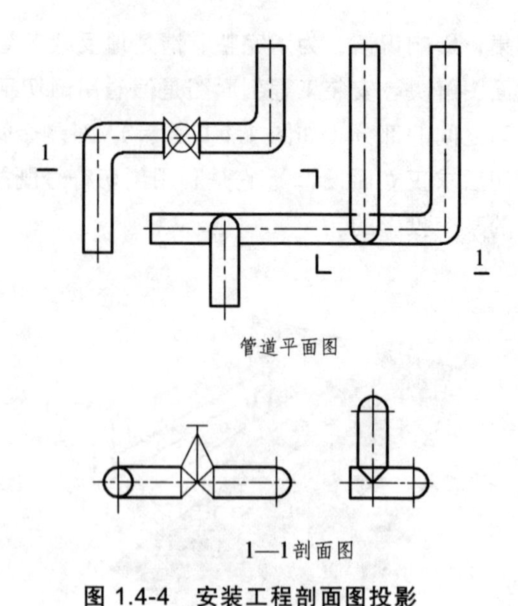

图 1.4-4　安装工程剖面图投影

本章小结

本章主要是安装工程的平面图、轴测图、剖面图的绘制要求和方法，重点是平面图和轴测图，也是安装工程施工图的重要组成部分，能够准确无误地识图绘图是进行安装工程工程量计算的基本要求和必备知识。平面图要掌握正投影的投影规律，能够补齐三视图。轴测图是安装工程的系统图，要会由平面图绘制系统图，并掌握系统图中的标高信息。

课后作业

一、选择题

1. 识读施工图纸，是工程人员必须具备的技能，在安装工程平面图上应重点识读（　　）。

　A. 安装工程平面位置　　B. 空间位置及走向　　C. 定位尺寸

　D. 安装工程规格　　E. 立面位置

2. 识读施工图纸，是工程人员必须具备的技能，在安装工程系统图上应重点识读（　　）。

　A. 安装工程平面位置　　B. 空间位置及走向　　C. 定位尺寸

　D. 安装工程规格　　E. 立面位置

3. 识读施工图纸，是工程人员必须具备的技能，在安装工程剖面图上应重点识读（　　）。

　A. 安装工程平面位置　　B. 空间位置及走向　　C. 定位尺寸

　D. 安装工程规格　　E. 立面位置

二、绘图题

阅读和抄绘下列给排水施工图的平面图和系统图，利用软件 sketchup 绘制对应的三维安装工程模型。

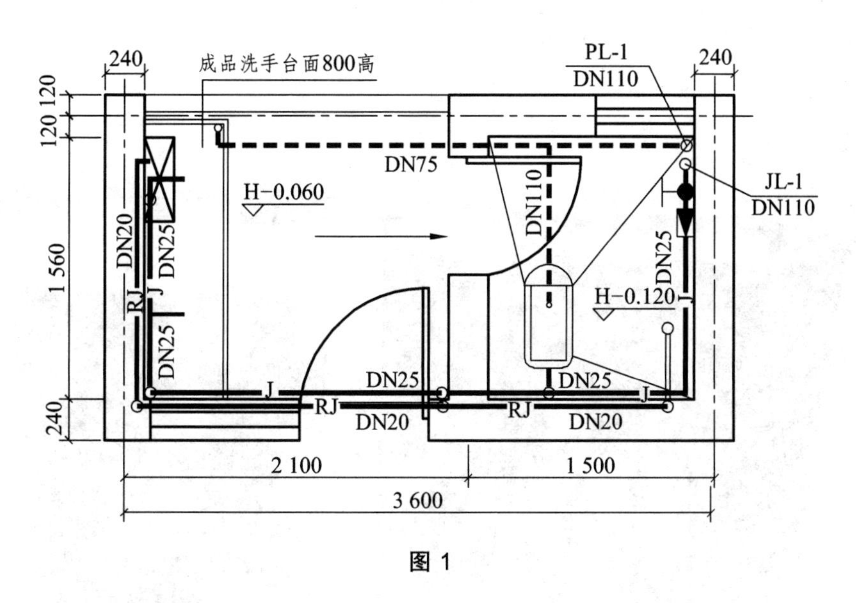

图 1

三、补齐平、立面图

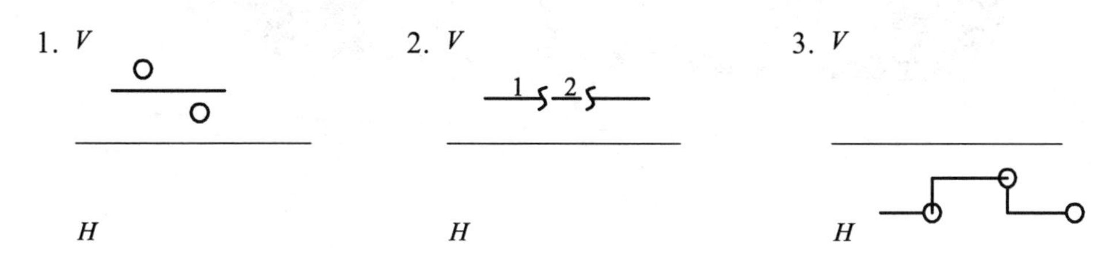

四、根据平、立面图绘制系统图，绘制正等测轴测图

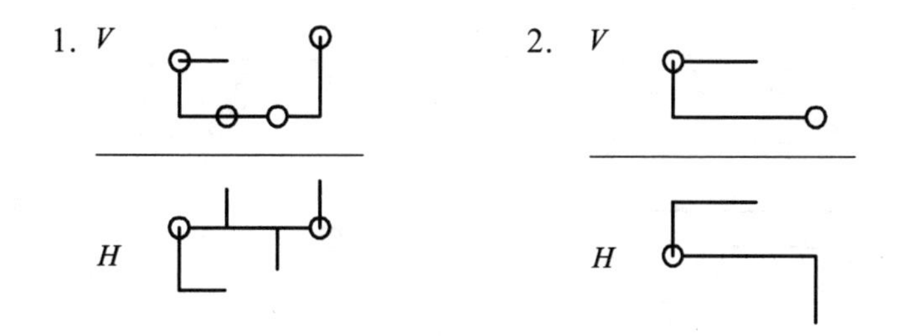

课后作业答案

一、选择题

1. ACD　　2. BDE　　3. DE

二、绘图题

草图模型：

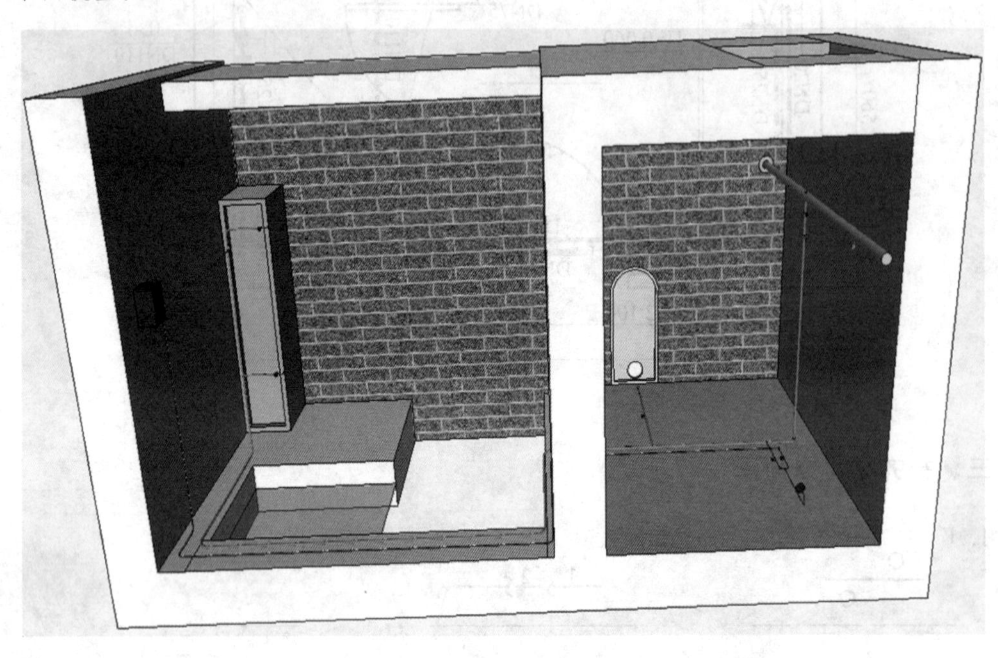

三、补齐平、立面图

1. V

H

2. V 1 2

2

H 1

3.

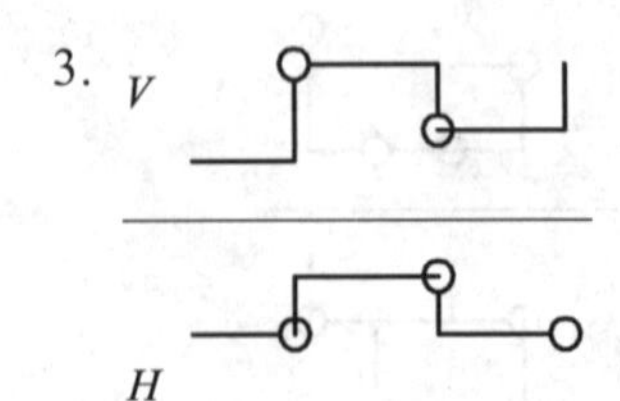

四、根据平、立面图绘制系统图，绘制正等测轴测图

1.

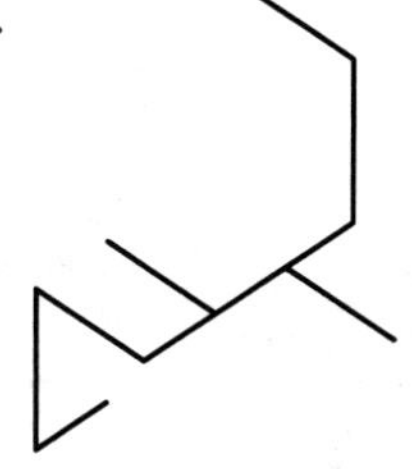

2.

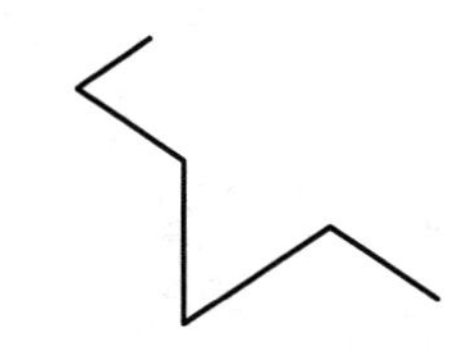

Z

120°　O　120°

120°

X　Y

第二章　建筑室内给水识图与施工工艺

教学内容：

（1）建筑给排水管道基础知识。

（2）建筑给排水系统概述。

（3）建筑给水系统概述。

（4）建筑给水系统施工图。

（5）建筑给水系统施工工艺。

教学目的：系统讲解给排水管道的基础知识、室内给水工程图的组成及相关施工工艺。

知识目标：熟悉给排水管道的基础知识，了解室内给水工程的组成，掌握室内给水工程施工图纸的组成及阅读方法，熟悉相关的施工工艺。

能力目标：读懂室内给水工程施工图，掌握室内给水工程施工工艺。

教学重点：室内给水工程施工图的阅读和造价相关施工工艺。

第 1 节　建筑给排水管道基础知识

1.1　管　径

DN 是指管道的公称直径，公称直径是为了设计、制造、安装和检修方便而人为规定的各种管道原件的通用口径，定额中管子口径即指公称直径 DN。DN 相同，可以方便地互相连接。注意：**这既不是外径也不是内径，是外径与内径的平均值，称平均内径。**焊接钢管（镀锌或非镀锌）、铸铁管、复合管的直径用 DN 表示。

De 是指管道外径。如：De25 = Φ25 × 3.0（外径 × 壁厚）。塑料管（PPR、PE 管、聚丙烯管）的直径用 De 表示。

d 为混凝土管内直径。钢筋混凝土（或混凝土）管、陶土管、耐酸陶瓷管、缸瓦管等管材，管径宜以内径 d 表示（如 d230、d380 等）。

D 一般指外径，无缝钢管公称直径，如 D108 × 4、D159 × 4.5，无缝钢管、铜管、不锈钢管等管材，管径宜以外径 × 壁厚表示。

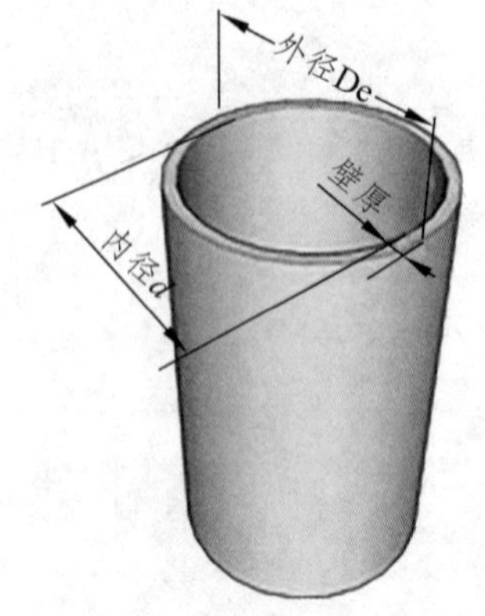

图 2.1-1　管径示意

如图 2.1-1 所示。

当施工图设计用公称直径 DN，De 表示管径时，对应套用清单、定额的公称直径 DN 应有对照。例如：表 2.1-1 塑料管道管径尺寸对照表所示。

表 2.1-1　塑料管道管径尺寸对照表　　单位：mm

PVC-U PPR 给水塑料管与公称直径的对照表									
De	20	25	32	40	50	63	75	90	110
DN	15	20	25	32	40	50	65	80	100
PVC-U 排水塑料管与公称直径的对照表									
De	50	75	110	160					
DN	50	65	100	150					

1.2　压　力

公称压力 PN（MPa）：与管道系统部件耐压能力有关的参考数值，是指与管道元件的机械强度有关的设计给定压力。公称压力是为了设计、制造和使用方便，而人为地规定的一种名义压力。这种名义上的压力的单位实际是压强，压力则是中文的俗称，单位是“Pa”而不是“N”。公称压力一般用 PN 表示。公称压力一般分成 7 个等级，即 0.25、0.60、1.00、1.60、2.50、4.00、6.40 MPa。

工作压力：为了管道系统的运行安全，根据管道输送介质的各级最高工作温度所规定的最大压力。工作压力一般用 Pt（MPa）表示。

设计压力：给水管道系统作用在管内壁上的最大瞬时压力。一般采用工作压力及残余水锤压力之和。设计压力一般用 Pe（MPa）表示。

试验压力：管道、容器或设备进行耐压强度和气密性试验规定所要达到的压力。试验压力一般用 Ps（MPa）表示。

公称压力、工作压力、设计压力之间的关系：试验压力 > 公称压力 > 设计压力 > 工作压力；设计压力 = 1.5 × 工作压力（通常）。

1.3　管　材

不同管材，连接方式不同，决定了材料的不同价格和施工工艺。管道的管材种类较多，常见的给水管材分三大类：金属管道、塑料管道和复合管道等。各种管材的特点详见表 2.1-2 所示。

表 2.1-2 常用给水管材

管材			用途
金属管道	镀锌钢管		由于镀锌铁管的锈蚀造成水中重金属含量过高，影响人体健康，目前我国正在逐渐淘汰这种类型的管道。仅用于消防给水等场合
	焊接钢管		强度高、质量轻、长度大、接头少和加工接口方便。缺点：稳定性差，耐腐蚀性差，管壁内外都需有防腐措施，并且造价较高
	不锈钢管		耐腐蚀性能强，在长期地使用过程中不会结垢，输送能耗低，节约了热水输送中地热能损耗
	铜　管		易安装、耐腐蚀、抑菌、清洁卫生、价高
	铸铁管		耐腐蚀性强、接装方便、使用期长、价格低、适用于埋地铺设。但性脆、质量大、长度小、强度较钢管差
塑料管道	硬聚氯乙烯管（UPVC 管）	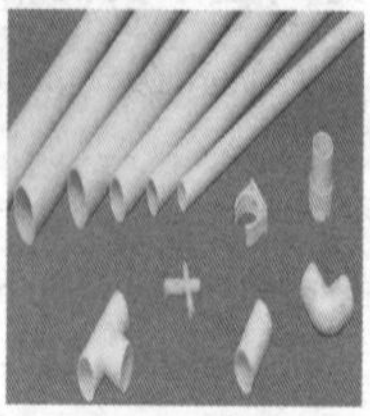	输送水的温度不超过 45 °C
	聚乙烯管（PE 管）		适用于输送水温不超过 40 °C
	聚丙烯管（PP 管）	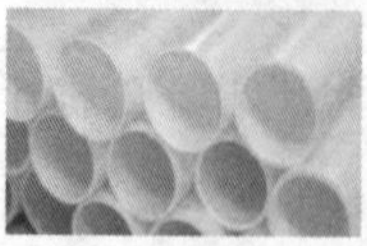	适用于系统工作压力不大于 0.6 MPa，工作温度不大于 70 °C
	聚丁烯（PB 管）管		输送水温为 20～90 °C，耐腐蚀、管壁光滑、加工安装方便，但强度较低
	PPR 管	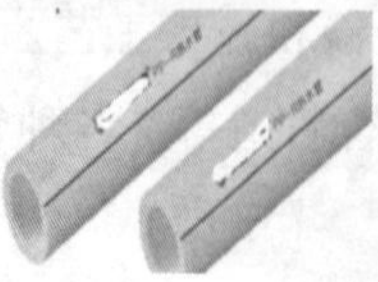	一些高档住宅和公寓普遍采用 PPR 水管作为冷水管和热水管，PPR 管号称永不结垢、永不生锈、永不渗漏、绿色高级给水材料。纯净饮用水管道

续表

管材			用途
复合管道	铝塑复合管道		铝塑复合管道中间层采用焊接铝管，外层和内层采用中密度或高密度聚乙烯塑料或交联高密度聚乙烯，经热熔胶黏合复合而成。该管道既具有金属管道的耐压性能，又具有塑料管道的抗腐性能，是一种用于建筑给水的较理想管材
	钢塑复合管道		钢塑复合管道是在钢管内壁衬（涂）一定厚度塑料复合而成的管子。一般分为衬塑钢管和涂塑钢管两种

1.4 管 件

当管道需要连接、分支、转弯、变径时，就需要用管件来进行连接。常用的管件有弯头、法兰、三通管、四通管（十字头）和异径管（大小头）等。根据连接方法可分为承插式管件、螺纹管件、法兰管件和焊接管件四类。多用与管子相同的材料制成。弯头用于管道转弯的地方；法兰用于使管子与管子相互连接的零件，连接于管端；三通管用于三根管子汇集的地方；四通管用于四根管子汇集的地方；异径管用于不同管径的两根管子相连接的地方。

管件的图例和用途见表 2.1-3 常见给水管件。

表 2.1-3 常见给水管件

序号	名称	图例	工程图片	释名和用途
1	偏心异径管（大小头）			偏心异径管指圆心不在同一条直线上的异径管。其作用是贴墙或者贴地走管线而不占用空间，而且是连接两个不同口径的管道，改变流量的大小
2	同心异径管（大小头）			异径管指圆心在同一条直线上的异径管。连接两个不同口径的管道，改变流量的大小
3	乙字管			乙字管为了延伸与其起始段平行的管线而设计的一种反向曲线形的管件。乙字管的作用是控制立管水流的速度

续表

序号	名称	图例	工程图片	释名和用途
4	喇叭口	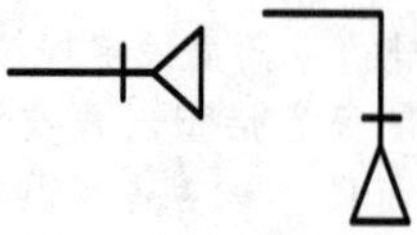		安在吸水管前端，叫作吸水喇叭口。增大吸水面积，降低局部压力连接
5	转动接头	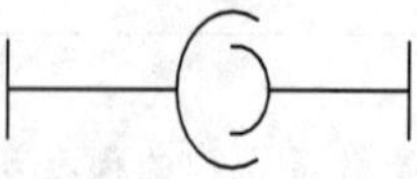		旋转接头主要使用在经常旋转还需提供介质通道的地方。它的构成主要为旋转接头回转中心线要与回转体回转中心线一致，回转接头要有密封装置和防脱定位装置
6	短管	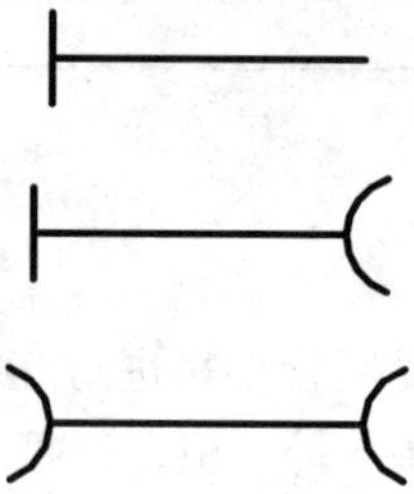		当水流的流速水头和局部水头损失都不能忽略不计的管道称为短管。比如水泵的吸水管、虹吸管、倒虹吸管、道路涵管等，一般均按短管计算
7	弯头		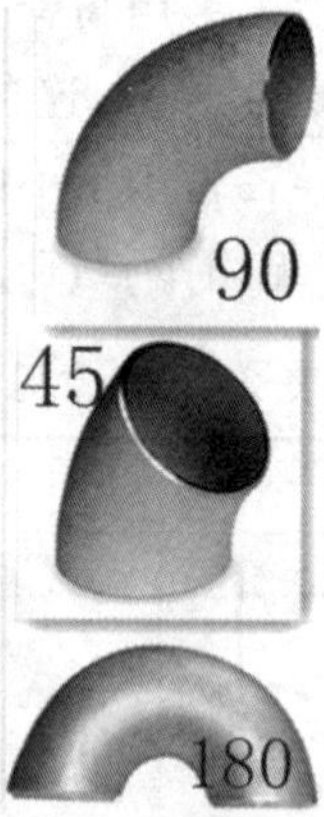 90 45 180	在管路系统中，弯头是改变管路方向的管件。按角度分，有 45°、90°、180°三种最常用的，另外根据工程需要还包括 60°等其他非正常角度弯头
8	正三通	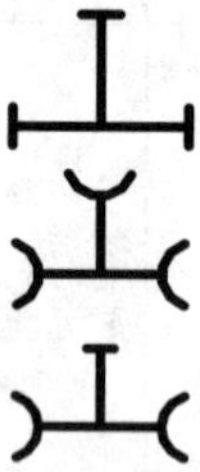		三通又称管件三通或者三通管件、三通接头等。主要用于改变流体方向的，用在主管道要分支管处
9	斜三通	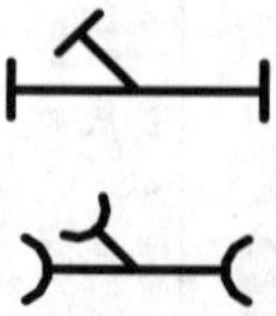		斜三通，常用于排水管道

续表

序号	名称	图例	工程图片	释名和用途
10	正四通			四通为管件、管道连接件。又叫管件四通或者四通管件、四通接头，用在主管道要分支管处。 四通有等径和异径之分，等径四通的接管端部均为相同的尺寸；异径的四通的主管接管尺寸相同，而支管的接管尺寸小于主管的接管尺寸
11	斜四通			斜四通与正四通一致

1.5 给水附件

附件分两大类：配水附件和控制附件。配水附件常见的有各类用水设备、龙头、水表等，控制附件主要指各种阀门。常见的管道附件见表 2.1-4，阀门见表 2.1-5。

表 2.1-4 管道附件

序号	名称	图例	工程图片	释名和用途
1	套管伸缩器			套管式伸缩器是由体管、伸缩管、压兰、密封圈构成，此产品用于给排水工程。管道伸缩器是管道连接中由于热胀冷缩引起的尺寸变化给予补偿的连接件
2	方形伸缩器			该补偿器由管子弯制或由弯头组焊而成，利用刚性较小的回折管挠性变形来补偿两端直管部分的热伸长量
3	波纹管			波纹管是指用可折叠皱纹片沿折叠伸缩方向连接成的管状弹性敏感元件。在热力管道上，波形补偿器只用于管径较大、压力较低的场合
4	可曲挠橡胶接头			可曲挠橡胶接头，简称橡胶接头，橡胶软接头是由织物增强的橡胶件与平形活接头、套金属法兰或螺纹管法兰组成，用于管道隔振降噪、补偿位移的接头。它是一种高弹性、高气密性、耐介质性和耐气候性的管道接头

续表

序号	名称	图例	工程图片	释名和用途
5	管道固定支架			设置固定点的地方成为固定支架，这种管架与管道支架不能发生相对位移，固定支架用在不允许管道有轴向位移的地方
6	管道滑动支架			有滑动支承面的支架，可约束管道垂直向下方向的位移，不限制管道热胀或冷缩时的水平位移，承受包括自重在内的垂直方向的荷载。允许管道在支架上有位移的支架
7	挡墩			挡墩（止推堆）的作用：一般在施工较大口径的室外给水管道时，多在如下位置：如管道系统的水平弯头、三通、管道末端及返弯处设置混凝土浇筑的挡墩。挡墩的作用主要是消除由于管道内的压力
8	减压孔板			减压孔板的工作原理是对液体的动压力（不含静压力）进行减压。高层和低层所承受的静水压力不一样
9	水龙头	平面 系统		给水龙头

阀门的种类很多，但按其动作特点分为两大类，即驱动阀门和自动阀门。

驱动阀门是用手操纵或其他动力操纵的阀门。如截止阀、节流阀（针型阀）、闸阀、旋塞阀等均属这类阀门。

自动阀门是借助于介质本身的流量、压力或温度参数发生变化而自行动作的阀门。如止回阀（逆止阀、单流阀）、安全阀、浮球阀、减压阀、跑风阀和疏水器等，均属自动阀门。

常见的阀门见表 2.1-5。

表 2.1-5　常见阀门

序号	名称	图例	工程图片	释名和用途
1	闸阀			闸阀是一个启闭件闸板，闸板的运动方向与流体方向相垂直，闸阀只能作全开和全关。选用特点：密封性能好，流体阻力小，开启、关闭力较小，也有调节流量的作用，并且能从阀杆的升降高低看出阀的开度大小，主要用在一些大口径管道上
2	角阀			角阀又叫三角阀、角形阀、折角水阀。这是因为管道在角阀处成 90°的拐角形状，所以叫作角阀、角形阀、折角水阀
3	三通阀			三通阀阀体有三个口，一进两出，（左进，右和下出）和普通阀门不同的是底部有一出口，当内部阀芯在不同位置时，出口不同，如阀芯在下部时，左右相通，如阀芯在上部时，右出口被堵住，左和下口通。因为左口和右口不在一条水平线上。当高加紧急解列时，阀门关闭，给水走旁路
4	四通阀			四通阀，术语液压阀，是具有四个油口的控制阀。四通阀是制冷设备中不可缺少的部件
5	截止阀	DN≥50　DN<50		截止阀又称截门阀，属于强制密封式阀门，所以在阀门关闭时，必须向阀瓣施加压力，以强制密封面不泄漏。选用特点：结构比闸阀简单，制造、维修方便，也可以调节流量，应用广泛。但流动阻力大，为防止堵塞和磨损，不适用于带颗粒和黏性较大的介质
6	电动阀			电动阀简单地说就是用电动执行器控制阀门，从而实现阀门的开和关

续表

序号	名称	图例	工程图片	释名和用途
7	液动阀	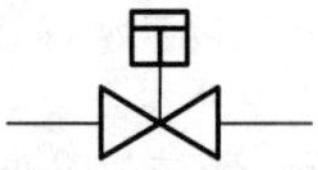		液动阀：借助油等液体压力驱动的阀门
8	气动阀	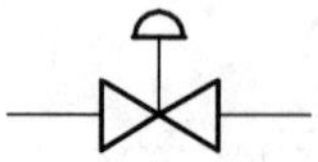		气动阀：借助压缩空气驱动的阀门
9	减压阀	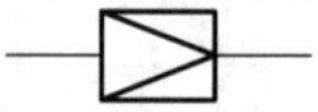		减压阀又称调压阀，用于管路中降低介质压力。选用特点：只适用于蒸汽、空气和清洁水等清洁介质
10	旋塞阀	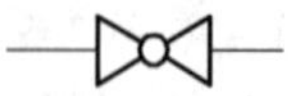 平面  系统		旋塞阀是关闭件或柱塞形的旋转阀，选用特点：结构简单，外形尺寸小，启闭迅速，操作方便，流体阻力小，便于制造三通或四通阀门，可作分配换向用。但密封面易磨损，开关力较大。此种阀门不适用于输送高压介质（如蒸汽），只适用于一般低压流体作开闭用，不宜于作调节流量用
11	底阀	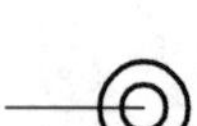 		底阀由阀体、阀盖、阀瓣、密封圈和垫片等部件组成。底阀的阀瓣有单瓣、双瓣和多瓣等几个类型
12	球阀			球阀：启闭件（球体）由阀杆带动，并绕球阀轴线作旋转运动的阀门。本类阀门在管道中一般应当水平安装。球阀按照驱动方式分为：气动球阀，电动球阀，手动球。选用特点：适用于水、溶剂、酸和天然气等一般工作介质，而且还适用于工作条件恶劣的介质，如氧气、过氧化氢、甲烷和乙烯等，且特别适用于含纤维、微小固体颗粒等介质

续表

序号	名称	图例	工程图片	释名和用途
13	隔膜阀			隔膜阀的结构形式与一般阀门很不相同，它是依靠柔软的橡胶膜或塑料膜来控制流体运动的。常用的隔膜阀材质分为铸铁隔膜阀、铸钢隔膜阀、不锈钢隔膜阀、塑料隔膜阀
14	温度调节阀	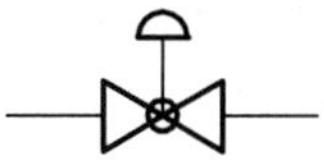	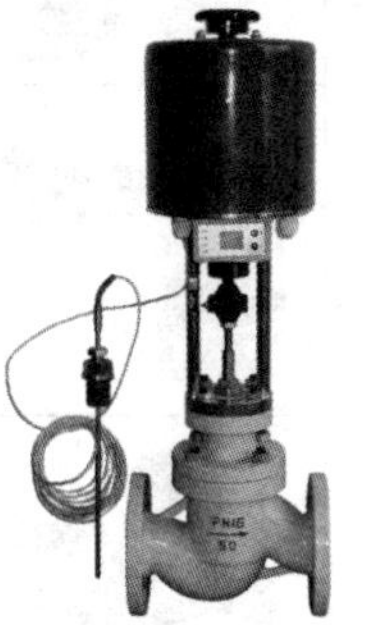	温度调节阀最大的特点是只需普通220 V电源，利用被调介质自身能量，直接对蒸汽、热水、热油与气体等介质的温度实行自动调节和控制，亦可使用在防止对过热或热交换场合。该阀结构简单，操作方便，选用调温范围广、响应时间快、密封性能可靠，并可在运行中随意进行调节
15	压力调节阀	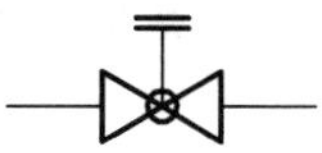		压力调节阀亦称自力式平衡阀、流量控制阀、流量控制器、动态平衡阀、流量平衡阀，是一种直观简便的流量调节控制装置。流量调节阀主要应用于：集中供热（冷）等水系统中，使管网流量按需分配，消除水系统水力失调，解决冷热不均问题
16	电磁阀	 M		电磁阀是用电磁控制的工业设备，是用来控制流体的自动化基础元件，属于执行器，并不限于液压、气动
17	止回阀			止回阀是指依靠介质本身流动而自动开、闭阀瓣，用来防止介质倒流的阀门，又称逆止阀、单向阀、逆流阀和背压阀。选用特点：一般适用于清洁介质对于带固体颗粒和黏性较大的介质不适用
18	蝶阀			蝶阀又叫翻板阀，是一种结构简单的调节阀。可用于低压管道介质的开关控制的蝶阀是指关闭件（阀瓣或蝶板）为圆盘，围绕阀轴旋转来达到开启与关闭的一种阀。蝶阀适合安装在大口径管道上

续表

序号	名称	图例	工程图片	释名和用途
19	弹簧安全阀			弹簧安全阀是限定压力锅在安全压力范围内排气，保证安全使用的装置。弹簧的结构、性能是该阀的关键。弹簧安全阀是针对排气管由于误操作或未清洗被堵塞而设立的装置
20	平衡锤安全阀			平衡锤安全阀，在阀中设置了诸如波纹管、活塞或者膜片之类的平衡背压原件
21	自动排气阀	平面 系统		自动排气阀是一种安装在供暖或供水系统上具有自动放气功能的阀门，也叫自动排气阀或放风阀
22	浮球阀	平面 系统		由曲臂和浮球等部件组成的阀门，可用来自动控制水塔或水池的液面，具有保养简单，灵活耐用，液位控制准确度高，水位不受水压干扰且开闭紧密不漏水等特点
23	延时自闭冲洗阀			延时自闭阀是既可以调节冲洗时间、控制冲洗水量大小，又能自动关闭的阀门

阀门型号与规格表达式（具体可详《五金手册》）:

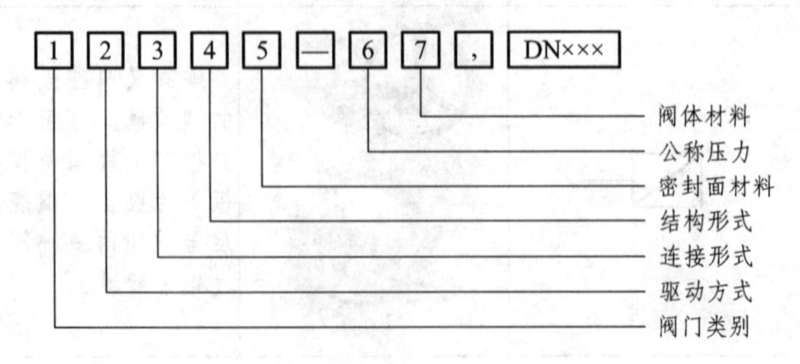

举例说明：

（1）Z944T—1，DN500：闸阀，公称直径 500，电动机驱动，法兰连接，明杆平行式双闸板阀，密封材料为铜，公称压力 1 MPa，阀体材料为灰铸铁（灰铸铁阀门 PN≤1.6 MPa 不写材料代号）。

（2）J11T—1.6，DN32：截止阀，公称直径 32，手轮驱动（第二部分省略），内螺纹连接，直通式（铸造），密封材料为铜，公称压力 1.6 MPa，阀体材料为灰铸铁（灰铸铁阀门 PN≤1.6 MPa 不写材料代号）。

（3）H11T—1.6K，DN50：止回阀，公称直径 50，自动驱动（第二部分省略），内螺纹连接，直通升降式（铸造），密封材料为铜，公称压力 1.6 MPa，阀体材料为可锻铸铁。

第 2 节　建筑给排水系统概述

2.1　建筑给排水系统分类

1. 给水系统

按用途可分为三类：

（1）生活给水系统：供给人们生活用水的系统，水量、水压应满足要求，水质必须符合国家有关生活饮用水卫生标准。

（2）生产给水系统：供给各类产品制造过程中所需用水及冷却、产品和原料洗涤等用水，其水质、水压、水量因产品种类、生产工艺不同而不同。

（3）消防给水系统：一般是专用的给水系统，其对水质要求不高，但必须满足建筑设计防火规范对水量和水压的要求。

2. 排水系统

生活污水：日常生活使用过的水，包括洗涤废水、粪便污水。根据所接纳的污废水类型不同，可分为生活污水管道系统、工业废水管道系统和屋面雨水管道系统三类。

（1）生活污水管道系统，是收集排除居住建筑、公共建筑及工厂生活间生活污水的管道，可分为粪便污水管道系统和生活废水管道系统。

（2）工业废水管道系统，是收集排除生产中所排出的污废水的管道。污废水按污染程度分为生产污水排水系统和生产废水排水系统。

（3）屋面雨水管道系统，是收集排除建筑屋面上雨、雪水的管道。

排水系统体制：

建筑排水体制分合流制和分流制。采用何种方式，应根据污废水性质、污染情况结合室外排水系统的设置、综合利用及水处理要求等确定。

本章重点讲解生活给排水系统。

2.2　给排水系统分界

给排水系统划分城市市政和建筑小区给排水，建筑小区给排水又分为建筑室外给排水和室内给排水，分区不同，套用的定额不同，要严格区分，进行分界。《重庆市安装工程计价定额第八册给排水、燃气工程》中规定如下。

1. 给水管道

（1）（建筑小区）室内外界线以建筑物外墙皮 1.5 m 为界，入口处设阀门者以阀门为界，建筑室内外给排水系统分界如图 2.2-1 所示。

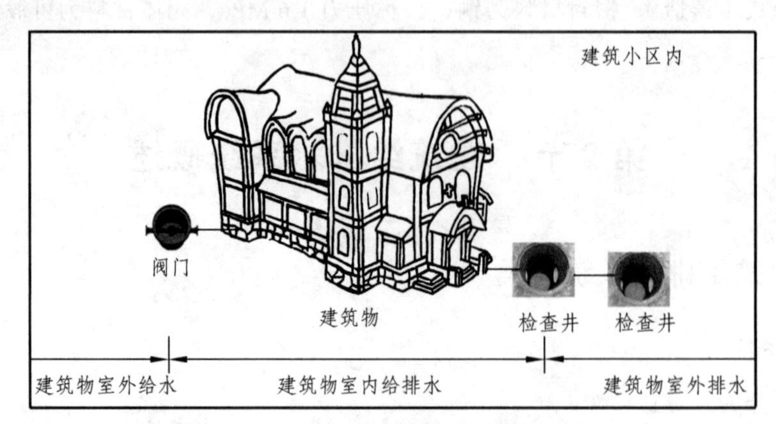

图 2.2-1　建筑室内外给排水系统分界

（2）（建筑小区）与市政管道（城市给水）界线以水表井为界，无水表井者，以市政管道碰头点为界，建筑给排水系统组成及分界如图 2.2-2 所示。

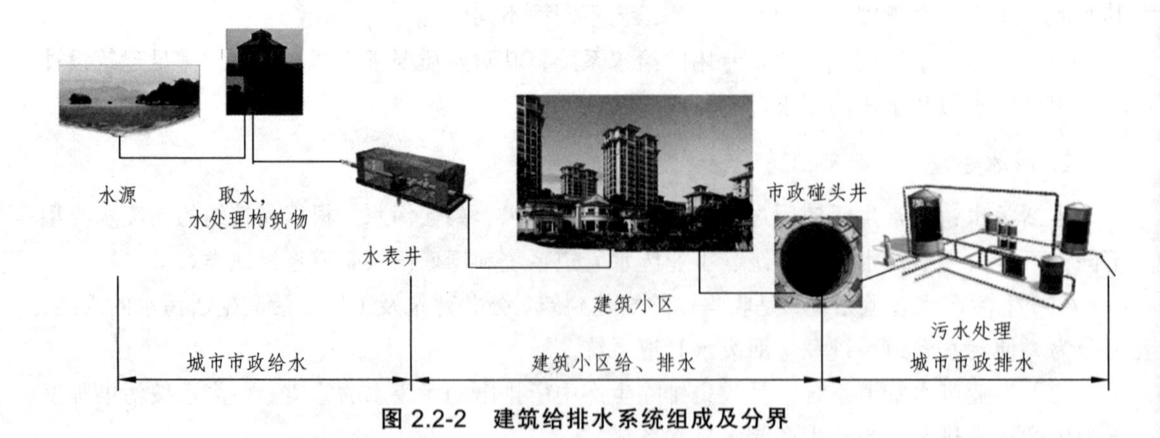

图 2.2-2　建筑给排水系统组成及分界

2. 排水管道

（1）（建筑小区）室内外以出户第一个排水检查井为界。

（2）（建筑小区）室外管道与市政管道（城市排水）界线以与市政管道碰头井为界，如图 2.2-1 和图 2.2-2。

本章重点讲解建筑室内给排水。

2.3 城市市政给水

城市给水系统的任务是从水源取水，按照用户对水质的要求进行处理，然后将水输送到用水区，并向用户配水。

1. 城市给水系统的组成

（1）取水构筑物。用以从选定的水源（包括地下水源和地表水源）取水。

（2）水处理构筑物。用以将取来的原水进行处理，使其符合用户对水质的要求。

（3）泵站。用以将所需水量提升到要求的高度，可分为抽取原水的一级泵站、输送清水的二级泵站和设于管网中的加压泵站。

（4）输水管渠和管网。输水管是将原水输送到水厂的管渠，当输水距离 10 km 以上时为长距离输送管道；配水管网则是将处理后的水陪送到各个给水区的用户。

（5）调节构筑物。它包括高地水池、水塔、清水池等。用以储存和调节水量。高地水池和水塔兼有保证水压的作用。

2. 配水管网的布置形式和敷设方式

配水管网可以根据用户对供水的要求，布置成树状网和环状网两种形式，如图 2.2-3 所示。树状管网是从水厂泵站或水塔到用户的管线布置成树枝状，只是一个方向供水。供水可靠性较差，投资省。环状管网中的干管前后贯通，连接成环状，供水可靠性好，适用于供水不允许中断的地区。

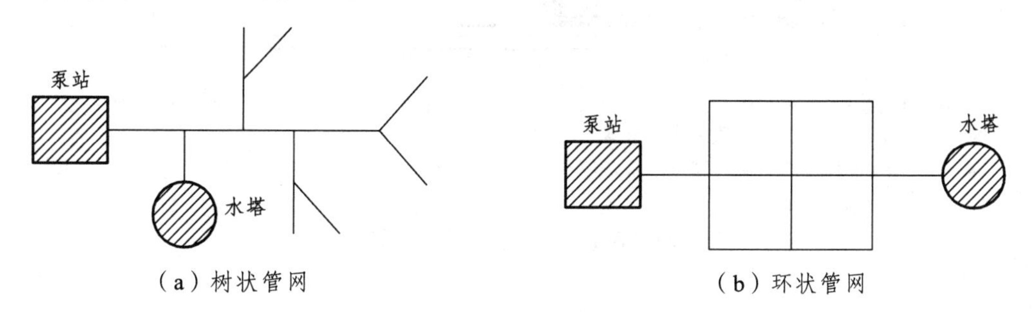

图 2.2-3 管网布置形式示意图

配水管网一般采用埋地铺设，覆土厚度不小于 0.7 m，并且在冰冻线以下。通常沿道路或平行于建筑物铺设。配水管网上设置阀门和阀门井。

第 3 节 建筑给水系统概述

3.1 建筑室内给水系统组成

概念：管道是用管子、管件、附件等连接成的用于输送气体、液体或带固体颗粒的流体的装置。建筑给排水管道是管道工程的重要组成部分。

室内给水系统由引入管（进户管）、水表节点（附件）、管道系统（干管、立管、支管、管件）、给水附件（阀门、水表、配水龙头）等组成。当室外管网水压不足时，还需要设置加压储水设备（水泵、水箱、储水池、气压给水装置等）。如图 2.3-1 所示。

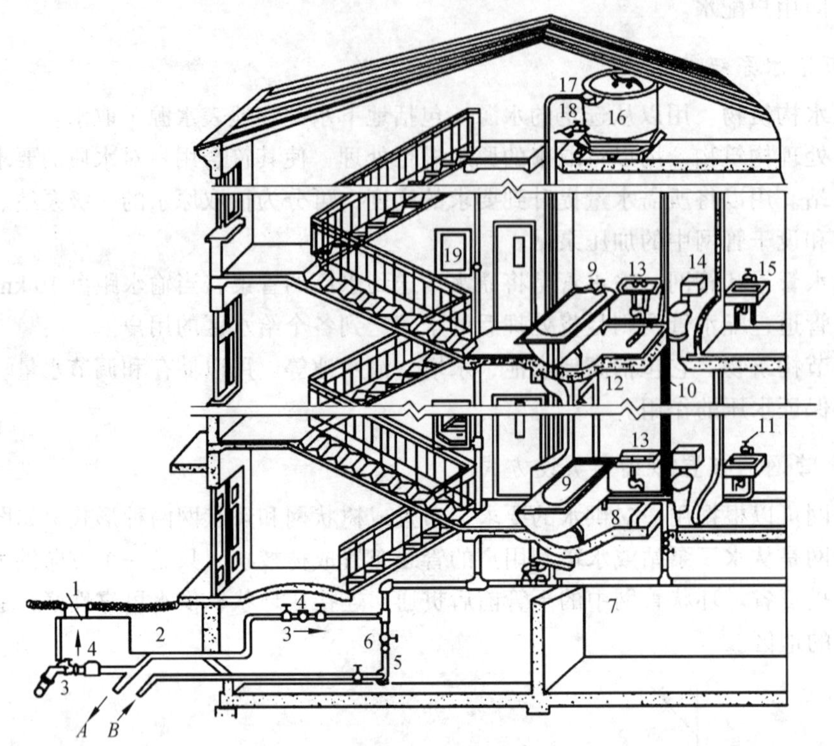

1—阀门井；2—引入管；3—闸阀；4—水表；5—水泵；6—止回阀；7—干管；8—支管；
9—浴盆；10—立管；11—水龙头；12—淋浴器；13—洗脸盆；14—大便器；
15—洗涤盆；16—水箱；17—进水管；18—出水管；19—消火栓；
A—入储水池；*B*—来自储水池。

图 2.3-1 建筑室内给水系统

1. 引入管（进户管）

引入管指室外给水管网与建筑物内部给水管道之间的联络管段，也称进户管。如图 2.3-2 和图 2.3-3 所示，图中——J——即为引入管，引入管由室外穿墙引入，穿墙时敷设穿墙套管。引入管在水表井处外接市政管网，水表井是城市给水和室外给水的分界点，引入到墙内阀门位置。阀门为室内外分界点，建筑室内管道从阀门处算起。

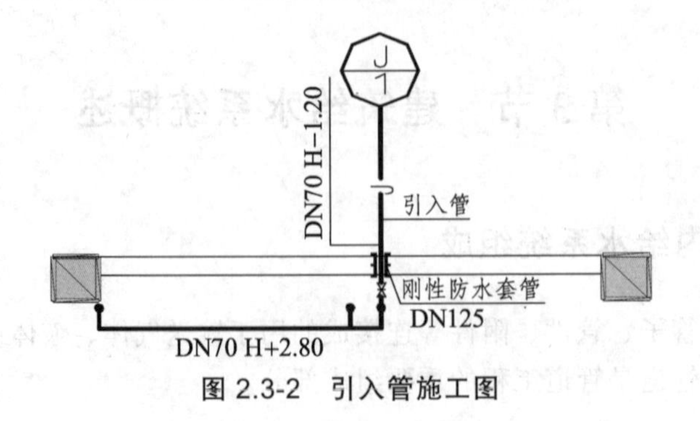

图 2.3-2 引入管施工图

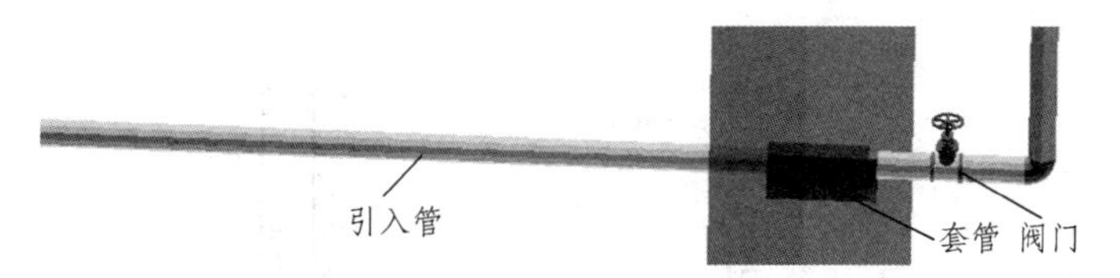

图 2.3-3　引入管三维示意

2. 水表节点

水表节点是指安装在引入管上的水表及其前后设置的阀门和泄水装置的总称。水表井的图例为▶，图 2.3-4 和图 2.3-5 所示为水表节点。阀门用于关闭管网，以便维修和拆换水表；泄水装置作用主要是在检修时放空管网，检测水表精度。

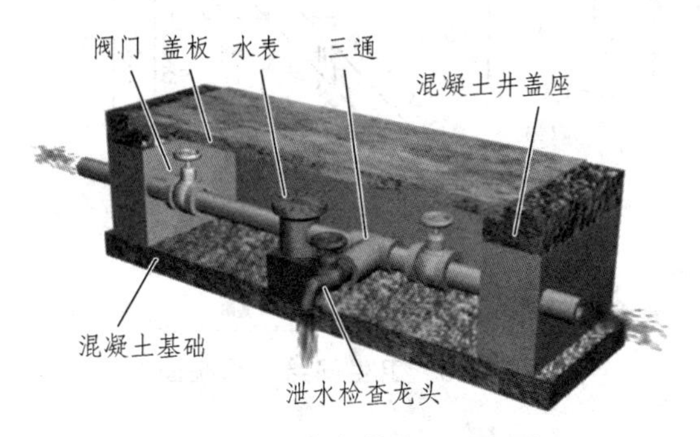

图 2.3-4　水表节点三维示意

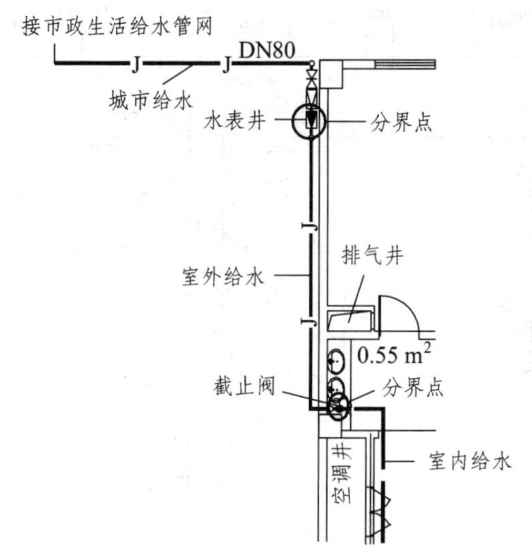

图 2.3-5　水表井施工图及管道分区示意

3. 给水管网

给水管网是指建筑内部给水水平干管或垂直干管、立管、支管等组成的系统。如图 2.3-6 和图 2.3-7 所示：引入管由室外引入，接水平干管，水平干管上有 3 支给水立管 JL-1（管径 DN50、DN40、DN32）、JL-2（管径 DN50）、JL-3（管径 DN50），每支给水立管上接水平干管（管径 DN50、DN32、DN25），4 支水平干管分别引入每楼层的卫生间，再由支管（管径 DN50、DN32、DN25）和卫生器具相连接。

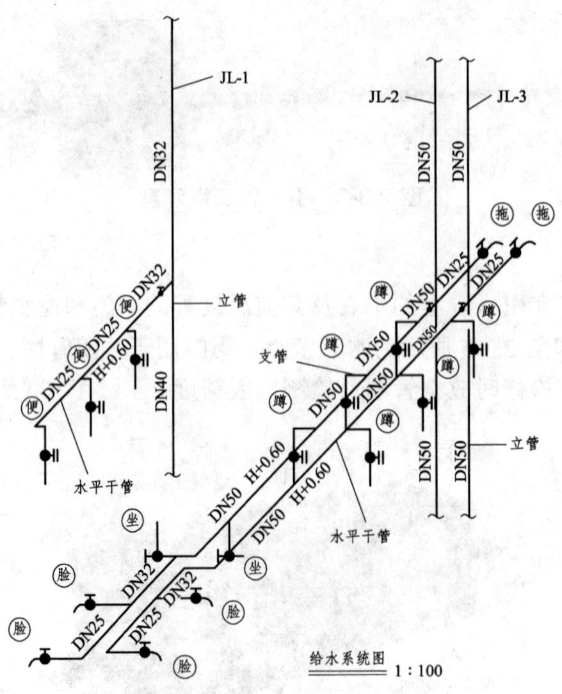

图 2.3-6 卫生间给水系统图

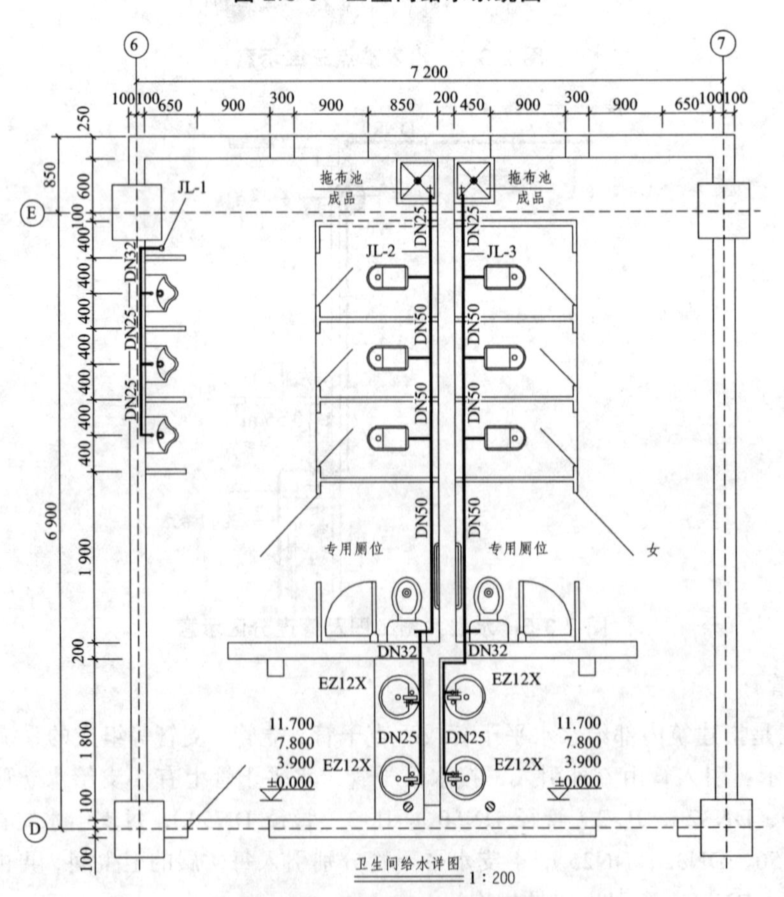

图 2.3-7 卫生间给水平面图

4. 给水设施（设备）

当室外给水管网的水压不足或建筑物内部对供水安全性和稳定性要求比较高时，需在给水系统中设置水泵、水箱、气压给水设备和储水设备等。常见给水设施（设备）如表 2.3-1 所示。

表 2.3-1　给水设施（设备）

序号	名称	图例	工程图片	释名和用途
1	卧式水泵	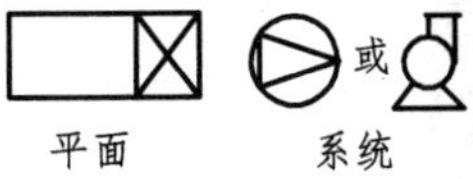 平面　或　系统		水泵是输送液体或使液体增压的机械。它将原动机的机械能或其他外部能量传送给液体，使液体能量增加，主要用来输送液体。衡量水泵性能的技术参数有流量、吸程、扬程、轴功率、水功率、效率等
2	立式水泵	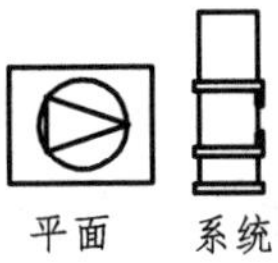 平面　系统	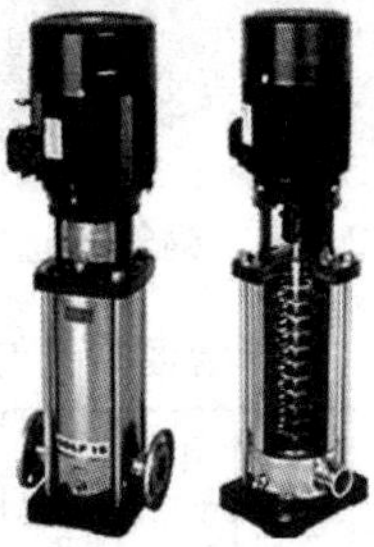	
3	水池水箱			水箱一般有进水管、出水管（生活出水管、消防出水管）、溢流管、排水管，水箱按照功能不同分为生活水箱、消防水箱、生产水箱、人防水箱、家用水塔五种
4	气压给水设备			气压给水设备是给水设备的一种，利用密闭罐中压缩空气的压力变化，调节和压送水量，在给水系统中主要起增压和水量调节的作用。 气压给水设备是一种常见的集储存、调节和压送水量功能于一体的设备，包括气压水罐、稳压泵和一些附件
5	电热水器	电热水器	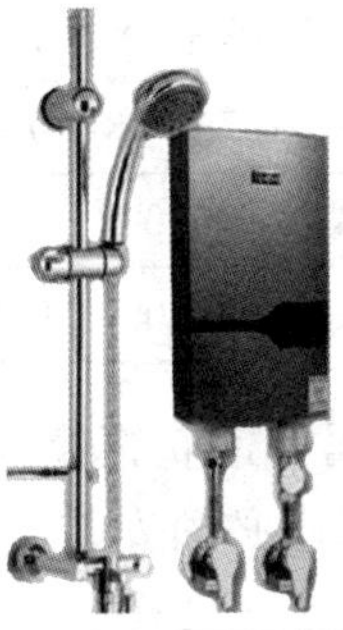	电热水器是指以电作为能源进行加热的热水器，是与燃气热水器、太阳能热水器相并列的三大热水器之一。电热水器按加热功率大小可分为储水式（又称容积式或储热式）、即热式、速热式（又称半储水式）三种

5. 管道支架及其他

支架类：作为管道的支撑结构，其作用是承托管道，并限制管道变形或位移。根据管道的运转性能和布置要求，管架分成固定和活动两种。按支吊架的材料可分为钢结构、钢筋混凝土结构、砖木结构等。按定额划分分项工程包括管道支架、设备支架。根据不同间距计算支、吊架个数。《建筑给水排水及采暖工程施工质量验收规范》(GB 50242—2002) 规定了支、吊架的间距如下：钢管水平安装的支、吊架间距不应大于表 2.3-2 的规定。

图 2.3-8 钢管管道支架

表 2.3-2 钢管管道支架的最大间距

公径直径/mm		15	20	25	32	40	50	70	80	100	125	150	200	250	300
支架的最大间距/m	保温管	2	2.5	2.5	2.5	3	3	4	4	4.5	6	7	7	8	8.5
	不保温管	2.5	3	3.5	4	4.5	5	6	6	6.5	7	8	9.5	11	12

采暖、给水及热水供应系统的塑料管及复合管垂直或水平安装的支架间距应符合表 2.3-3 的规定。采用金属制作的管道支架，应在管道与支架间加衬非金属垫或套管。

图 2.3-9 塑料管及复合管管道支架

表 2.3-3 塑料管及复合管管道支架的最大间距

管 径/mm			12	14	16	18	20	25	32	40	50	63	75	90	110
最大间距/m	立 管		0.5	0.6	0.7	0.8	0.9	1.0	1.1	1.3	1.6	1.8	2.0	2.2	2.4
	水平管	冷水管	0.4	0.4	0.5	0.5	0.6	0.7	0.8	0.9	1.0	1.1	1.2	1.35	1.55
		热水管	0.2	0.2	0.25	0.3	0.3	0.35	0.4	0.5	0.6	0.7	0.8		

采暖、给水及热水供应系统的金属管道立管管卡安装应符合下列规定：

（1）楼层高度小于或等于 5 m，每层必须安装 1 个。

（2）楼层高度大于 5 m，每层不得少于 2 个。

图 2.3-10 为管卡的图片。

铜管垂直或水平安装的支架间距应符合表 2.3-4 的规定。

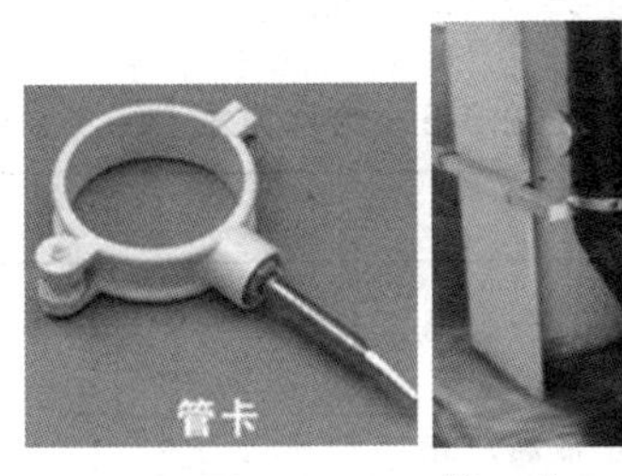

图 2.3-10　管　卡

表 2.3-4　铜管管道支架的最大间距

公径直径/mm		15	20	25	32	40	50	65	80	100	125	150	200
支架的最大间距/m	垂直管	1.8	2.4	2.4	3.0	3.0	3.0	3.5	3.5	3.5	3.5	4.0	4.0
	水平管	1.2	1.8	1.8	2.4	2.4	2.4	3.0	3.0	3.0	3.0	3.5	3.5

套管：给排水管道穿墙和穿楼板要设套管。套管分为柔性套管、刚性套管、钢管套管及铁皮套管等几种。按套管是否具有防水功能可分为普通套管和防水套管，其中防水套管又分为刚性防水套管和柔性防水套管。常见套管的分类和图例见表 2.3-5。

套管工程直径的确定：

（1）套管穿水池等需要具有防水密封效果时，套管与管道取相同规格。

（2）穿基础、墙、楼板等则需要具体细分：

① 直径 DN≥DN150，套管比管道大于 1 个规格。

② 直径 DN＜DN150，套管比管道大于 2 个规格。

钢管的公称直径 DN 有以下常用规格：15，20，25，32，40，50，65，80，100，125，150，250，300。

表 2.3-5　套　管

序号	名称	图例	工程图片	释名和用途
1	刚性防水套管			刚性防水套管，别称：钢套管。这种防水套管分为刚性和柔性两种。安装完毕后允许有变形量的——柔性；不允许有变形量的——刚性。刚性防水套管适用于管道穿墙处不承受管道振动和伸缩变形的构（建）筑物
2	柔性防水套管			柔性防水套管用于有减震需要的管路。如果考虑墙体两面的防水性能，就要选用柔性防水套管；如果仅仅是考虑管道的穿墙，而不考虑穿墙后，墙体两面的防水性能以及管道的位移变形，就可以选用刚性防水套管

3.2　建筑室内给水方式

各种给水方式的特点和示意图如表 2.3-6 所示。

表 2.3-6　给水方式

给水方式	特　点	示意图
直接给水方式	适用于外网水压、水量能经常满足用水要求，室内给水无特殊要求的单层和多层建筑。 优点：这种给水方式的特点是供水较可靠，系统简单，投资省，安装、维护简单，可以充分利用外网水压，节省能量。 缺点：内部无储水设备，外网停水时内部立即断水	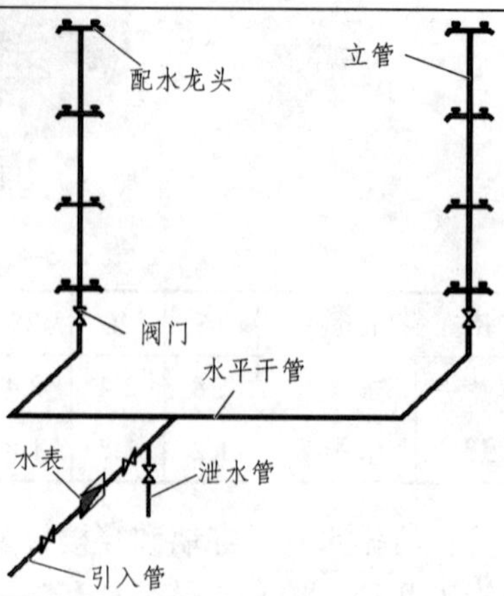
单设水箱给水方式	室内管网与外网直接连接，利用外网压力供水，同时设置高位水箱调节流量和压力，适用于外网水压周期性不足，室内要求水压稳定，允许设置高位水箱的建筑。 优点：这种方式供水较可靠，系统较简单，投资较省，安装、维护较简单，可充分利用外网水压，节省能量。 缺点：设置高位水箱，增加结构荷载，若水箱容积不足，可能造成停水	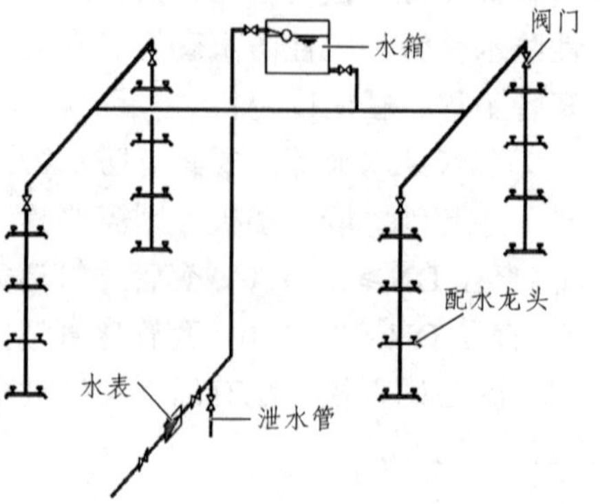
设储水池、水泵的给水方式	适用于外网的水量满足室内的要求，而水压大部分时间不足的建筑。当室内一天用水量均匀时，可以选择恒速水泵；当用水量不均匀时，宜采用变频调速泵。为了安全供水，我国当前许多城市的建筑小区设储水池和集中泵房，定时或全日供水，也采用这种小区供水方式。 优点：这种供水方式安全可靠，不设高位水箱，不增加建筑结构荷载。 缺点：外网的水压没有充分被利用	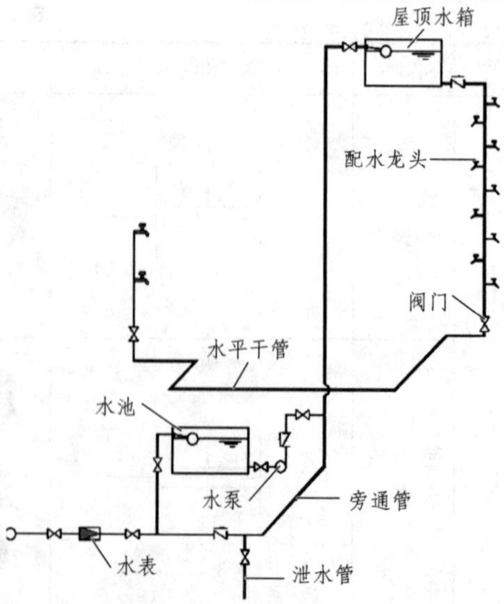

续表

给水方式	特点	示意图
竖向分区给水方式	适用于外网水压经常不足且不允许直接抽水，允许设置高位水箱的建筑。 优点：停水、停电时高区可以延时供水，供水可靠。可利用部分外网水压，能量消耗较少。 缺点：安装维护较麻烦，投资较大，有水泵振动、噪声干扰	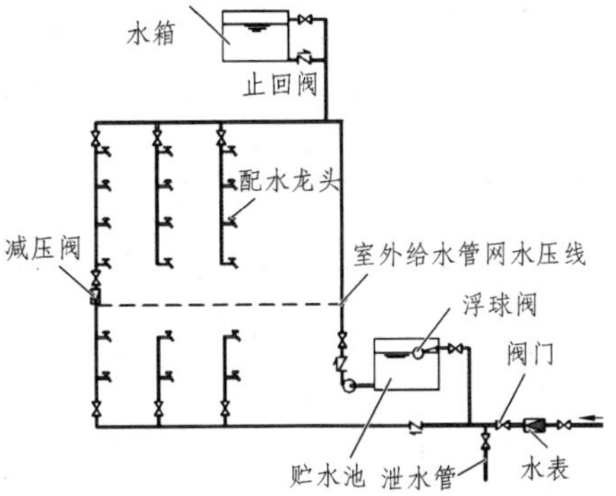 水箱 止回阀 配水龙头 减压阀 室外给水管网水压线 浮球阀 阀门 贮水池 泄水管 水表

3.3 给水管网的布置方式

给水系统按给水管网的敷设方式不同，可以布置成下行上给式、上行下给式和环状供水式三种管网方式。其主要优缺点见表 2.3-7。常见给水管图例见表 2.3-8。

表 2.3-7 管网布置方式、使用范围及优缺点

名称	特征及使用范围	示意图
下行上给式	水平配水干管敷设在底层（明装、埋设或沟敷）或地下室天花板下。居住建筑、公共建筑和工业建筑，在利用外网水压直接供水时多采用这种方式。 优缺点：图示简单，明装时便于安装维修；最高层配水的流出水头较低，埋地管道检修不便	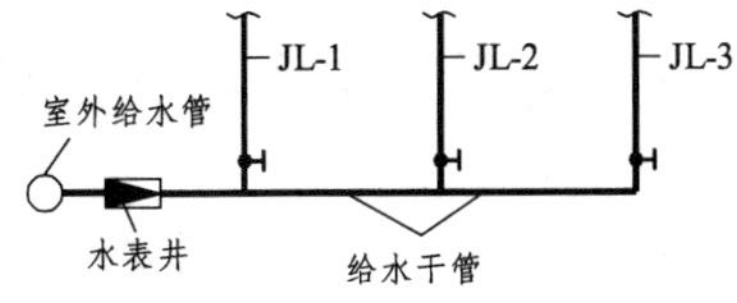 JL-1 JL-2 JL-3 室外给水管 水表井 给水干管
上行下给式	水平配水干管敷设在顶层天花板下或吊顶内。对于非冰冻地区，也有敷设在屋顶上的，对于高层建筑也可以设在技术夹层内。设有高位水箱的居住、公共建筑、机械设备或地下管线较多的工业厂房多采用这种方式。 优缺点：最高层配水点流出水头较高，安装在吊顶内的配水干管可能因漏水、结露损坏吊顶和墙面，要求外网水压稍高一些	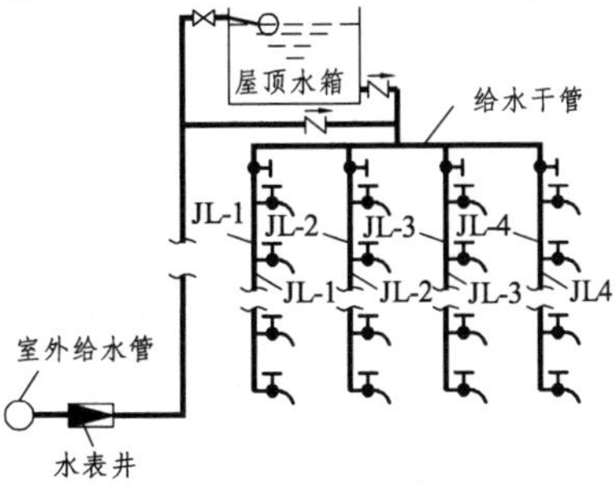 屋顶水箱 给水干管 JL-1 JL-2 JL-3 JL-4 JL-1 JL-2 JL-3 JL4 室外给水管 水表井
环状式	水平配水干管或配水立管互相连接成环，组成水平干管环状或立管环状。在有两个引入管时，也可将两个引入管通过配水立管和水平配水干管相连接，组成贯穿环状。高层建筑，大型公共建筑和工艺要求不剪短供水的工业建筑常采用这种方式，消防管道有时也要求环状式。 优缺点：任何管段发生事故时，可用阀门关断事故关断而不中断供水，水流畅通，水头损失小，水质不易因滞留变质。管网造价比较高	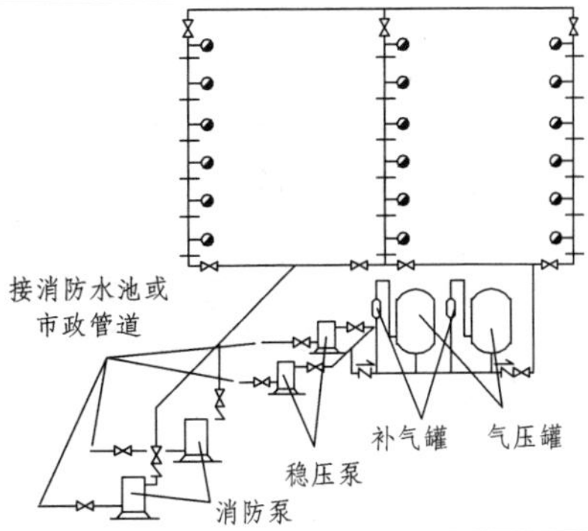 接消防水池或市政管道 补气罐 气压罐 稳压泵 消防泵

表 2.3-8　常见给水管图例

序　号	名　称	图　例
1	生活给水管	—— J ——
2	热水给水管	—— RJ ——
3	热水回水管	—— RH ——
4	中水给水管	—— ZJ ——
5	循环冷却给水管	—— XJ ——
6	循环冷却回水管	—— XH ——
7	热媒冷给水管	—— RM ——
8	热媒冷回水管	—— RMH ——

第 4 节　宿舍楼室内给水系统施工图

4.1　宿舍楼室内给水工程施工图

阅读施工图，学习给水工程施工图的表达方式。宿舍楼给水工程施工图包含详图、系统图、BIM 模型图及平面图，分别见图 2.4-1、图 2.4-2、图 2.4-3 和图 2.4-4。

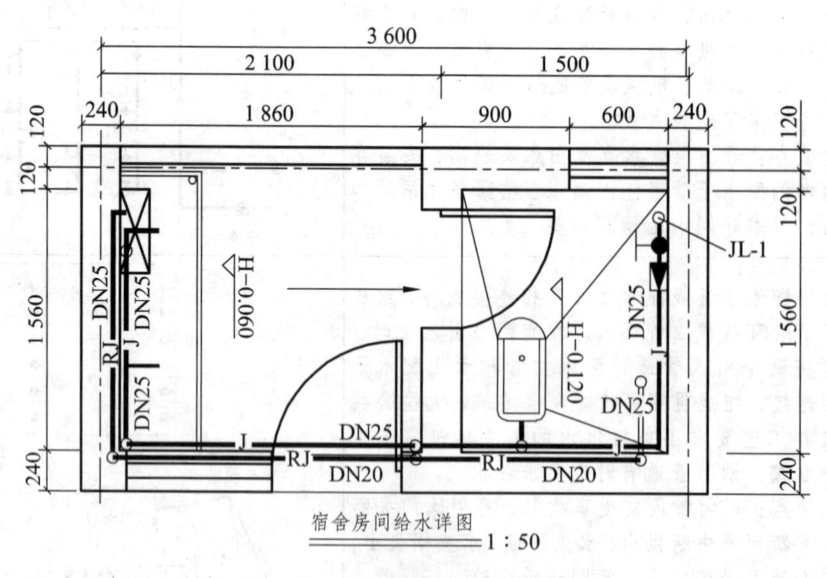

图 2.4-1　宿舍楼给水平面详图

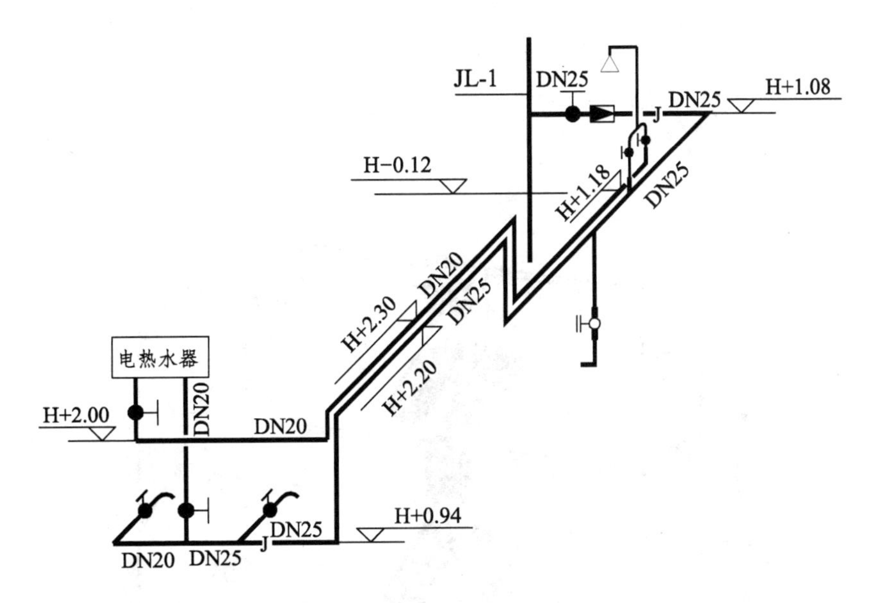

给水管管材：
DN100/DN80/DN65/DN50 衬塑钢管专用卡环连接
DN50/DN40/DN25/DN20 PP-R热熔连接
给水管小于等于DN50采用铜质截止阀，大于DN50采用蝶阀

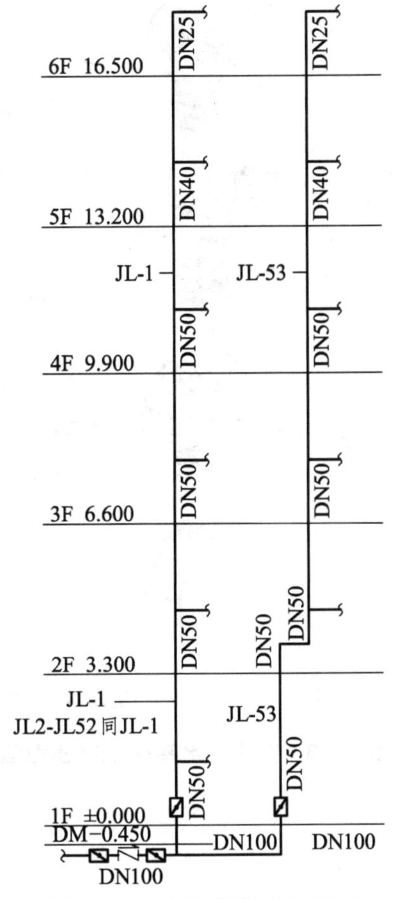

图 2.4-2 宿舍楼给水系统图

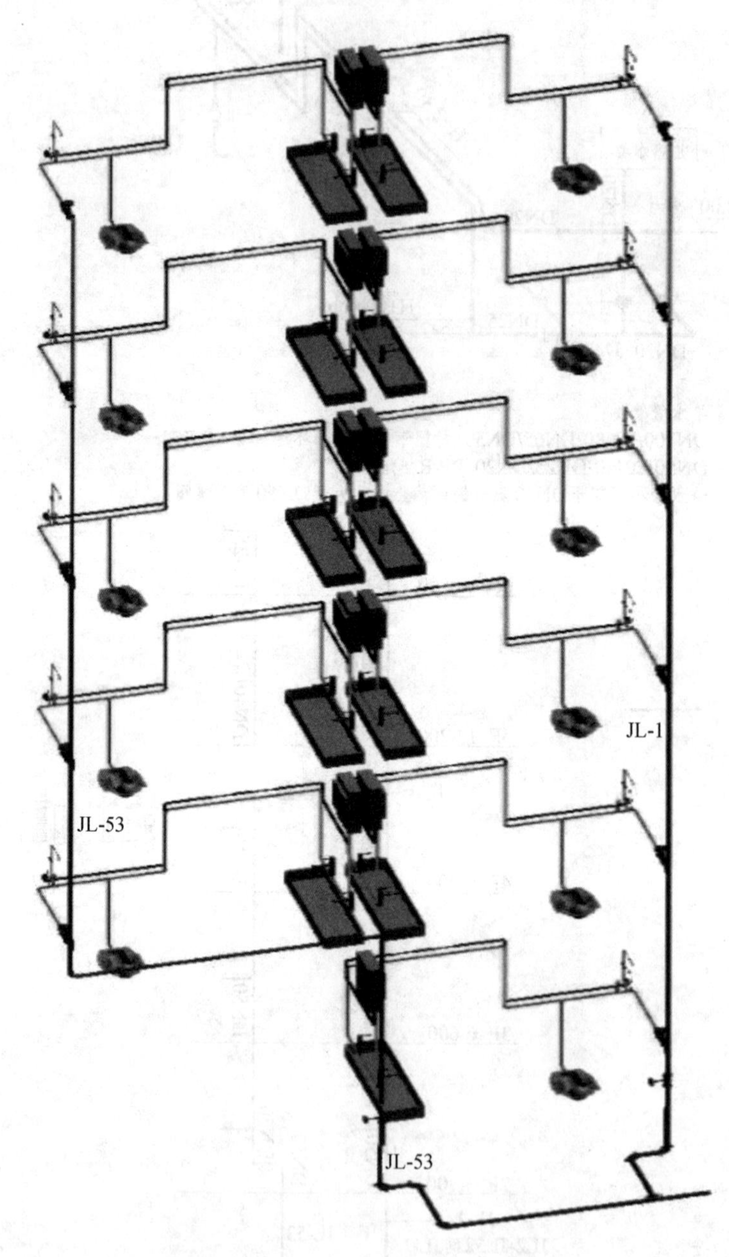

图 2.4-3　宿舍给水系统 BIM 模型图

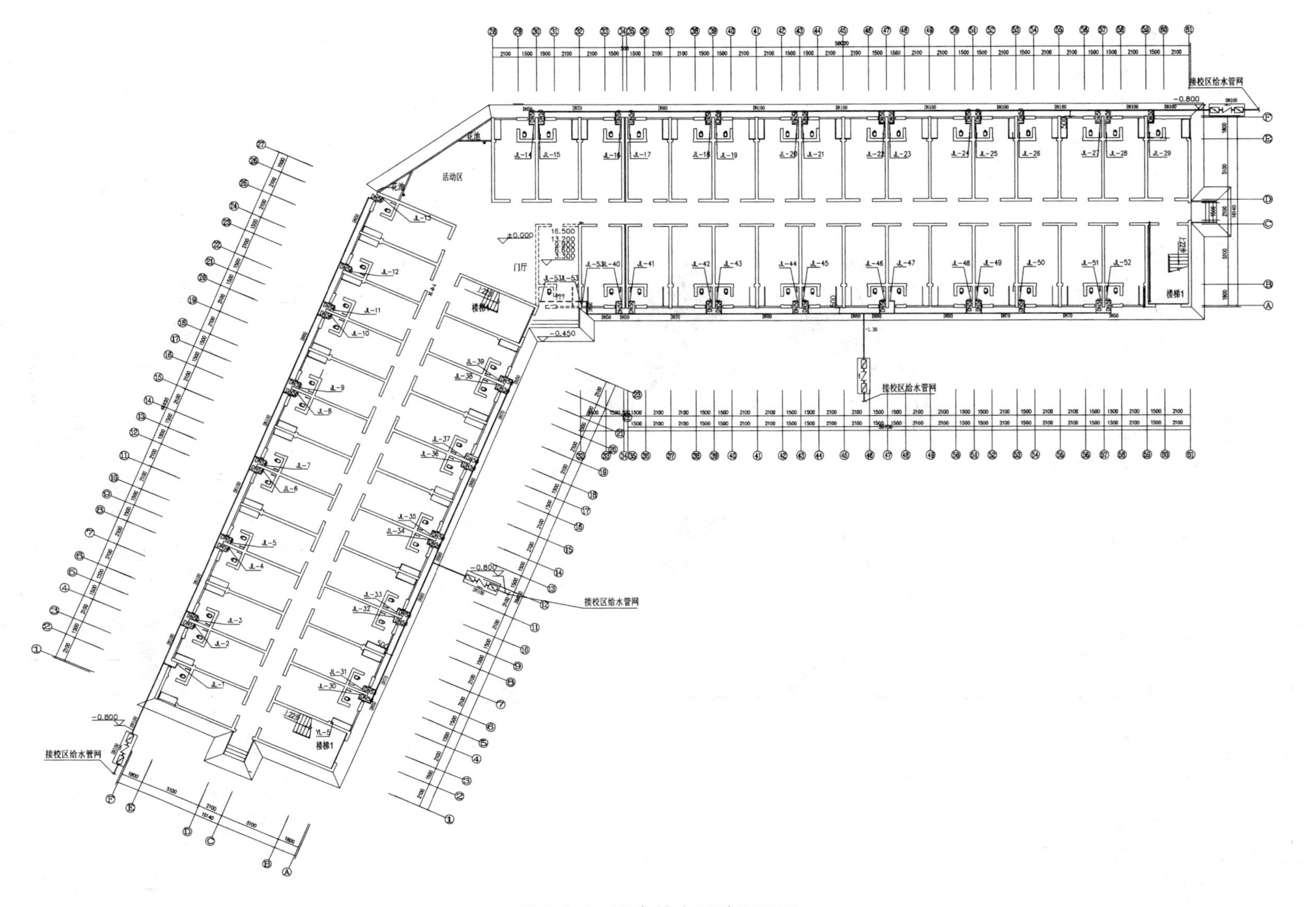

图 2.4-4　宿舍给水系统平面图

4.2 给水工程图阅读方法

在建筑工程中，管道也可注相对本层建筑地面的标高，标注方法为 $h + \times.\times\times\times$，$h$ 表示本层建筑地面标高（如 $h + 0.250$）。如施工图的系统图中所示分别由 $H + 1.08$、$H + 2.3$、$H + 2.2$ 和 $H + 0.94$，H 代表各层的层底标高（一层 ± 0.000 m，二层 3.300 m，三层 6.600 m，四层 9.900 m，五层 13.200 m，六层 16.500 m），详见图 2.4-1 和图 2.4-2。由各个水平支管的标高就可得到支管立管的长度，如给水支管 DN25 由 1.080 m 标高到 2.200 m，中间立管长度 1.12 m = 2.200 m − 1.080 m。如图 2.4-5。

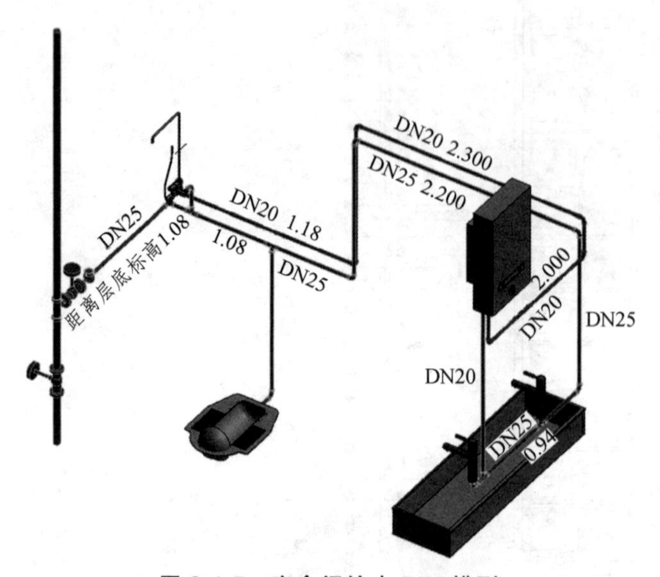

图 2.4-5 宿舍间给水 BIM 模型

识读管道工程图时应注意以下特点：

（1）各类管道、用水器具和设备、消火栓、喷洒水头、雨水斗、立管、管道、上弯或下弯以及主要阀门、附件等，均应按《给水排水制图标准》（GB/T 50106—2010）规定的图例。

（2）管道工程图与建筑物轮廓线、轴线号、房间名称、楼层标高、门、窗、梁柱、平台和绘图比例等，均应与建筑专业一致，但图线应用细实线绘制。如给水工程施工图中的平面图，建筑墙体、门窗都为细实线表示。卫生间的放大图的建筑比例是 1∶50，那么管线的图纸实际长度是标注长度的两倍长，计算管线长度时，以标注尺寸为准。

（3）管道系统是一个整体，应将平面图和系统轴测图对照阅读。识图时可沿（逆）管道内介质流动方向，按先干管后支管的顺序进行识图。如给水工程施工图中所示：平面图中给水管 DN100 由 − 0.800 m 的标高接市政管网引入，室内给水管的起始端为阀门井，一个止回阀和两个蝶阀组成（阀门图例详见表 2-5 所示）。然后通过水平干管 DN100/DN80/DN65/DN50 给给水立管 JL-1 到 JL-53 供水至 1-6 层的宿舍间，每个宿舍间由冷热水管组成，宿舍内管径和标高详细情况结合系统图、详图和 BIM 模型图进行阅读。冷水管连接蹲便器、淋浴器、洗水盆和热水器。热水管一段连接热水器，另一端连接淋浴器。

（4）管道立管应按不同管道代号在图上自左至右按规范规定分别进行编号，且不同楼层同一立管编号应一致。消火栓也可分楼层自左至右按顺序进行编号。常见给排水管道类别应以汉语拼音字母表示，管道代码如表 2.4-1。

表 2.4-1 给水排水专业管道代码

管道名称	代号	管道名称	代号	管道名称	代号
生活给水管	J	循环给水管	XJ	蒸汽管	Z
热水给水管	RJ	循环回水管	Xh	凝结水管	N
热水回水管	RH	热媒给水管	RM	废水管	F
中水给水管	ZJ	热媒回水管	RMH	压力废水管	YF
污水管	W	雨水管	Y	通气管	T
压力污水管	YW	压力雨水管	YY	膨胀管	PZ
空调凝结水管	KN				

（5）掌握管道工程图中的习惯画法和规定画法。

① 给水排水工程图中，常将安装于下层空间而为本层使用的管道绘制于本层平面图上。

② 管道工程图中，某些不可见的管道（如穿墙和埋地管道等）不用虚线而用实线表示。

③ 管道工程图是按比例绘制的，但局部管道往往未按比例而是示意性的表示。局部位置的管道尺寸和安装方式由规范和标准图来确定。

④ 室内给水排水系统轴测图中，给水管道只绘制到水龙头，排水管道则只绘制到卫生器具出口处的存水弯，而不绘制卫生器具。

4.3 宿舍楼室内给水工程图阅读

按宿舍楼室内给水施工图的组成进行图纸阅读。

1. 给水管网的阅读

依据管网的代码，宿舍楼的给水管网的代码有 JL-1 ~ JL-53，这是 53 根给水立管，分别敷设在每层的 53 间宿舍的卫生间内，详见平面图的位置。这 53 根立管的水来自 4 根引入管，根据平面图的显示可以得到引入管的标高。53 根立管把水供给给 1 ~ 6 层的每间宿舍。

管网的阅读关键点：管材、管径、标高、连接方式和敷设形式，详见表 2.4-2。

表 2.4-2 管网阅读要点

关键点	图纸位置	说　明
管材	设计说明	管材不同，连接方式不同，金属管材往往需要考虑刷油
管径	平面图或系统图	管径不同，连接方式可能不同
标高	系统图或平面图	管道标高与楼层层高和层数有关，层高和层数详见建筑图或结构图
连接方式	设计说明	连接方式一般与管材和管径有关
敷设形式	设计说明	敷设形式有支架、埋地敷设、暗装等，支架敷设考虑支架工程量，埋地敷设考虑挖沟槽和刷防腐漆等

依据上述要点：将宿舍楼管网以流水方向，分立管和水平管进行立项，水平管只有一个标高，立管标高为起点和终点标高。水平管投影之后的长度和实际长度相等，直接图中量取，立管的长可以通过起点和终点的标高差计算。表中 1F～6F 分别表示各层的层底标高，图纸以 H 表示，例如在 4 层的 $H+1.08$ 即表示 $4F+1.08=9.9+1.08$（m），将宿舍楼室内给水管网以水流方向阅读，主干管（水平）埋地敷设至标高 0.000 m，然后是主干管（立管）53 根引入各个宿舍间，每个宿舍间由水平支管给卫生器具供水，归纳如表 2.4-3 所示。

表 2.4-3　宿舍楼室内给水管网阅读

管材	管径	管道形式	标高/m	安装方式	连接方式	刷油/保温
内嵌入式衬塑钢管	DN100 DN80 DN65 DN50	水平管	−0.8	埋地敷设	专用卡环连接	石油沥青二道
内嵌入式衬塑钢管	DN50	立管	−0.8 至 0	埋地敷设	专用卡环连接	石油沥青二道
内嵌入式衬塑钢管	DN50	立管	0 至 0.5	支架敷设	专用卡环连接	红丹二道、银粉二道
塑料给水管 PP-R	DN50	立管	0.5 至 9.9（4F）+1.08	支架敷设（金属支架）	热熔连接	
塑料给水管 PP-R	DN40	立管	9.9（4F）+1.08 13.2（5F）+1.08	支架敷设（金属支架）	热熔连接	
塑料给水管 PP-R	DN25	立管	13.2（5F）+1.08 至 16.5（6F）+1.08	支架敷设（金属支架）	热熔连接	
塑料给水管 PP-R	DN25	水平管	$H+1.08$、$H+2.2$、$H+0.94$	支架敷设（塑料管卡）	热熔连接	
塑料给水管 PP-R	DN25	立管	$H+1.08$ 至 $H+2.2$/ $H+0.94$ 至 $H+2.2$	支架敷设（塑料管卡）	热熔连接	
塑料给水管 PP-R	DN20	水平管	$H+0.94$	支架敷设（塑料管卡）	热熔连接	
塑料给水管 PP-R	DN20	立管	$H+0.94$ 至 $H+2.3$	支架敷设（塑料管卡）	热熔连接	
塑料给水管 PP-R（热水）	DN20	立管	$H+2.0$ 至 $H+2.3$， $H+1.18$ 至 $H+2.3$	支架敷设（塑料管卡）	热熔连接	热水管橡塑保温材料 δ（mm）=10
塑料给水管 PP-R（热水）	DN20	水平管	$H+2.3$、$H+1.18$、$H+2$	支架敷设（塑料管卡）	热熔连接	热水管橡塑保温材料 δ（mm）=10

2. 给水附件的阅读

宿舍楼室内给水系统中的附件主要是阀门、水嘴和水表。依据平面图、系统图及图纸说明可以得到各种附件的规格型号及连接方式。各种附件的规格型号及连接方式不同，清单和定额不同、价格不同，详见表 2.4-4 所示。

表 2.4-4　宿舍楼室内给水附件阅读

附件名称（图纸说明）	构件规格（图纸及说明）	连接方式	图例
蝶　阀	DA71X－1.6，DN100	焊接法兰	
止回阀	H44T－1.6，DN100	焊接法兰	
内螺纹截止阀	J11T－1.6，DN50 J11T－1.0，DN20	内螺纹连接	
给水附件-水嘴	DN20 1.0 MPa 铜镀铬	螺纹连接	
旋翼式水表	DN25（包含表前阀门）	螺纹连接	

3. 给水设备的阅读

宿舍楼图纸中给水设备只有淋浴器和热水器，依据图纸和图纸说明统计其规格，见表 2.4-5。

表 2.4-5　宿舍楼室内给水设备阅读

名　称	构件规格	安装高度	图例
淋浴器	成品冷热水铜管制品淋浴器	$H+1.18$	
容积式电热水器	CEWH-80PEZ3，$V=80$ L，$P=2.5$ kW	$H+2.3$	

4. 其他（图纸中未表达或表达不全面的）

套管、支架、刷油在图纸中往往不表示，在设计说明中会用文字说明。

1）套　管

宿舍楼室内给水管网有穿基础、楼板、墙体三种类型套管。依据结构图比较基础顶部标高（－0.550 m）和埋地引入管给水管的标高（－0.800 m）可知，管道在基础中穿过。53 根立管穿 6 层楼板，宿舍间水平管穿墙，具体情况统计如表 2.4-6 所示。

2）支　架

宿舍楼室内给水管网中 53 根立管需要用支架沿墙敷设，支架由标准图集可得到由两部分组成，型钢支架和管卡。详见标准图集《03S402 室内管道支架及吊架》及《建筑给水排水及采暖工程施工质量验收规范》（GB 50242—2002）中对支架规格和间距的规定，由标准图集可知单个支架的重量，由验收规范可得支架的个数。

3）刷　油

宿舍楼室内给水管网中给水复合管，根据设计说明埋地敷设的管网需要刷石油沥青二遍，地上立管需要刷红丹防锈漆、银粉漆各二道。

表 2.4-6　宿舍楼室内给水套管阅读

套管类型	管子直径	套管直径（比管子大两个规格）	位　置
穿基础套管	DN50	DN80	设备管 墙下基础
穿楼板套管	DN50/DN40/DN25	DN80/DN65/DN40	DN50 DN50 DN50 3F 6.600 楼板 套管
穿墙填料套管	DN25/ DN20	DN40/DN32	套管 墙 DN25 DN20

注：钢管的公称直径 DN 有以下常用规格：15，20，25，32，40，50，65，80，100，125，150，250，300。

图 2.4-6　立管支架

第 5 节　建筑给水系统施工工艺

5.1　管道安装

室内给水管道的敷设有明装和暗装两种形式。明装时，管道沿墙、梁柱、天花板、地板等处敷设。暗装时，给水管道敷设于吊顶、技术层、管沟和竖井内。暗装时应考虑管道及附件的安装、检修可能性，如吊顶留活动检修口，竖井留检修门。重庆市安装工程计价定额第八册规定设置于管道间、管廊内的管道、阀门、法兰、支架安装，定额人工费乘以系数 1.3。

给水管道的安装顺序应按引入管，水平干管、立管、水平支管安装，亦即按给水的水流方向安装，工艺流程如图 2.5-1 所示。

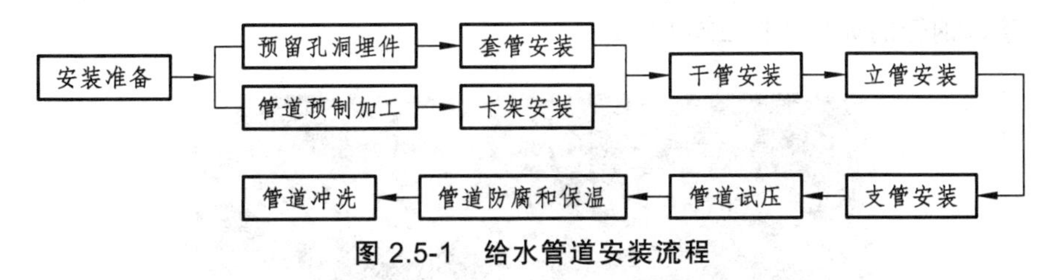

图 2.5-1　给水管道安装流程

管道试压：管道安装完毕后，应按设计要求对管道系统进行压力试验，满足给水管道设计压力要求。

管道冲洗、消毒：依据《给水排水管道工程施工及验收规范》（GB 50268—2008），结合工程实际情况，对给水管道进行冲洗、消毒，满足给水管道水质要求。

1. 管道的连接方式

给水工程施工图中管道的连接方式应在设计说明中标明，或参考管道安装说明书等。安装方式不同，套用定额和项目特征描述不同，要区别对待。

1）镀锌钢管螺纹连接（图 2.5-2）

图 2.5-2　镀锌钢管螺纹连接

镀锌钢管螺纹连接适用于 DN≤125 的管道安装，螺纹连接又叫丝扣连接。安装工作内容有：洞口修整、切管、套丝、上零件、调直、载钩卡及管件安装、水压试压、管道冲洗消毒等，如图 2.5-3。

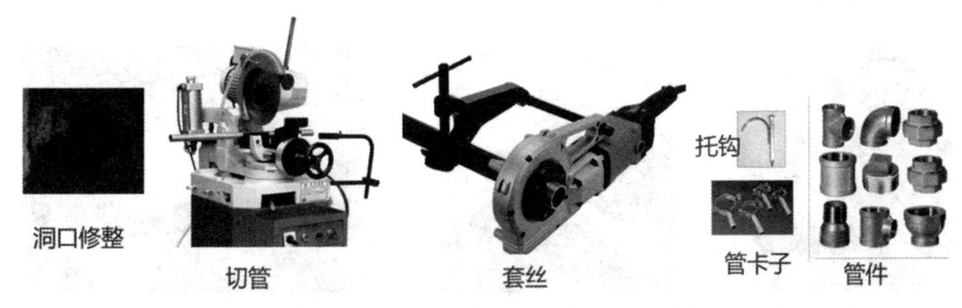

图 2.5-3　镀锌钢管螺纹连接施工工艺

所需材料：镀锌钢管、接头零件、托钩或管卡子、水泥、水、其他材料、溶解漂白粉等。

所用机械：管子切断机、管子切断套丝机、普通车床（用于 DN≥100 的镀锌钢管）。

焊接钢管、钢塑给水管、铜管的螺纹连接施工工艺参考镀锌钢管的螺纹连接。此外管道的除锈、刷油、保温、防腐蚀等也是管道安装的工作内容。

2）铜管、钢管的焊接（图 2.5-4）

图 2.5-4　镀锌钢管焊接连接施工工艺

管道的焊接广泛采用电焊和气焊。电焊适合于焊接 4 mm 以上的焊件，气焊适合于焊接 4 mm 以下的薄焊件。

铜管焊接工作内容：坡口、调直、载管卡、找坡度及标高、焊接管道及管件、水压试验、管道冲洗消毒。

铜管焊接所需材料：给水铜管、铜管接头管件、铜焊丝、铜焊粉、氧气、电石、水、溶解漂白粉及其他材料等。

钢管焊接工作内容：留堵洞眼、切管、坡口、调直、煨弯、挖眼接管、异型管制作、对口、焊接、管道及管件安装、水压试验、管道冲洗消毒。

钢管焊接所需材料：焊接钢管、焊板、电焊条、乙炔气、管子托钩、水、电、溶解漂白粉及其他材料等。

所用机械：弯管机、直流弧焊机、管子切断机、电焊条烘干箱、载重汽车和汽车式起重机电动卷扬机（用于 DN≥200 的钢管）。

名词解释：

坡口：坡口是主要为了焊接工件，保证焊接度，如图 2.5-5 所示。

煨弯：小管径金属通过煨弯得到小管径金属弯头，这种小管径金属弯头就被称之为煨制弯头，如图 2.5-6 所示。

3）塑料给水管粘接（图 2.5-7）

图 2.5-5　坡口

图 2.5-6　煨弯

图 2.5-7　粘接

工作内容：切管、调直、载钩卡及管件安装、水压试压、管道冲洗消毒。

所需材料：塑料给水管、粘结剂、管卡、接头零件、水、溶解漂白粉及其他材料等。

4）塑料给水管、超薄不锈钢衬塑复合管给水管热熔、电熔连接

将塑料管材和管件在热熔机上进行加热后，承插连接，如图 2.5-8 所示。

图 2.5-8　电熔连接

工作内容：留堵洞眼、切管、调直、载钩卡及热熔（电熔）管件安装、水压试验、管道冲洗消毒。

所需材料：给水管、热熔或电熔管件、管卡、管箍、水、溶解漂白粉及其他材料等。

所需机械：热熔焊接机。

5）塑料给水管、塑复铜（铝）给水管卡套式连接

这是用锁紧螺帽和丝扣管件将管材压紧于管件上的连接方式。

工作内容：留堵洞眼、切管、调直、管件连接、水压试验、管道冲洗消毒。

所需材料：塑料给水管、卡套式管件、管夹、水、溶解漂白粉及其他材料等。

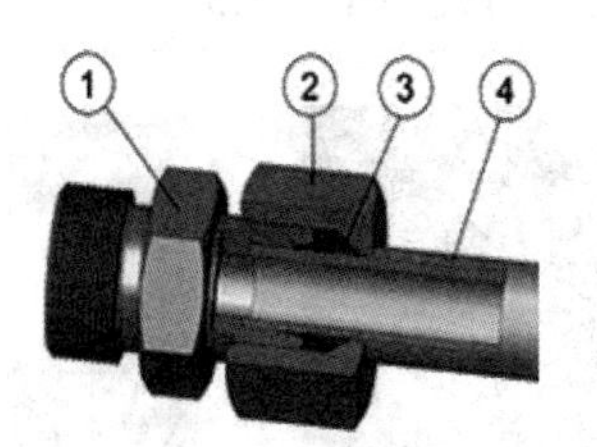

1—接头体；2—螺母；3—卡套；4—管材。

图 2.5-9　卡套连接

2. 法兰安装

法兰连接：由一对法兰、一个垫片及若干个螺栓螺母组成，如图 2.5-10 所示。

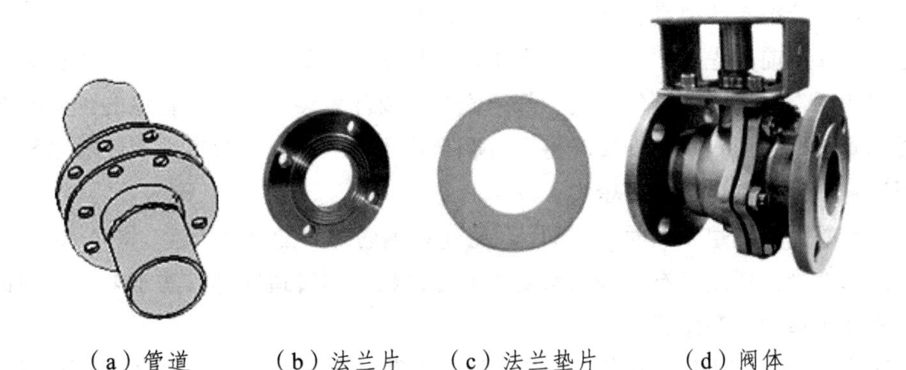

（a）管道　（b）法兰片　（c）法兰垫片　（d）阀体

图 2.5-10　法兰的组成

法兰按照其结构形式可分为：整体法兰、平焊法兰、对焊法兰、松套法兰和螺纹法兰。常见的几种法兰如图 2.5-11 所示。

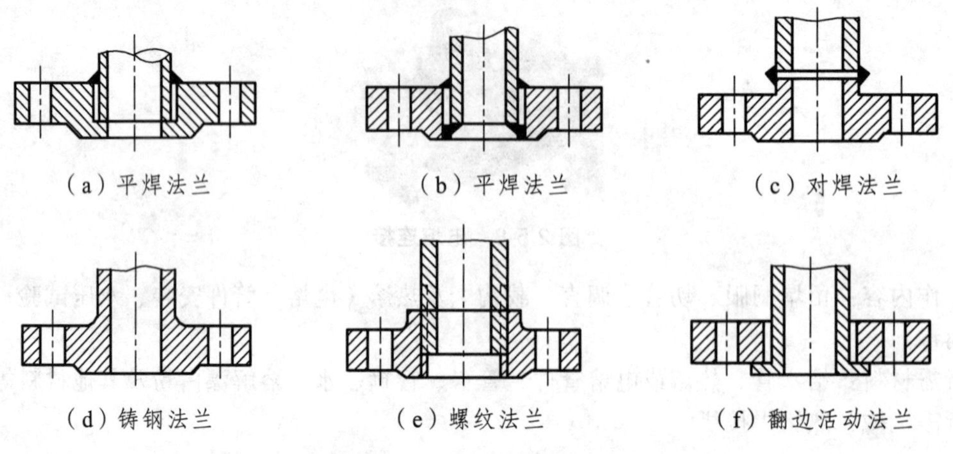

图 2.5-11　法兰的几种形式

3. 套管安装

规范规定：当管道穿越楼板或墙体时，应安装套管。如有防水要求的应安装防水套管，有严格防水要求的应安装柔性防水套管。如图 2.5-12。

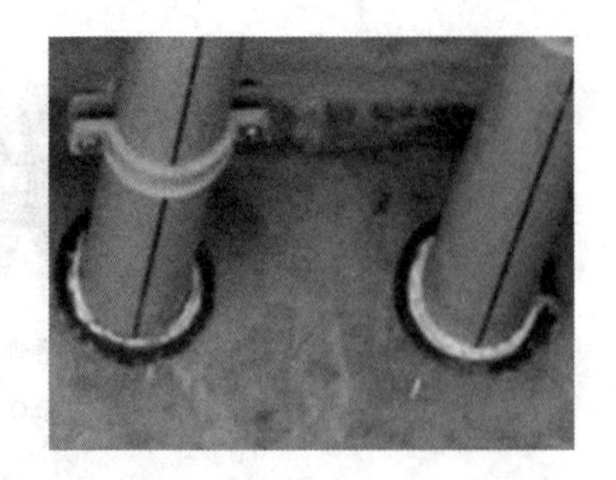

图 2.5-12　套管的安装

套管按性能和材料分类，如图 2.5-13 所示。

套管按定额分类有穿墙套管和穿楼板翼环刚套管。

普通套管安装前，先要预留孔洞。在土建主体施工时就要配合好土建预留孔洞。当土建主体施工完毕后，再进行管道的安装，管道安装时要注意装上套管。管道的预留孔洞可采用钢制手提式套筒来完成。管道安装时将套管套到管子上然后安装管道，安装后套管与管道的缝隙要用油膏、麻丝等材料填充密实。

防水套管是随土建主体同时施工的。在土建扎钢筋时要配合好土建，将防水套管预埋好。

刚性防水套管：适用于有一般防水要求的构筑物，如管道穿越有防水要求的屋面、地下室外墙、水池水箱的壁等位置。

柔性防水套管：适用于管道穿过墙壁之处有振动或有严密防水要求的构筑物，如人防墙、水池等要求很高的地方。

刚性防水套管

套管预埋，必须固定牢靠，
间距均匀，封堵严密

柔性防水套管

图 2.5-13　套管的类别

4. 管道的消毒、冲洗

管道冲洗、消毒。生活给水系统管道试压合格后，应将管道系统内存水放空。各配水点与配水件连接后，在交付使用之前必须进行冲洗和消毒。饮用水管道在使用前用每升水中含 20～30 mg 游离氯的水罐满管道进行消毒，水在管道中停留 24 h 以上。消毒完后再用饮用水冲洗，并经有关部门取样检验，符合国家《生活饮用水标准》方可使用。吹、洗按设计要求描述吹扫、冲洗方法，如水冲洗、消毒冲洗、空气吹扫等。

5. 管道压力试验

水压试验：给水管道安装完成确认无误后，必须进行系统的水压试验。室内给水管道试验压力为工作压力的 1.5 倍，但是不得小于 0.6 MPa。各种承压管道系统和设备应做水压试验，非承压管道系统和设备应做灌水试验。

管道的压力试验按设计要求描述试验方法，如水压试验、气压试验、泄露性试验、闭水试验、通球试验、真空试验等。

6. 管道防腐

为了防止金属管道锈蚀，在敷设前要进行防腐处理。管道防腐包括表面清理和喷刷涂料。表面清理一般分为除油、除锈和酸洗三种。喷刷的涂料分为底漆和面漆两类，涂料一般采用喷、刷、浸、洗等方法附着在金属表面上。埋地的钢管、铸铁管一般采用涂刷热沥青绝缘防腐，在安装过程中某些未经防腐的接头处应在安装后进行以上防腐处理。

管道防冻、防结露。其方法是对管道进行绝热，有绝缘层和保护层组成。常用的绝热层材料有聚氨酯、岩棉、毛毡等。保护层可以用玻璃丝布包扎，薄金属板铆接等方法进行保护。管道的防冻、防结露应在水压试验合格后进行。

5.2　给水附件的安装

室内给水管道常用附用主要有阀门、止回阀、减压阀、水表等。

1. 阀门安装

（1）给水管道根据使用和检修要求，在下列管段上应装设阀门：

① 引入管、水表前及立管上。

② 环形管网的发开管、贯通枝状管网的连通管上。

③ 居住和公共建筑中，从立管接出的配水支管上。

④ 接至生产设备和其他用水设备的配水支管上。

⑤ 根据设计要求，室内消防给水管网上应设置一定数量的阀门。

（2）室内给水管道上的阀门，应根据管径大小、接口方式、水流方式和启闭要求，一般按以下规定选用：

① 管径不超过 50 mm 时，宜采用截止阀（应采用铜质截止阀，不得使用铸铁截止阀）；管径超过 50 mm 时，宜采用闸阀或蝶阀。

② 在双向流动的管段上，应采用闸阀或蝶阀。

③ 在经常启闭的管段上，宜采用截止阀。

④ 不经常启闭而又需快速启闭的阀门，应采用快开阀。

⑤ 配水点处不宜采用旋塞。

2. 减压阀安装

减压阀已广泛用于高层建筑生活和消防给水管道系统中。目前，国内生产的减压阀主要有弹簧式减压阀和比例式减压阀两种。生活给水系统宜采用可调式减压阀；消防给水系统宜采用比例式减压阀；也可以采用减压孔板，应由设计决定。减压阀的安装应符合下列要求：

（1）减压阀可水平安装，也可垂直安装。弹簧式减压阀一般宜水平安装，以减少重力作用对调节精度的影响；比例式减压阀更适合于垂直安装。因为垂直安装，其密封圈外径磨损比较均匀，而水平安装由于密封圈受其活塞自重的影响，易于单面磨损。

（2）减压阀安装前应冲洗管道，防止杂物堵塞减压阀。减压阀安装时应使阀体箭头方向与水流方向一致，不得反装。

（3）减压阀的安装应考虑到调试、观察和维修方便。暗装于管道井中的减压阀，应在其相应位置设检修口。比例式减压阀必须保持平衡孔暴露在大气中，以不致被堵塞。

（4）减压阀如水平安装时，阀体上的透气孔应朝下，以防堵塞；垂直安装时，孔口应置于易观察检查之方向。

（5）用于分区给水的减压阀：减压阀前后应装设阀门和压力表。生活给水管道系统安装的减压阀，其进口端宜加装 Y 形过滤器，并应便于排污。过滤器内的滤网采用 14 ~ 18 目/cm^2 的铜丝网。消防给水管道系统的减压阀组后面（沿水流方向），应设汇水阀，以防杂质沉积损坏减压阀。减压阀应安装旁通管，在检修减压的阀时不造成停止运行。

3. 水表安装

（1）安装前的准备：

① 检查安装使用的水表型号、规格是否符合设计要求，表壳铸造规矩，无砂眼、裂纹、表玻璃盖无损坏，铅封完整，并具有产品出厂合格证及法定单位检测证明文件。

② 复核已预留的水表连接管段口径、表位、管件及标高等，均应符合设计和安装要求。

③ 在施工草图上标出水表、阀门等位置及水表前后直线管段长度，然后按草图测得的尺寸下料编号、配管连接。

（2）建筑给水管道系统常用旋翼式水表。

本章小结

本章主要讲给排水管道的基础知识和室内给水管道的组成，以宿舍楼室内给水系统为例讲解施工图的阅读步骤及阅读方法。图纸的阅读要以计量与计价为目的，根据室内给水系统的定额和清单组成阅读施工图，为计量与计价服务。同时施工工艺的讲解也围绕接下来的计量与计价讲解。

课后作业

一、单选题

1. 依据《通用安装工程工程量计算规范》(GB 50856—2013）的规定，给水管道室内外界限划分：以建筑物外墙皮（　　）为界，入口处设阀门者以阀门者为界。

A. 1.0 m　　B. 1.3 m　　C. 1.5 m　　D. 2.0 m

2. 引入管指室外给水管网与建筑物内部给水管道之间的联络管段，穿墙时敷设（　　）。

A. 止水圈　　B. 钢筋网片　　C. 防水层　　D. 穿墙套管

3. 下列（　　）代表管道的公称直径。

A. D　　B. d　　C. DN　　D. De

4. 输送水温不超过 70 °C，适用于系统工作压力不大于 0.6 MPa 的塑料给水管道是（　　）。

A. PE 管（聚乙烯管）　　B. PB 管（聚丁烯管）

C. PPR 管（三型无规共聚聚丙烯管）　　D. PP 管（聚丙烯管）

5. 不保温的 DN100 钢管水平安装时，支吊架的最大间距是（　　）。

A. 6.5 m　　B. 7.5 m　　C. 5.5 m　　D. 6.0 m

6. 冷水塑料管 De40 水平安装时，支吊架的最大间距是（　　）。

A. 0.9 m　　B. 1.0 m　　C. 1.3 m　　D. 1.6 m

7. 给水系统分区设置水箱和水泵，水泵分散布置，总管线较短，投资较省，能量消耗较小，但供水独立性差，上区受下区限制的给水方式是（　　）。

A. 分区水箱减压给水　　B. 分区串联给水

C. 分区并联给水　　D. 高位水箱减压阀给水

8. 热水给水管的专业字母代码是（　　）。

A. J　　B. RJ　　C. RH　　D. ZJ

9. 给水管道的安装顺序是（　　）。

A. 引入管→立管→水平支管→水平干管

B. 引入管→立管→水平干管→水平支管

C. 引入管→水平干管→立管→水平支管

D. 立管→水平干管→水平支管→引入管

10. 室内给水管道上的阀门选用要求，错误的是（　　）。

A. 管径超过 50 mm 时，宜采用闸阀或蝶阀

B. 管径不超过 50 mm 时，可采用铸铁截止阀

C. 在经常启闭的管段上，宜采用截止阀

D. 在双向流动的管段上，应采用闸阀或蝶阀

11. 在宿舍楼图纸中，给水管道 DN50 以上是（　　）。

A. 钢管　　B. 塑料管　　C. 衬塑钢管　　D. 铸铁管

12. 给水管衬塑钢管的连接方式是（　　）。

A. 专用卡环连接　　B. 焊接连接　　C. 热熔连接　　D. 螺纹连接

13. 给水管塑料管 PP-R 的连接方式是（　　）。

A. 专用卡环连接　　B. 焊接连接　　C. 热熔连接　　D. 螺纹连接

14. 管道穿越地下室墙体、基础外墙、储水池壁等采用（　　）时，按安装定额第六册相应项目计算。

A. 钢套管　　B. 塑料套管　　C. 一般套管　　D. 防水套管

二、多选题

1. 给水管网的布置方式有（　　）。

A. 上行上给式　　B. 下行上给式　　C. 上行下给式

D. 环状供水式　　E. 下行下给式

2. 室内给水管道明敷时，管道可沿（　　）敷设。

A. 墙　　B. 梁　　C. 柱

D. 天花板　　E. 地板

三、识图问答题

1. 在宿舍楼图纸中，给水管道管径有哪些？

2. 某宿舍楼详图如图 1，回答以下各题。

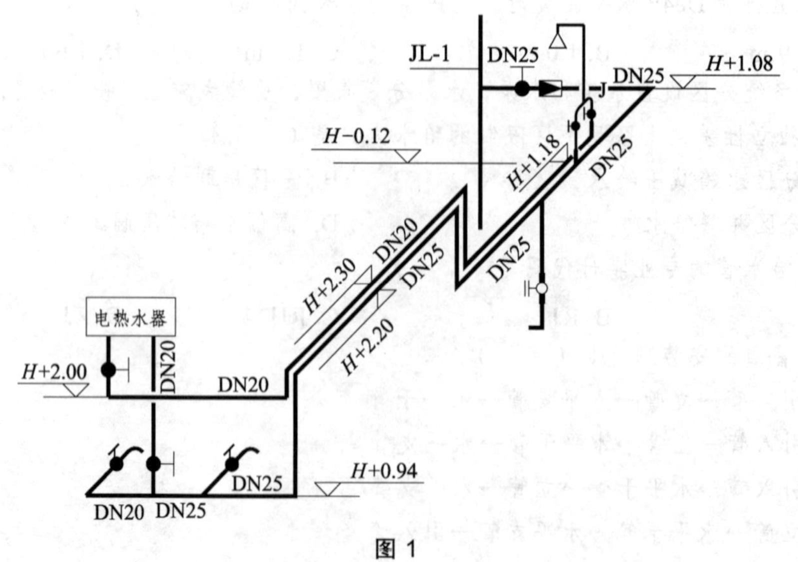

图 1

（1）给水管冷水管是什么颜色的管道？（　　）

（2）给水管热水管是什么颜色的管道？（　　）

（3）给水管冷水管进入宿舍时的标高是（　　）。

A. $H+2.00$　　B. $H+0.94$　　C. $H+2.30$　　D. $H+1.08$

（4）卫生间地面标高是（　　）。

A. $H+1.08$　　B. $H+1.18$　　C. $H-0.12$　　D. $H+2.20$

（5）每间宿舍有（　　）个截止阀。

A. 1　　B. 2　　C. 3　　D. 4

3. 某宿舍楼平面图部分如图 2，回答以下问题。

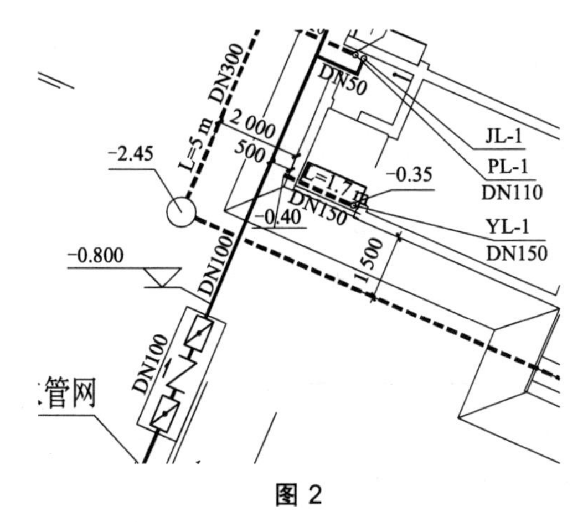

图 2

（1）在引入管处，给水管的颜色是（　　　　　　），管径是（　　　　　　），标高是（　　　　　　）。

（2）在引入管处，有哪几种阀门？（　　　　　　）

（3）给水立管的字母代码是（　　）。

A. PL　　B. JL　　C. L　　D. YL

4. 办公楼卫生间给水系统如图 3，回答以下问题。

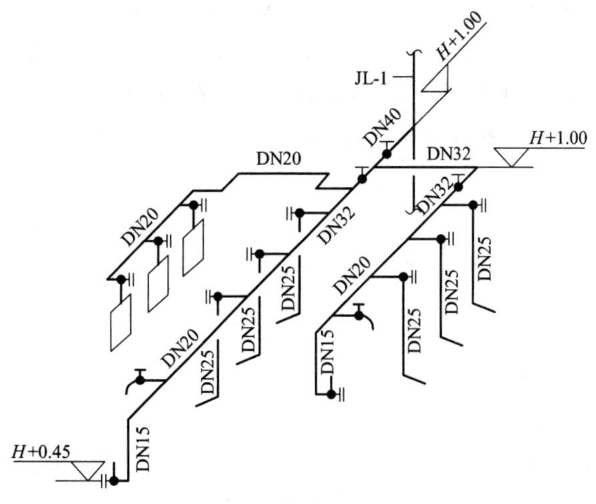

图 3

（1）卫生间给水管道管径有哪些？水平管标高是多少？

（2）图中 $H+0.45$ 标高是什么附件？

课后作业答案

一、单选题

1～5. CDCDA　　6～10. ABBBB　　11～14. CACD

二、多选题

1. BCD　　2. ABCDE

三、识图问答题

1. 衬塑钢管：DN100、DN80、DN65、DN50；塑料管：DN50、DN40、DN25、DN20
2. （1）绿色　（2）红色　（3）D　（4）C　（5）B
3. （1）黄色，DN100，－0.8 m　（2）蝶阀，止回阀　（3）B
4. （1）DN42，DN32，DN25，DN20，DN15；$H+1.00$
   （2）男卫生间洗手盆下面角阀的标高

第三章　建筑室内排水工程识图与施工工艺

教学内容：

（1）建筑排水系统概述。

（2）建筑排水系统施工图。

（3）建筑室内雨水系统。

（4）建筑排水水系统施工工艺。

教学目的：全面介绍室内排水工程图的组成及相关施工工艺。

知识目标：了解室内排水工程的组成，掌握室内排水工程施工图纸的组成及阅读方法，熟悉相关的施工工艺。

能力目标：读懂室内排水工程施工图和掌握室内排水工程施工工艺。

教学重点：室内排水工程施工图的阅读和造价相关施工工艺。

第 1 节　建筑室内排水系统组成

室内排水系统的基本要求是迅速通畅地排除建筑内部的污废水，保证排水系统在气压波动下不致使水封破坏。其组成包括以下几部分（图 3.1-1）：

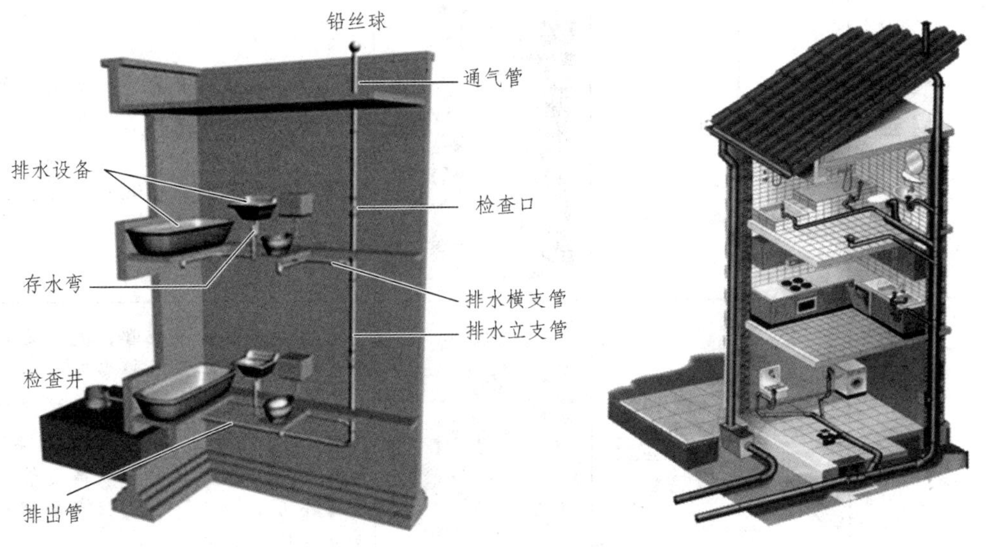

图 3.1-1　排水系统

1. 卫生器具或生产设备受水器

它是排水系统的起点。卫生器具主要包括浴缸，净身盆，洗脸盆，洗涤盆，化验盆，大便器，小便器，其他卫生器具，烘手器，淋浴间，桑拿浴房，大、小便槽自动冲洗水箱，给、排水附（配）件，小便槽冲洗管，蒸汽-水加热器，冷热水混合器，饮水器，隔油器等共计19个分项工程。

成品卫生器具项目中的附件安装，主要指：给水附件包括水嘴、阀门、喷头等，排水配件包括存水管、排水栓、下水口等以及配备的连接管。

洗脸盆适用于洗脸盆、洗发盆、洗手盆安装。

2. 给排水附件

附件是指独立安装的水嘴、地漏、地面扫除口等。常见的排水附件如表3.1-1所示。

（1）存水管。它是连接在卫生器具与排水支管之间的管件，防止排水管内腐臭、有害气体、虫类等通过排水管进入室内。如果卫生器具本身有存水弯，则不再安装。

表3.1-1　常见给水附件

序号	名称	图例	工程图片	释名和用途
1	存水弯		S P U	存水弯是在卫生器具排水管上或卫生器具内部设置一定高度的水柱，防止排水管道系统中的气体窜入室内的附件，存水弯内一定高度的水柱称为水封。存水弯分S形存水弯、P形存水弯、U形存水弯
2	立管检查口			检查口带有可开启检查盖的配件，装设在排水立管及较长横管段上，作检查和清通之用。《建筑给水排水设计规范》（GB 50015—2003），4.5.12条
3	清扫口	平面　系统		清扫口一般装于横管，尤其是各层横支管连接卫生器具较多时，横支管起点均应装置清扫口（有时可用地漏代替）。当连接2个及以上大便器或3个及以上卫生器具的铸铁横支管、连接4个及4个以上的大便器的塑料横支管上均宜设置清扫口

续表

序号	名称	图例	工程图片	释名和用途
4	通气帽	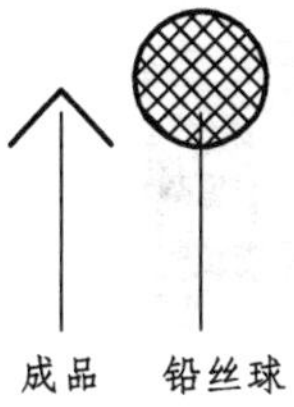 成品 铅丝球		厕所的污水管如果不和外界连通，那气压就会把马桶中的水封抽掉，所以厕所大便那根管子其实是通出屋顶以便放气用的，又怕下雨的雨水留进管子，就在上面加了帽子，就是排气帽了
5	雨水斗	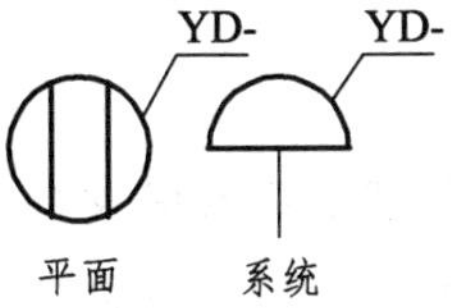 YD- YD- 平面 系统		雨水斗属于金属落水系统分支，是设在屋面雨水由天沟进入雨水管道的入口处。雨水斗有整流格栅装置，能迅速排除屋面雨水，格栅具有整流作用，避免形成过大的旋涡，稳定斗前水位，减少掺气 迅速排除屋面雨水、雪水，并能有效阻挡较大杂物
6	排水漏斗	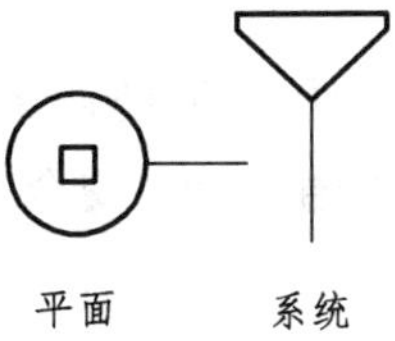 平面 系统	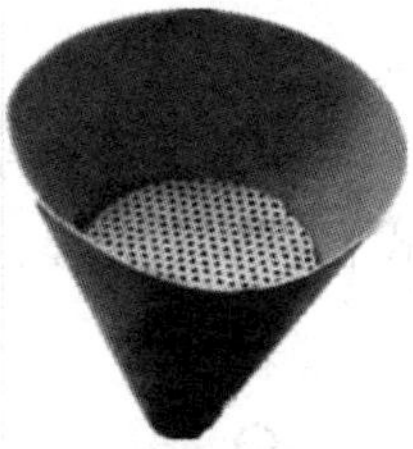	排水漏斗为粗过滤设备，是收集和迅速排除屋面雨水、雪水和阻拦粗大介质的设备。其排出雨水时夹气量最小，雨水漏斗必须在保证拦截粗大介质的前提下，承担的汇水面积越大越好
7	圆形地漏	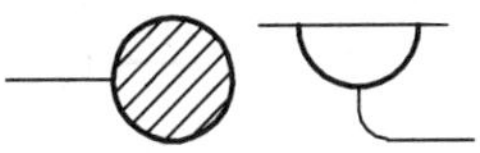		地漏，是连接排水管道系统与室内地面的重要接口，作为住宅中排水系统的重要部件，它的性能好坏直接影响室内空气的质量，对卫浴间的异味控制非常重要
8	方形地漏	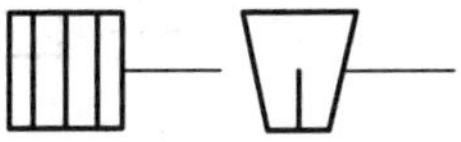		
9	Y 形除污器	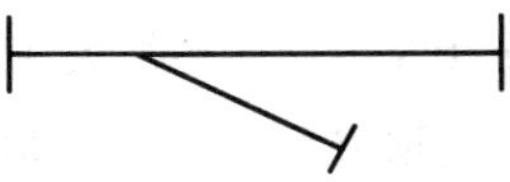		Y 形除污器是输送介质的管道系统不可缺少的一种过滤装置，Y 形过滤器通常安装在减压阀、泄压阀、定水位阀或其他设备的进口端，用来清除介质中的杂质，以保护阀门及设备的正常使用

（2）清通设备（图 3.1-2）。它是疏通排水管道的设备，包括检查口、清扫口和室内检查井。检查口分为可双向清通的管道维修口，清扫口仅可单向清通。

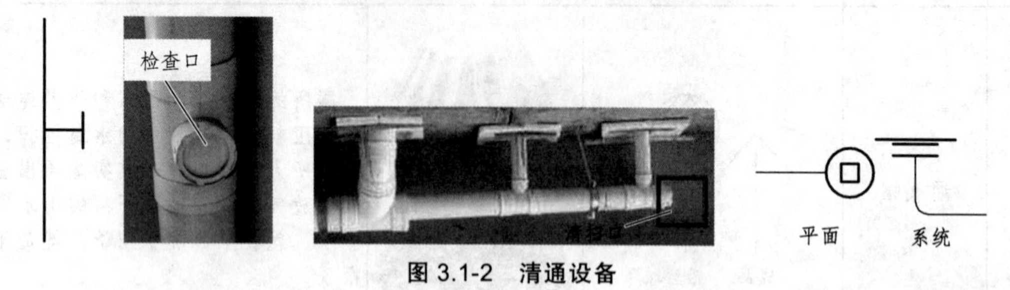

图 3.1-2　清通设备

（3）地漏。地漏用于排泄卫生间等室内的地面积水，形式有钟罩式、筒式、浮球式等。每个男女卫生间、盥洗间均应设置 1 个 DN50 mm 规格的地漏。地漏应设置在易溅水的卫生器具如洗脸盆、拖布池、小便器（槽）附近的地面上。

3. 排水管道系统

它由排水横支管、排水立管、埋地干管和排出管组成。排水横支管是将卫生器具或其他设备流来的污水排到立管中去。排水立管是连接各排水支管的垂直总管。埋地干管连接各排水立管。排出管将室内污水排到室外第一个检查井。

4. 通气管系统

它是使室内排水管与大气相通，减少排水管内空气的压力波动，保护存水弯的水封不被破坏的系统（图 3.1-3）。常用的形式有器具通气管、环形通气管、安全通气管、专业通气管、结合通气管等。

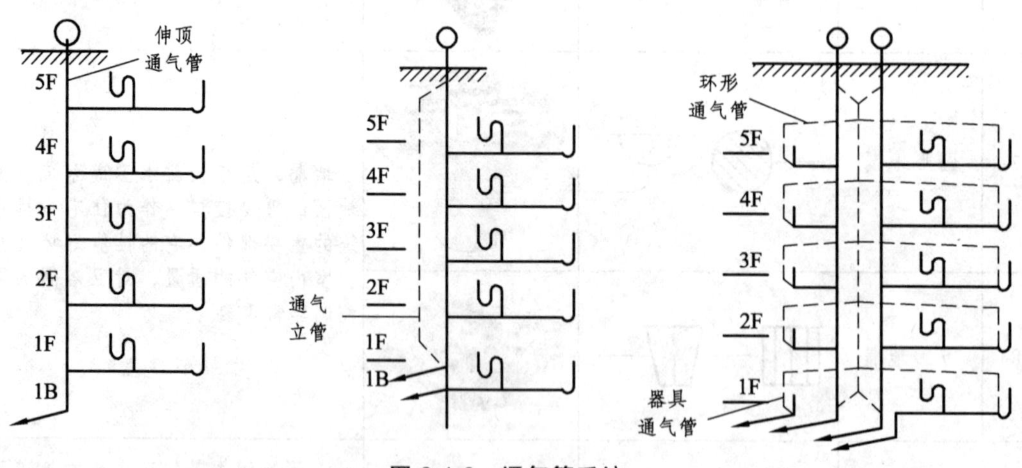

图 3.1-3　通气管系统

（1）伸顶通气管：伸顶通气管高出屋面不得小于 0.3 m，且必须大于最大积雪厚度。在通气管口周围 4 m 以内有门窗时，通气管口应高出门窗顶 0.6 m 或引向无门窗一侧。在经常有人停留的平屋面上，通气管口应高出门窗顶 2 m，并根据防雷要求设置防雷装置。伸顶通气管的管径不小于排水立管的管径。

（2）辅助通气系统。对卫生要求较高的排水系统，宜设置器具通气管，器具通气管设在存水管出口端。连接 4 个及以上卫生器具并与立管的距离大于 12 m 的污水横支管和连接 6 个及以上大便器的污水横支管应设环形通气管。环形通气管在横支管最始端的两个卫生器具间接出，并在排水支管中心线以上与排水管呈垂直或 45°连接。

（3）专用通气立管只用于通气。专用通气立管的上端在最高层卫生器具上边缘或检查口以上与主通气立管以斜三通连接，下端应在最低污水横支管以下与污水立管以斜三通连接。专用通气立管应每隔 2 层，主通气立管每隔 8 ~ 10 层与排水立管以结合通气管连接。专用通气管的安装过程同排水立管的安装，并按排水立管的安装要求安装伸缩节。

5. 检查井

不散发有害气体或大量蒸汽的工业废水的排水管道，可以在建筑物内设置检查井，可以在管道转弯和连接支管处、管道的管径、坡度改变处、直线管道上隔一定的距离处设置。生活污水排水管道不得在建筑物内设检查井。

第 2 节　建筑室内排水系统施工图

宿舍楼建筑室内排水施工图见图 3.2-1 ~ 图 3.2-3。

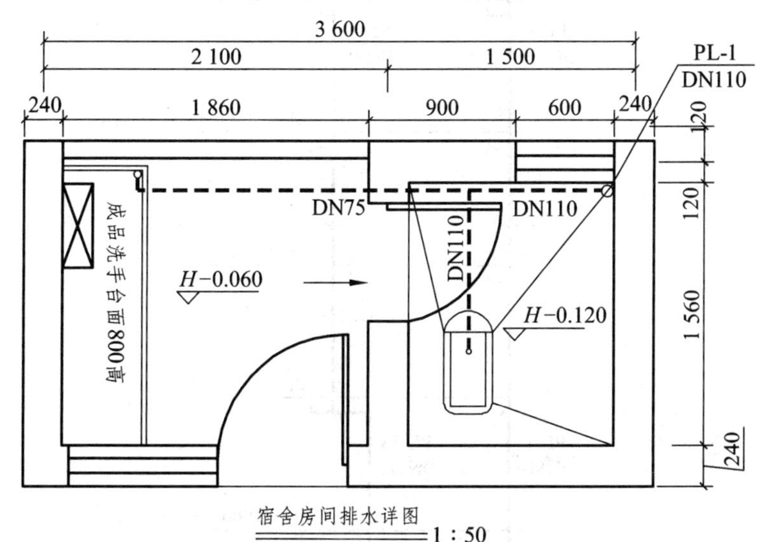

宿舍房间排水详图 1 : 50

排水管及雨水管：排出管、立管及所连接的横干管、支管采用LPVC管，承插粘接

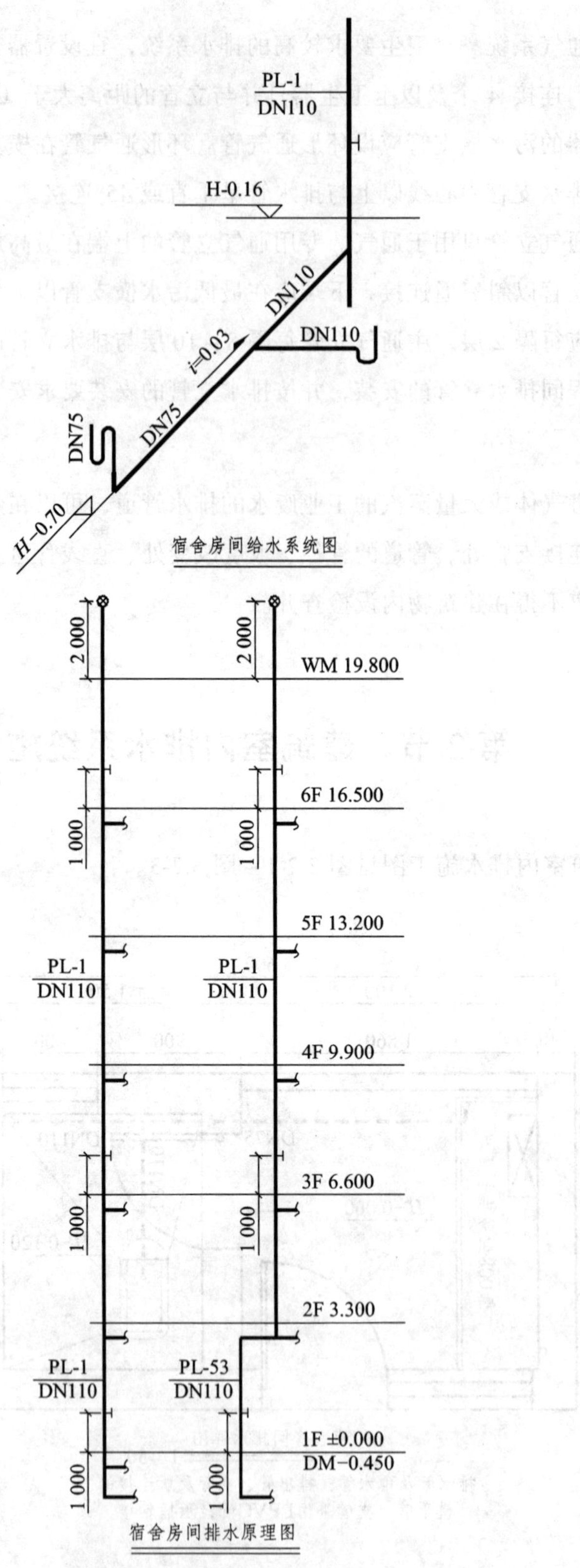

图 3.2-1　排水系统施工图

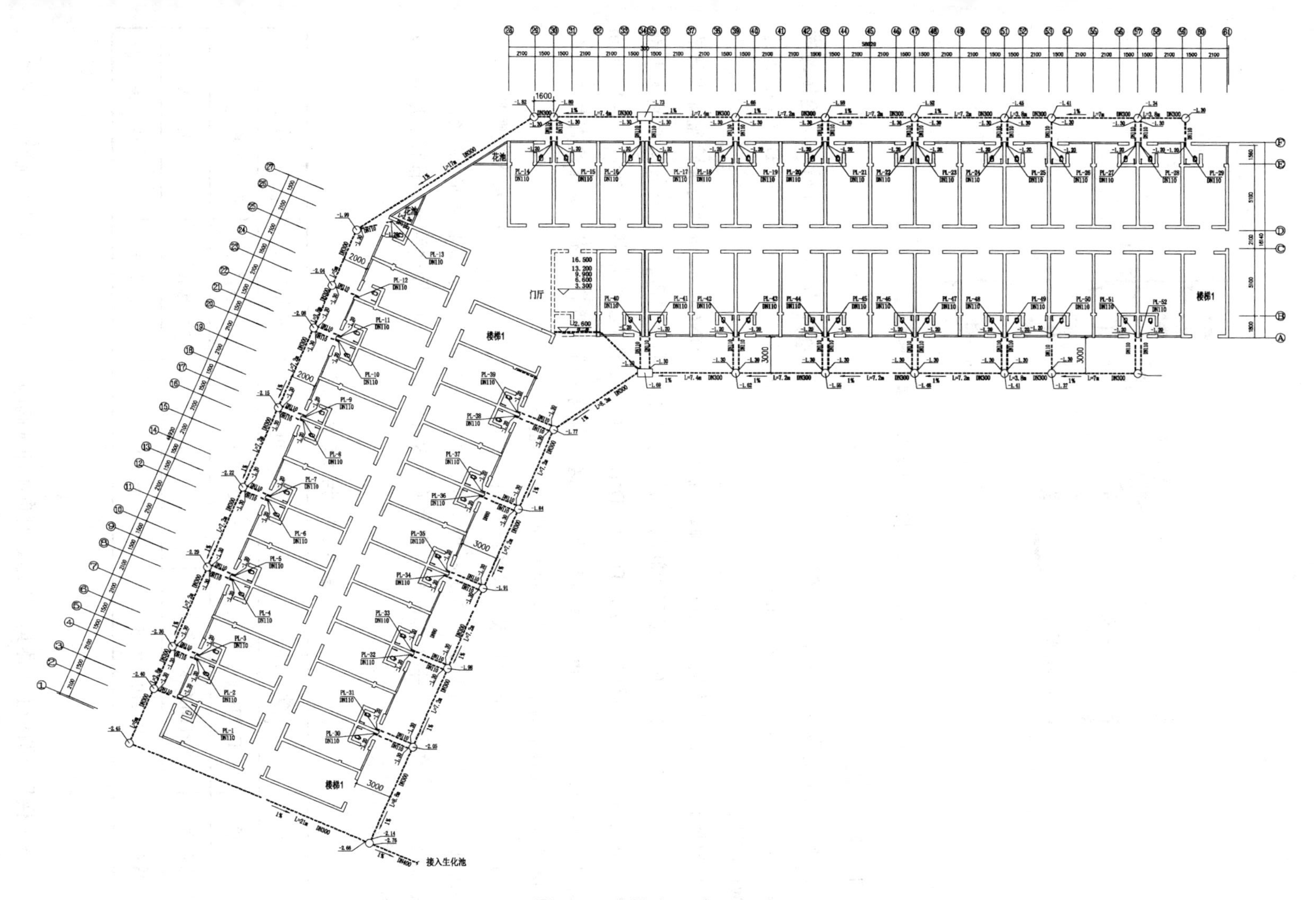

图 3.2-2　排水系统平面图

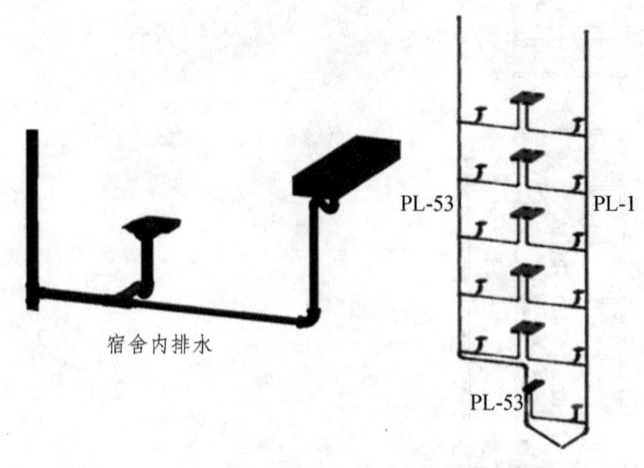

图 3.2-3 排水系统 BIM 模型图

1. 排水管道

由施工图中的设计说明可知，该宿舍楼的排水管及雨水管：排出管、立管及所连接的横干管、支管采用 UPVC 管，承插粘接，管径分别为 De110（DN100）和 De75（DN65），该处图纸标注错误。

伸出屋顶处 2 m 处安装 DN100 通气帽，排水管 De75（DN65）接宿舍间洗脸盆排水管的 P 形存水弯，De110（DN100）接宿舍间蹲便器排水管的 S 形存水弯，汇集支管排水到水平干管 De110（DN100），由其到排水立管 De110（DN100）（PL-1 到 PL-53），然后在标高为 – 1.200 m 处由 1%的坡度在 – 1.300 m 处连接检查井。这便是整个排水管道系统，室外检查井之间有 DN300 的双壁波纹管连接，属于建筑室外排水系统。

宿舍楼卫生间和阳台的排水污水系统管网统计如表 3.2-1。表中依据排水水流顺序立项，由屋顶通气帽到埋地水平管，由宿舍间蹲便器和洗手台排水起点到 53 根排水立干管 PL，污水系统通过埋地敷设的水平干管排至检查井（室内外的分界点）。根据管材、管径、标高、安装和连接方式列表。

表 3.2-1 污水系统管网

管　材	管　径	标高/m	安装方式	连接方式
UPVC 管	De110（立管）	− 1.2 至 19.8 + 2	沿墙安装	承插连接
UPVC 管	De110（水平管）	− 1.2	埋地敷设	承插连接
UPVC 管	De110/ De75	$H-0.7$	沿墙安装	承插连接

2. 卫生器具

该宿舍楼只有两种卫生器具：脚踏延时自闭冲洗阀陶瓷蹲式大便器和成品洗脸盆。各种卫生器具的图例参考《建筑给水排水制图标准》（GB/T 50106—2010）的规定，如表 3.2-2 所示。

表 3.2-2　卫生器具图例

序号	名称	图例	备注	序号	名称	图例	备注
1	立式洗脸盆		—	9	污水池		—
2	台式洗脸盆		—	10	妇女净身盆		—
3	挂式洗脸盆		—	11	立式小便器		—
4	浴盆		—	12	壁挂式小便器		—
5	化验盆、洗涤盆		—	13	蹲式大便器		—
6	厨房洗涤盆		不锈钢制品	14	坐式大便器		—
7	带沥水板洗涤盆		—	15	小便槽		—
8	盥洗槽		—	16	淋浴喷头		—

注：卫生设备图例也可以建筑专业资料图为准。

卫生器具是排水的起点，图集 09S304—卫生设备安装中给出了管网和卫生器具安装的具体做法。卫生器具和管网的分界点一般以排水栓位置为准，如图 3.2-4 所示，与蹲便器连接的排水立管的长是楼板厚度和下部安装控件大于等于 280 mm 的距离。蹲便器的安装高度以结构板的标高为准，宿舍楼施工图中卫生间的标高是 $H-0.120$。如图 3.2-5 所示。

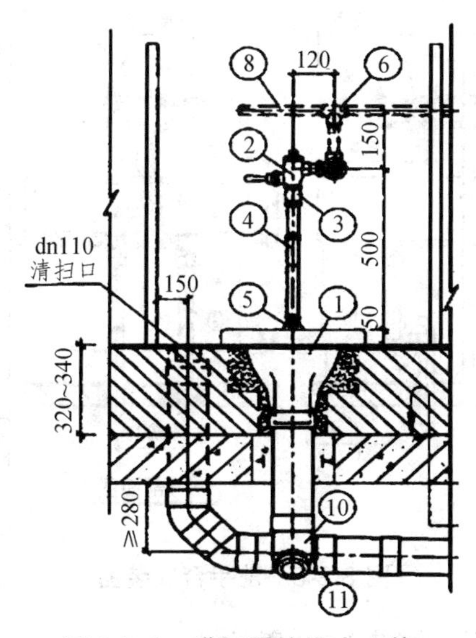

图 3.2-4　蹲便器的排水立管

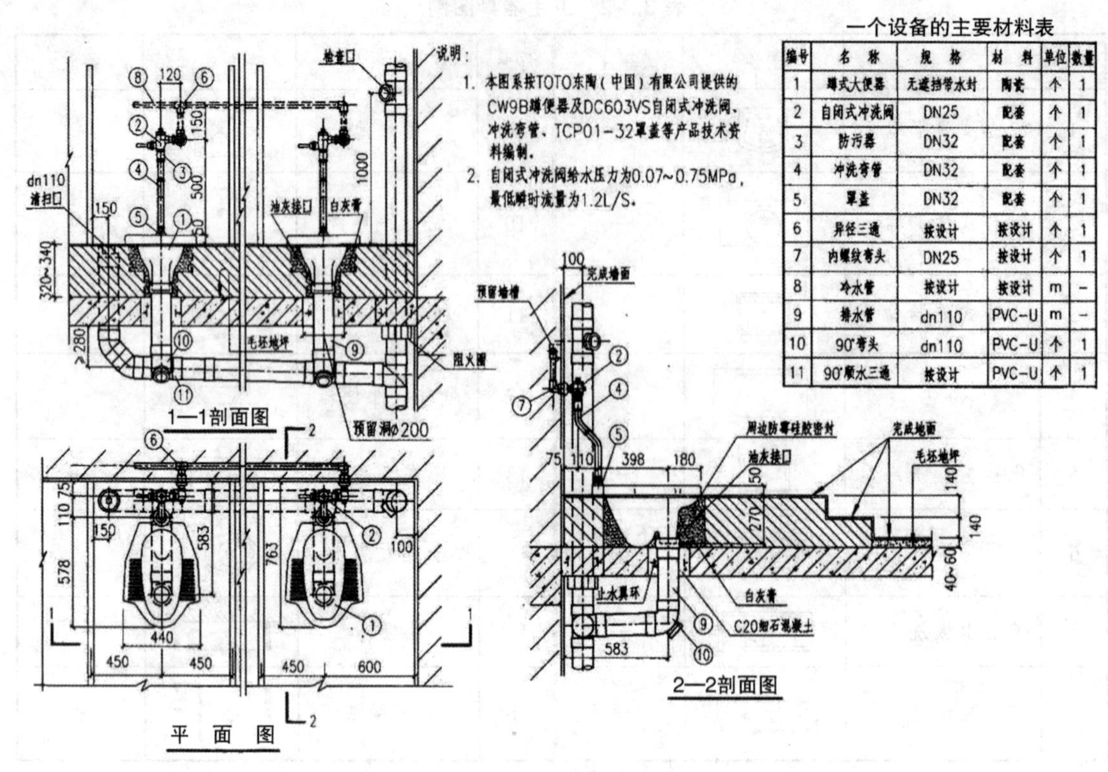

编号	名 称	规 格	材 料	单位	数量
1	蹲式大便器	无遮挡带水封	陶瓷	个	1
2	自闭式冲洗阀	DN25	配套	个	1
3	防污器	DN32	配套	个	1
4	冲洗弯管	DN32	配套	个	1
5	罩盖	DN32	配套	个	1
6	异径三通	按设计	按设计	个	1
7	内螺纹弯头	DN25	按设计	个	1
8	冷水管	按设计	按设计	m	–
9	排水管	dn110	PVC-U	m	–
10	90°弯头	dn110	PVC-U	个	1
11	90°顺水三通	按设计	PVC-U	个	1

图 3.2-5 蹲便器安装图

宿舍楼洗手台的安装详见图集 09S304—卫生设备，洗脸台的安装高度图集上是离开地面的高度 $H+0.800$ m，从洗手台的排水栓开始，地面以上的排水立管长度为 0.600 m。如图 3.2-6 所示。

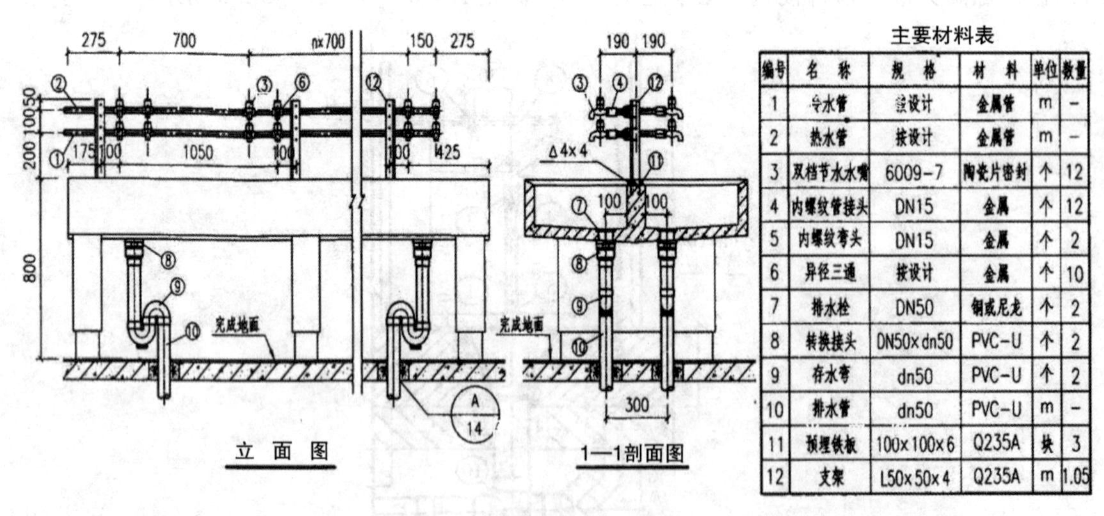

编号	名 称	规 格	材 料	单位	数量
1	冷水管	按设计	金属管	m	–
2	热水管	按设计	金属管	m	–
3	双档节水水嘴	6009-7	陶瓷片密封	个	12
4	内螺纹管接头	DN15	金属	个	12
5	内螺纹弯头	DN15	金属	个	2
6	异径三通	按设计	金属	个	10
7	排水栓	DN50	铜或尼龙	个	2
8	转换接头	DN50×dn50	PVC-U	个	2
9	存水弯	dn50	PVC-U	个	2
10	排水管	dn50	PVC-U	m	–
11	预埋铁板	100×100×6	Q235A	块	3
12	支架	L50×50×4	Q235A	m	1.05

图 3.2-6 洗手台安装图

宿舍楼卫生器具的属性列表如表 3.2-3 所示。

表 3.2-3　卫生器具属性列表

卫生器具	型号规格	安装高度	附件
大便器	脚踏延时自闭冲洗阀陶瓷蹲式大便器	$H-0.12$ m	自带 P 形存水弯
成品洗手台	铜镀铬陶瓷阀芯水嘴 DN20，带下水铜活	$H+0.8$ m	另配 S 形存水弯

3. 排水附件及其他

宿舍楼施工图中排水附件主要有：圆形地漏（De75）、S 形存水弯（De75）、P 形存水弯（De75）、De110 及 De75 止水圈（卫生器具排水管穿楼板设置止水圈）。

宿舍楼施工图中没有套管的图例，需要根据经验设置对应套管。排水系统的管网穿楼板设置套管，通气管穿屋面板设置防水套管，排水管穿基础排出室外。

第 3 节　建筑室内雨水系统

3.1　建筑室内雨水系统概述

屋面排水系统，有组织、系统地将屋面的雨水及时排除。屋面雨水的排除方式按雨水管道的位置分为外排水系统和内排水系统。

1. 外排水

按屋面有无天沟，外排水又可以分为檐沟外排水和天沟外排水两种方式。

1）檐沟外排水

檐沟外排水由檐沟、水落管组成（图 3.3-1）。降落在屋面的雨水沿屋面集流到檐沟，然后流入隔一定距离沿外墙的水落管排至地面或雨水口。普通外排水适用于普通住宅、一般公共建筑和小型单跨厂房。

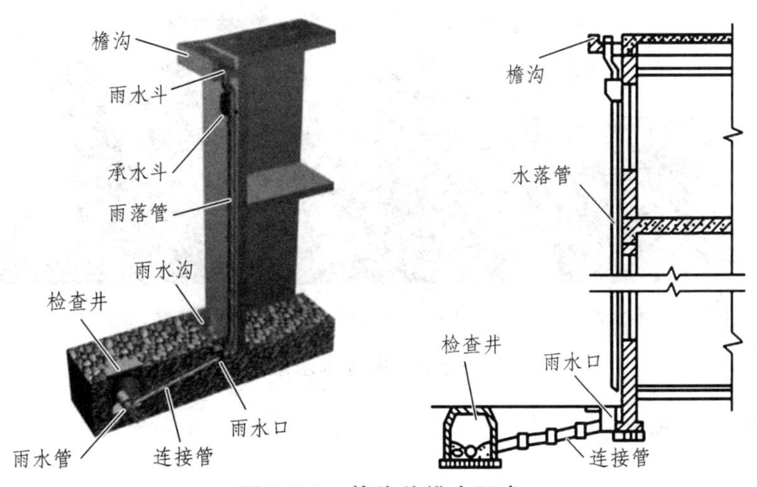

图 3.3-1　檐沟外排水示意

2）天沟外排水

天沟外排水系统由天沟、雨水斗和排水立管组成（图 3.3-2）。天沟设置在两跨中间并坡向端墙，雨水斗设在伸出山墙的天沟末端，排水立管连接雨水斗并沿外墙布置。降落在屋面的雨水沿坡向天沟的屋面汇集到天沟，沿天沟流至建筑物两端（山墙、女儿墙），进入雨水斗，经立管排至地面或雨水井。适用于长度不超过 100 m 的多跨工业厂房。

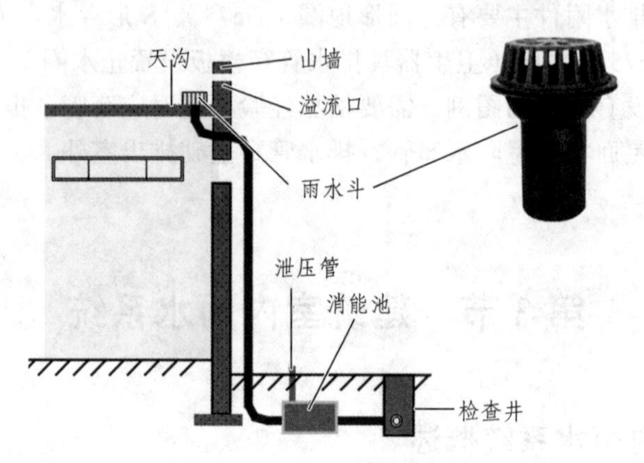

图 3.3-2　天沟外排水示意

2. 内排水

内排水是指屋面设置雨水斗，建筑物内部有雨水管道的雨水排水系统（图 3.3-3）。对于屋面设立天沟有困难的壳形屋面或设有天窗的厂房考虑设立内排水系统，对于建筑立面要求高的高层建筑，大屋面建筑及寒冷地区的建筑的外墙设置雨水排水立管有困难时，也可考虑采用内排水形式。

内排水系统的组成：雨水斗、连接管、悬吊管、立管、排出管、埋地干管和检查井。

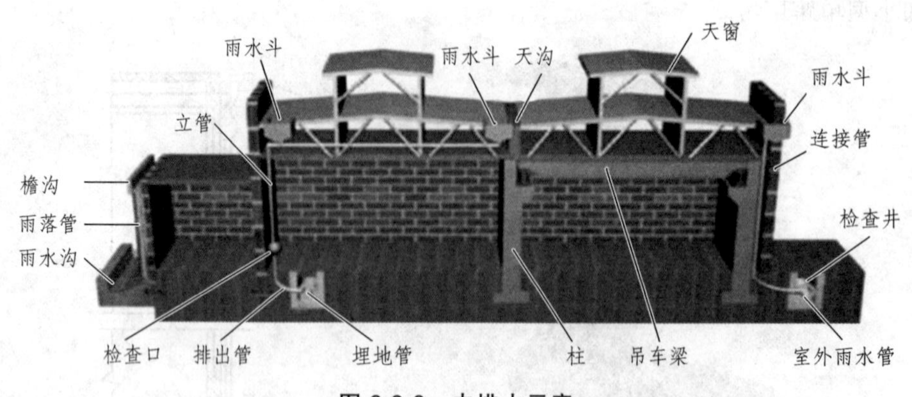

图 3.3-3　内排水示意

雨水斗如图 3.3-4 所示。

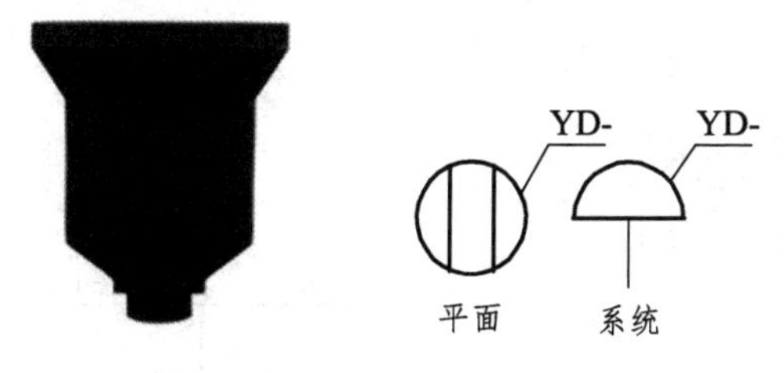

图 3.3-4　雨水斗

3. 混合排水系统

大型工业厂房的屋面形式复杂，为了及时有效地排除屋面雨水，往往同一建筑物采用几种不同形式的雨水排除系统，分别设置在屋面的不同部位，由此组合成屋面雨水混合排水系统，如图 3.3-5 所示。

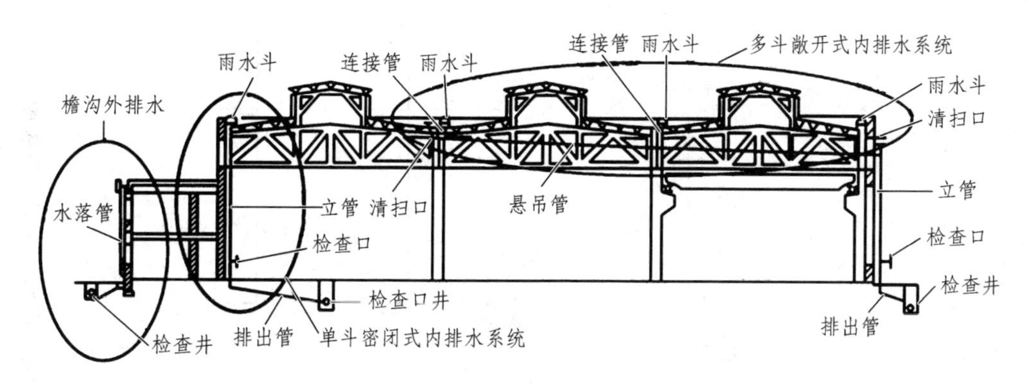

图 3.3-5　混合排水示意

3.2　建筑室内雨水工程施工图

宿舍楼施工图共有 3 种类型的雨水管，YL-1-8，DN150 为屋顶雨水管，由屋顶 19.800 m 排至地面散水。YL-9-11，DN100 为屋顶楼梯间屋面雨水管，由楼梯间屋面标高 23.100 m 排至大屋面，标高为 19.800 m。YL-12-13，DN100 为阳台雨水和地漏排水，由 6 层 16.500 m 排至散水。雨水管为 UPVC，承插黏结。具体如图 3.3-6、3.3-7 所示。

图 3.3-8 为雨水系统 BIM 模型图。

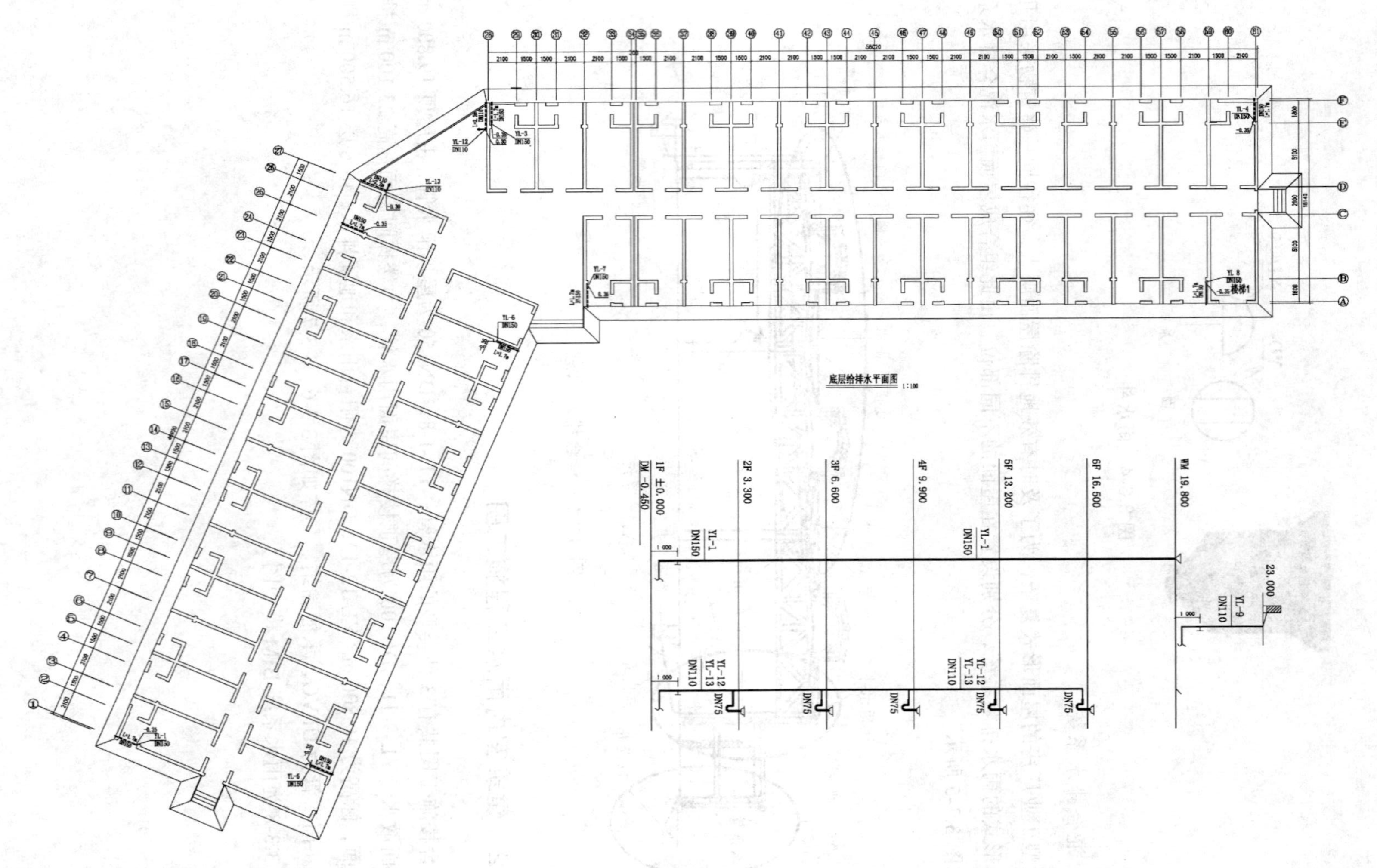

图 3.3-6　雨水平面图和系统图

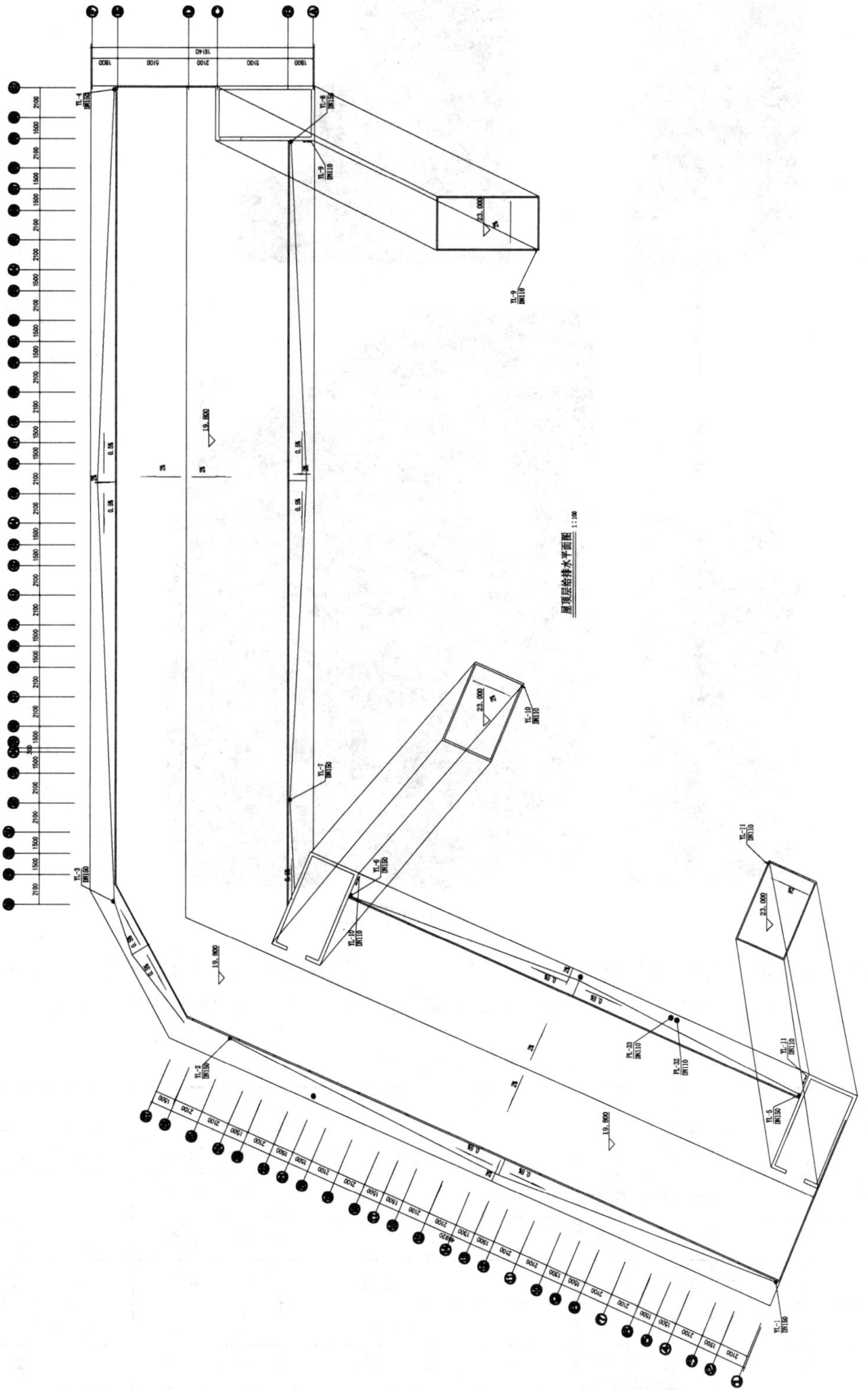

图 3.3-7　屋顶层雨水平面图

图 3.3-8　雨水系统 BIM 模型图片

宿舍楼雨水系统的管网根据材质、管径、标高、连接方式等见表 3.3-1，根据水平管和立管的标高表示可以得到管网的长度。依据排水水流方向列表，从屋面处到室外散水处。

表 3.3-1　雨水系统管网规格表

管　材	管　径	标　高/m	安装方式	连接方式
UPVC 管	De160（立管）	−0.4 至 19.8	沿墙暗敷	承插连接
UPVC 管	De160（水平管）	−0.4	埋地敷设	承插连接
UPVC 管	De110（立管）	19.8 至 23.1	沿墙暗敷	承插连接
UPVC 管	De110（水平管）	19.8	沿墙暗敷	承插连接
UPVC 管	De110（立管）	−0.4 至 16.5	沿墙暗敷	承插连接
UPVC 管	De110（水平管）	−0.4	埋地敷设	承插连接
UPVC 管	De75（水平管）	$H-0.3$	板下敷设	承插连接

第 4 节　建筑室内排水工程施工工艺

1. 室内排水管道安装

室内排水管道一般按排出管、立管、通气管、支管和卫生器具的顺序安装，也可以随土建施工的顺序进行排水管道的分层安装。

（1）排出管安装。排出管一般铺设在地下室或地下。排出管穿过地下室外墙或地下构筑物的墙壁时要设置防水套管；穿过承重墙或基础处应预留孔洞，并做好防水处理。排出管与室外排水管连接处设置检查井。排出管在隐蔽前必须做灌水试验，其灌水高度不应低于底层卫生器具的上边缘或底层地面的高度。

（2）排水立管安装。排水立管通常沿卫生间墙角敷设，不宜设置在与卧室相邻的内墙，宜靠近外墙。立管上应用管卡固定，管卡间距不得大于 3 m，承插管一般每个接头处均应设置管卡。立管穿楼板时，应预留孔洞。

（3）排水横支管安装。一层的排水横支管敷设在地下室或地下室的顶棚下，其他层的排水横支管在下一层的顶棚下明设，有特殊要求时也可以暗设。排水管道的横支管与立管连接宜采用 45°斜四通和顺水三通或顺水四通。卫生器具排水管与排水横支管连接时，宜采用 90°斜三通。排水横支管、立管应做灌水试验。

（4）排水铸铁管安装。排水铸铁管安装前，需逐根进行外观检查。排水立管应做通球试验。排水立管的高度在 50 m 以上，或在抗震设防 8 度地区的高层建筑，应在立管上每隔两层设置柔性接口；在抗震设防 9 度地区，立管和横管均应设置柔性接口。

建筑排水应用聚氯乙烯管安装。管道可以明装或安装。高层建筑室内排水立管宜暗设在管道井内。

管道埋地敷设时，先做室内部分，将管子伸出外墙 250 mm 以上。待土建施工结束后，再铺设室外部分，将管子接入检查井。埋地管穿越地下室外墙时，应采用防水措施。

塑料排水管应按设计要求设置伸缩节。

2. 排水管管材的连接方式

排水管常采用建筑排水承插粘接的塑料管（UPVC）及管件或柔性接口机制铸铁管及管件。由成组洗脸盆或饮用水喷水器到共用水封之间的排水管和连接卫生器具的排水短管，可使用钢管。排水管材连接方法有柔性承插口连接与粘接。塑料管与铸铁管连接时，宜采用专用配件；塑料管与钢管、排水栓连接时采用专用配件。

3. 卫生器具的安装

在管道工程预算中，用水设备（或用水器具）的排水的配管也有专门的国家标准图；各种卫生器具的安装要参考《国家建筑标准设计给水排水标准图集》。引用《国家建筑标准设计给水排水标准图集》中部分图集介绍几种卫生器具的安装。由图集《卫生器具安装 09S304》第 86 页中液压脚踏开关低水箱蹲式大便器安装图中可知，蹲便器接排水管，排水管穿楼板时经过预留洞口，使用止水翼环而不使用套管，然后排水管接 P 形存水管，然后接排水横管，见图 3.4-1、图 3.4-2。

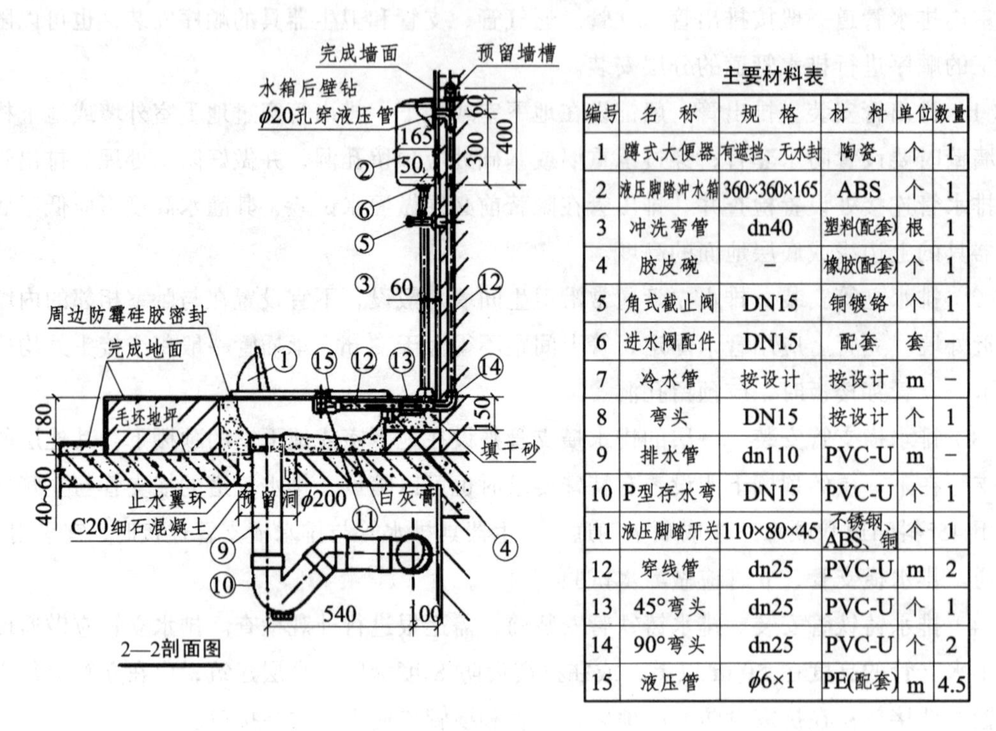

主要材料表

编号	名称	规格	材料	单位	数量
1	蹲式大便器	有遮挡、无水封	陶瓷	个	1
2	液压脚踏冲水箱	360×360×165	ABS	个	1
3	冲洗弯管	dn40	塑料(配套)	根	1
4	胶皮碗	–	橡胶(配套)	个	1
5	角式截止阀	DN15	铜镀铬	个	1
6	进水阀配件	DN15	配套	套	–
7	冷水管	按设计	按设计	m	–
8	弯头	DN15	按设计	个	1
9	排水管	dn110	PVC-U	m	–
10	P型存水弯	DN15	PVC-U	个	1
11	液压脚踏开关	110×80×45	不锈钢、ABS、铜	个	1
12	穿线管	dn25	PVC-U	m	2
13	45°弯头	dn25	PVC-U	个	1
14	90°弯头	dn25	PVC-U	个	2
15	液压管	φ6×1	PE(配套)	m	4.5

图 3.4-1　蹲便器安装图集

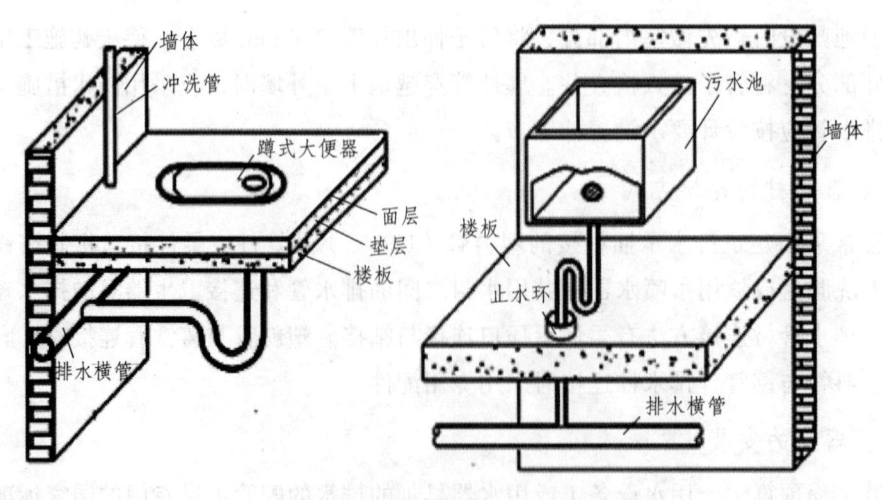

图 3.4-2　蹲便器、污水器安装图例

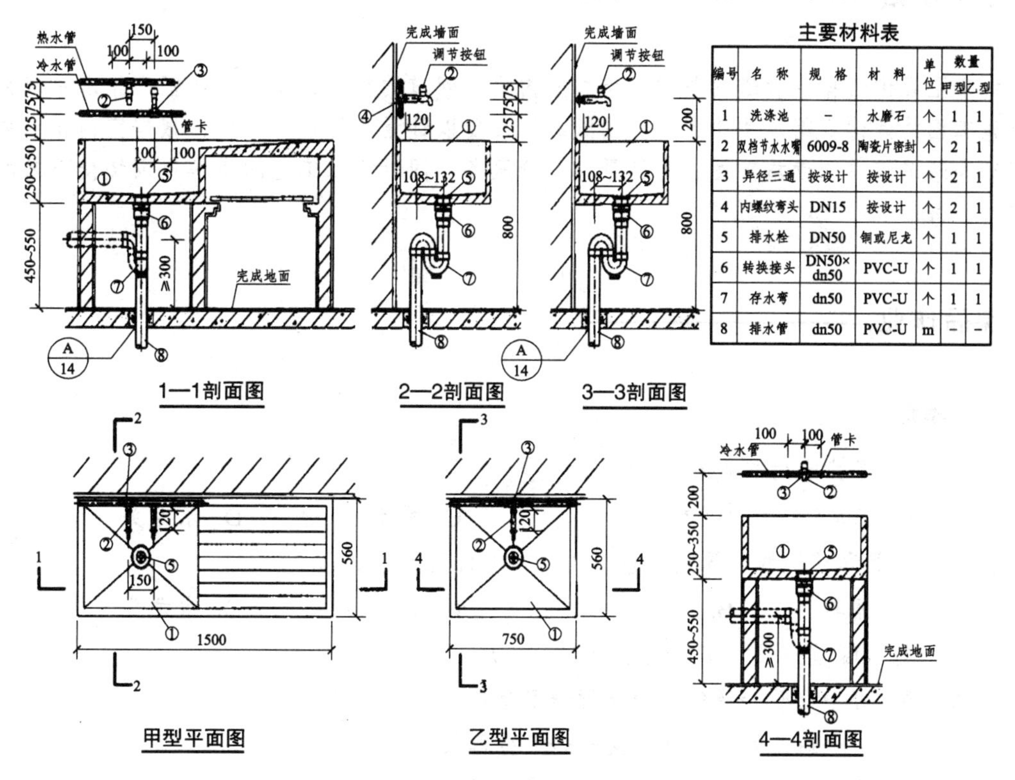

编号	名 称	规 格	材 料	单位	数量	
					甲型	乙型
1	洗涤池	-	水磨石	个	1	1
2	双档节水水嘴	6009-8	陶瓷片密封	个	2	1
3	异径三通	按设计	按设计	个	2	1
4	内螺纹弯头	DN15	按设计	个	2	1
5	排水栓	DN50	铜或尼龙	个	1	1
6	转换接头	DN50×dn50	PVC-U	个	1	1
7	存水弯	dn50	PVC-U	个	1	1
8	排水管	dn50	PVC-U	m	-	-

图 3.4-3　洗涤盆安装图集

由图 3.4-3（图集《卫生器具安装 09S304》第 19 页）可知，洗涤池的排水口依次接排水栓、转换接头和 S 形存水弯，穿楼板后接排水横管。

4. 试　验

管道安装时，要求安装支、吊架，并按设计要求调整好管道的坡度。管道安装完毕后，均按要求进行灌（闭）水试验和通水、通球实验。

排水主立管及水平干管管道均应做通球实验。通球半径不小于排水管道管径的 2/3，通球率必须达到 100%。为了防止球滞留在管道内，必须用线贯穿并系牢（线长略大于立管总高度）然后将球从伸出屋面的通气口向下投入，看球能否顺利地通过主管并从出户弯头处溜出，如能顺利通过，说明主管无堵塞。干管进行通球试验时，从干管起始端投入塑料小球，并向干管内通水，在户外的第一个检查井处观察，发现小球流出为合格。图 3.4-4 为试验球。

图 3.4-4　通球试验塑料球

本章小结

本章主要讲给排水管道的基础知识和室内排水管道的组成，以宿舍楼室内排水系统为例讲解施工图的阅读步骤及阅读方法。图纸的阅读要以计量与计价为目的，根据室内排水系统的定额和清单组成阅读施工图，为计量与计价服务。同时施工工艺的讲解也围绕接下来的计量与计价讲解。

课后作业

一、单选题

1.（　　）是排水的起点？

A. 卫生器具　　B. 存水管　　C. 排水栓　　D. 水龙头

2. 卫生器具和管网的分界点一般以（　　）位置为准。

A. 卫生器具　　B. 存水管　　C. 排水栓　　D. 水龙头

3. 室内排水管道一般的安装顺序是（　　）。

A. 排出管→立管→通气管→支管→卫生器具

B. 排出管→通气管→立管→支管→卫生器具

C. 排出管→支管→通气管→立管→卫生器具

D. 卫生器具→立管→通气管→支管→排出管

4. 通球半径不小于排水管道管径的（　　）。

A. 1 倍　　B. 3/4　　C. 1/2　　D. 2/3

5. 宿舍楼工程中，雨水管材质为（　　）。

A. 卫生器具　　B. 存水管　　C. UPVC　　D. 水龙头

6. 宿舍楼工程中，雨水管的连接方式为（　　）。

A. 承插粘结　　B. 专用卡环连接　　C. 焊接连接　　D. 热熔连接

7. UPVC 管径为 De110 对应的公称直径为（　　）。

A. 100　　B. 65　　C. 80　　D. 90

8. UPVC 管径为 De75 对应的公称直径为（　　）。

A. 100　　B. 65　　C. 80　　D. 90

二、多选题

1. 屋面雨水的排除方式按雨水管道的位置分为（　　）和（　　）。

A. 檐沟外排水　　B. 檐沟内排水　　C. 外排水系统　　D. 内排水系统

2. 外排水按屋面有无天沟，又可以分为（　　）和（　　）两种方式。

A. 檐沟外排水　　B. 檐沟内排水　　C. 天沟外排水　　D. 外排水系统

三、识图题

某宿舍楼图如图 1，回答以下各题。

1. 在宿舍楼图纸中，排水管道管径有哪些？（　　　　　　）
2. 排水管是什么颜色的管道？（　　　　　　）
3. 排水管出宿舍时的标高是（　　）。

   A. $H+2.00$　　B. $H+0.94$　　C. $H-0.7$　　D. $H-0.6$

4. 卫生间地面标高是（　　）。

   A. $H+1.08$　　B. $H+1.18$　　C. $H-0.12$　　D. $H+2.20$

5. 每间宿舍有（　　）个蹲便器。

   A. 1　　B. 2　　C. 3　　D. 4

6. 排水立管的字母代码是（　　）。

   A. PL　　B. JL　　C. L　　D. YL

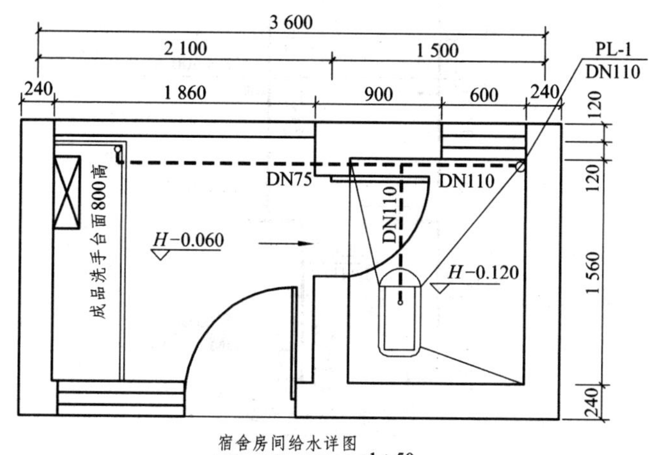

宿舍房间给水详图 1∶50

排水管及雨水管：排出管、立管及所连接的横干管、支管采用LPVC管，承插黏接

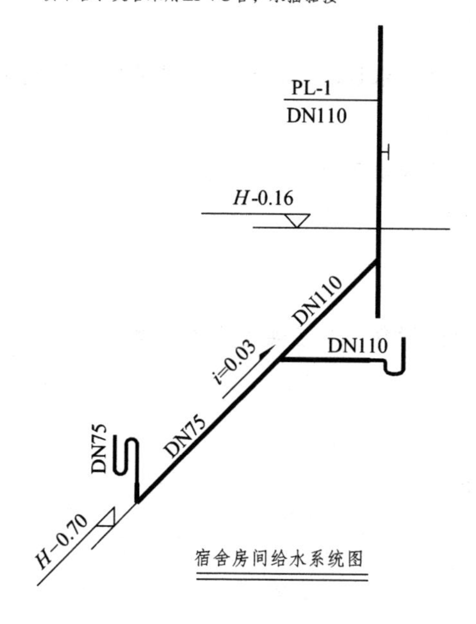

宿舍房间给水系统图

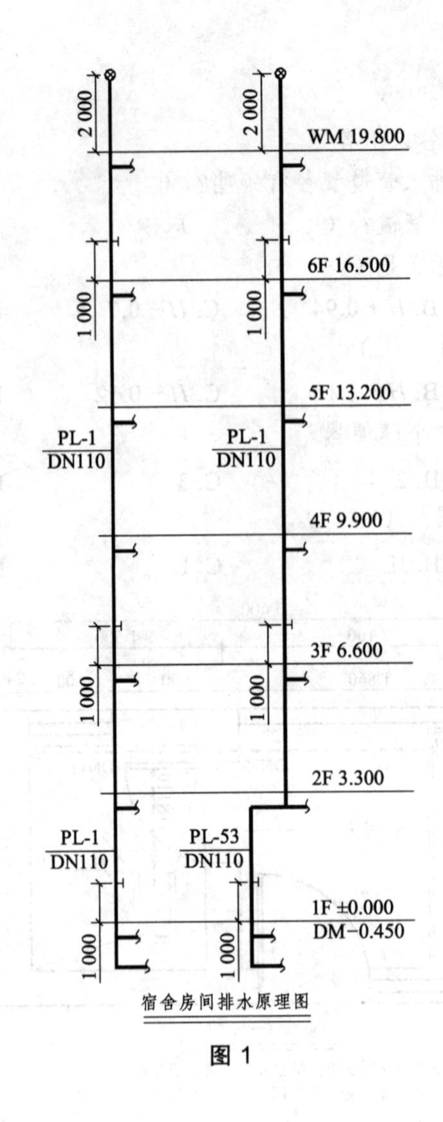

图 1

四、判断题

1. 排出管在隐蔽前必须做灌水试验，其灌水高度不应低于底层卫生器具的上边缘或底层地面的高度。(　　)

2. 排水主立管及水平干管管道不用做通球实验。(　　)

3. 通球率必须达到 100%。(　　)

五、问答题

1. 成品卫生器具项目中的附件安装主要包括什么？

2. 存水弯分为哪几种？

3. 什么是清通设备？

4. 排水管道系统由哪些部分组成？

5. 内排水系统包含哪些内容？

课后作业答案

一、单选题

1～5. ACADC　　6～8. AAB

二、多选题

1. CD　　2. AC

三、识图题

1. De110、De75、De160

2. 黄色　　3. C　　4. C　　5. A　　6. A

四、判断题

1. 对　　2. 错　　3. 对

五、问答题

1. 成品卫生器具项目中的附件安装，主要指：给水附件包括水嘴、阀门、喷头等，排水配件包括存水管、排水栓、下水口等以及配备的连接管。

2. 存水弯分 S 形存水弯、P 形存水弯、U 形存水弯。

3. 清通设备是疏通排水管道的设备，包括检查口、清扫口和室内检查井。检查口分为可双向清通的管道维修口，清扫口仅可单向清通。

4. 排水管道系统由排水横支管、排水立管、埋地干管和排出管组成。

5. 内排水系统由雨水斗、连接管、悬吊管、立管、排出管、埋地干管和检查井组成。

第四章　室内消火栓及室内外给排水系统

教学内容：

（1）消防工程概述。

（2）室内消火栓工程施工图。

（3）消火栓工程施工工艺。

（4）室外给排水系统。

教学目的：系统讲解消火栓系统及室内外给排水系统识图与施工工艺。

知识目标：熟悉消防工程的相关概念；掌握消火栓系统及室内外给排水系统施工图纸的阅读；整体了解消火栓系统及室内外给排水系统施工工艺。

能力目标：识读消火栓系统及室内外给排水系统施工图，熟悉消火栓系统及室内外给排水系统施工工艺。

教学重点：消火栓系统及室内外给排水系统施工图的阅读。

第 1 节　消防工程概述

1.1　消防工程系统概述

建筑消防系统根据使用灭火剂的种类和灭火方式，可分为下列三种。

（1）消火栓灭火系统。

（2）喷水灭火系统。

（3）其他使用非水灭火剂的固定灭火系统，如气体灭火系统、泡沫灭火系统、干粉灭火系统等。

消火栓给水系统和喷水灭火系统属于水灭火系统。

表 4.1-1 是主要的消防设施，表中给出了各个设施的图例及工程图片，在施工图中以下设施都用下列对应图例表示。

表 4.1-1　消防设施

序号	名称	图例	工程图片	释名和作用
1	消防栓给水管	—— XH ——		连接消火栓箱的给水管道
2	自动喷水灭火给水管	—— ZP ——	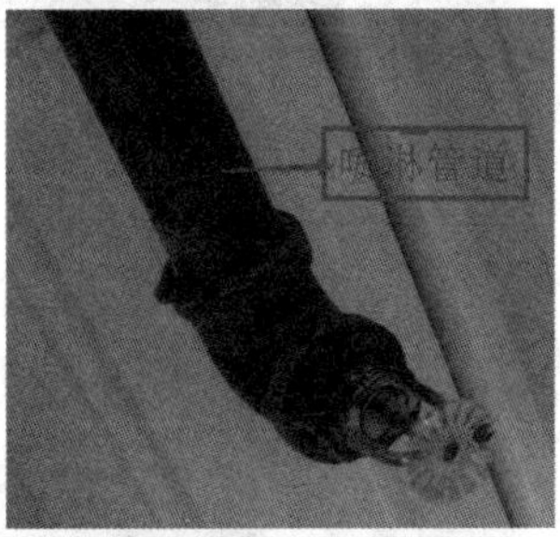	给喷淋灭火系统供水的给水管道
3	雨淋灭火给水管	—— YL ——		给雨淋灭火系统供水的给水管道
4	水幕灭火给水管	—— SM ——		给水幕灭火系统供水的给水管道
5	水炮灭火给水管	—— SP ——		给水炮灭火系统供水的给水管道

续表

序号	名称	图例	工程图片	释名和作用
6	室外消火栓			
7	室内消火栓（单口）	平面 系统		消火栓主要供消防车从市政给水管网或室外消防给水管网取水实施灭火，也可以直接连接水带、水枪出水灭火。所以，室内外消火栓系统也是扑救火灾的重要消防设施之一
8	室内消火栓（双口）	平面 系统		
9	水泵接合器			当发生火灾时，消防车的水泵可迅速方便地通过该接合器的接口与建筑物内的消防设备相连接，并送水加压，从而使室内的消防设备得到充足的压力水源，用以扑灭不同楼层的火灾，有效地解决了建筑物发生火灾后
10	自动喷洒头（开式）	平面 系统		开式自动喷水灭火系统采用的是开式喷头，开式喷头不带感温、闭锁装置，处于常开状态。发生火灾时，火灾所处的系统保护区域内的所有开式喷头一起出水灭火

续表

序号	名称	图例	工程图片	释名和作用
11	自动喷洒头（闭式）上喷	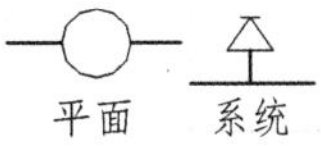 平面 系统		闭式自动喷水灭火系统采用闭式喷头，它是一种常闭喷头，喷头的感温、闭锁装置只有在预定的温度环境下才会脱落，开启喷头。因此，在发生火灾时，这种喷水灭火系统只有处于火焰之中或临近火源的喷头才会开启灭火 无吊顶时用上喷
12	自动喷洒头（闭式）下喷	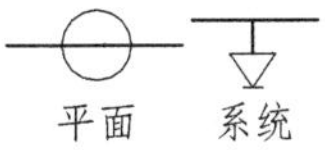 平面 系统		有吊顶的时候用下喷
13	自动喷洒头（闭式）上下喷	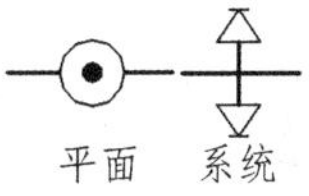 平面 系统		上下喷是在当有吊顶的情况下，净空高度大于 800 mm 的闷顶和技术夹层内有可燃物时
14	侧墙式自动喷洒头	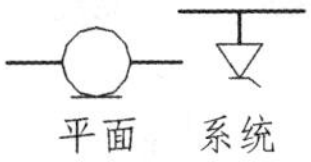 平面 系统		消防喷淋头分为下垂型洒水喷头、直立型洒水喷头、普通型洒水喷头、边墙型洒水喷头等

续表

序号	名称	图例	工程图片	释名和作用
15	水喷雾喷头	平面 系统		水雾喷头在较高的水压力作用下，将水流分离成细小水雾滴，喷向保护对象实现灭火和防护冷却作用的
16	直立型水幕喷头	平面 系统		
17	下垂型水幕喷头	平面 系统		
18	干式报警阀	平面 系统		自动喷水灭火系统中的一种控制阀门。它是在其出口侧充以压缩气体，当气压低于某一定值时能使水自动流入喷水系统并进行报警的单向阀
19	湿式报警阀	平面 系统		湿式报警阀是一种只允许水单向流入喷水系统并在规定流量下报警的一种单向阀
20	预作用报警阀	平面 系统		预作用系统是将火灾自动探测报警技术和自动喷水灭火系统结合起来，在系统中安装闭式洒水喷头。在未发生火灾时该系统管道内通常充有低压空气或氮气以供监测，故系统具有干式系统的特点

续表

序号	名称	图例	工程图片	释名和作用
21	雨淋阀	平面　系统		雨淋阀是水流控制阀，可以通过电动、液动、气动及机械方式开启
22	信号闸阀			信号闸阀的启闭件是闸板，闸板的运动方向与流体方向相垂直，闸阀只能作全开和全关，不能作调节和节流。可用于控制空气、水、蒸汽、各种腐蚀性介质、泥浆、油品、液态金属和放射性介质等各种类型流体的流动
23	信号蝶阀			信号蝶阀适用于石油、化工、食品、医药、造纸、水电、船舶、给排水、冶炼、能源等系统管路上。可在多种腐蚀性、非腐蚀性的气体、液体、半流体以及固体粉末管线和容器上作为调节和节流设备使用。特别广泛适用于高层建筑消防系统及其他需要显示阀门开关状态的管线系统上
24	消防炮			消防炮是远距离扑救火灾的重要消防设备，消防炮分为消防水炮(PS)、消防泡沫炮(PP)两大系列。消防水炮是喷射水，远距离扑救一般固体物质的消防设备，消防炮沫炮是喷射空气泡沫，远距离扑救甲、乙、丙类液体火灾的消防设备
25	水流指示器			水流指示器属视镜类仪表阀门其适用于石油、化工、化纤、医药、食品、电厂、泵等工业生产管路中，通过视窗能随时观察液体、气体、蒸汽等介质的浑浊度且计量介质流动速度反应情况，是保障正常生产保证产品质量不可缺少的管道附件之一

续表

序号	名称	图例	工程图片	释名和作用
26	水力警铃			水力警铃是一种全天候的水压驱动机械式警铃，能在喷淋系统动作时发出持续警报
27	末端试水装置	平面 系统	末端试水装置	末端试水装置安装在系统管网或分区管网的末端，检验系统启动、报警及联动等功能的装置
28	手提式灭火器			手提式干粉灭火器适用于易燃、可燃液体、气体及带电设备的初起火灾；手提式干粉灭火器除可用于上述几类火灾外，还可扑救固体类物质的初起火灾。但都不能扑救金属燃烧火灾
29	推车式灭火器			推车贮压式ABC干粉灭火器内部装有磷酸铵盐干粉灭火剂和氮气，适用于扑灭可燃固体、可燃液体、可燃气体与带电设备的初起火灾。广泛用于工厂、仓库、船舶、加油站、配电房、车辆等厂所

1.2　消火栓灭火系统

1. 室内消火栓给水系统的分类

该系统由消防给水管网，消火栓、水带、水枪组成的消火栓箱柜，消防水池、消防水箱，增压设备等组成（图 4.1-1）。根据目前我国广泛使用的消防登高器材的性能及消防车供水能力，对高、低层建筑的室内消防给水系统有不同的要求。底层建筑利用室外消防车从室外水源取水，直接扑灭室内水灾。底层建筑利用室外消防车从室外水源取水，直接扑灭室内火灾。对于高层建筑高度超过室外消防车的有效灭火高度，无法利用消防车直接扑救高层建筑上部的火灾，所以高层建筑发生火灾时，必须以“自救”为主。高层建筑室内消火栓给水系统是扑救高层建筑室内火灾的主要灭火设备之一。

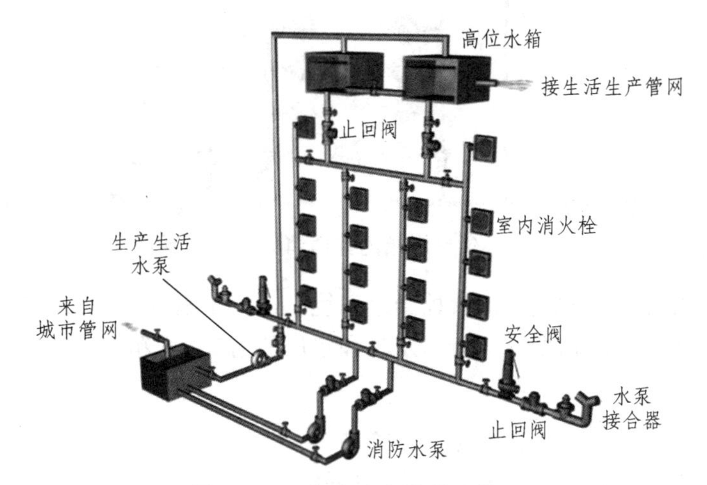

图 4.1-1　室内消火栓给水管网

根据室外消防给水系统提供的水量、水压及建筑物的高度、层数，室内消火栓给水系统的给水方式有以下几种：

（1）无水泵和水箱的室内消火栓给水系统。室外给水管网的水量、水压在任何时候均能满足室内最高、最远处消火栓的设计流量、压力要求。这种方式为独立的消火栓给水系统。如图 4.1-2。

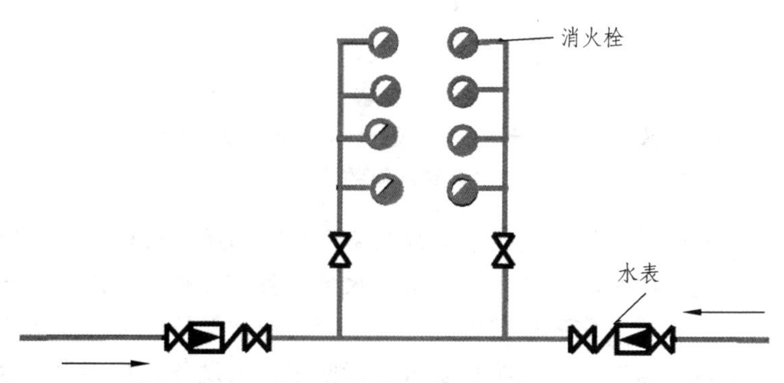

图 4.1-2　无水泵和水箱的室内消火栓给水系统

（2）仅设水箱的室内消火栓给水系统。该系统适用于室外给水管网的流量能满足生活、生产、消防的用水量，但室外管网压力在一天中变化幅度较大，即：当生活、生产、消防的用水量达到最大时，室外管网的压力不能保证室内最高、最远处消火栓的用水要求；而生活、生产用水量较小时，室外给水管网的压力较大，能向高位水箱补水，满足 10 min 的补救初期水灾消防用水量的要求。如图 4.1-3。

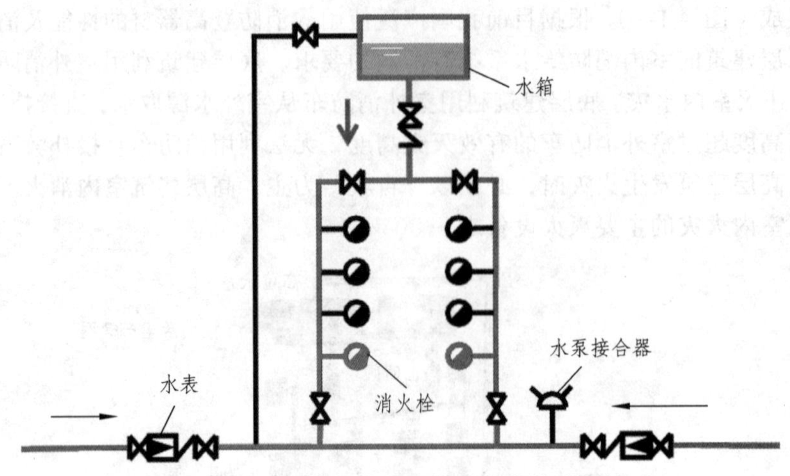

图 4.1-3　仅设水箱的室内消火栓给水系统

（3）设消防水泵和水箱的室内消火栓给水系统。适用于室外管网的水量和水压经常不能满足室内消火栓给水系统的初期火灾所需水量和水压的情况。水箱储存 10 min 室内消防用水量。如图 4.1-4。

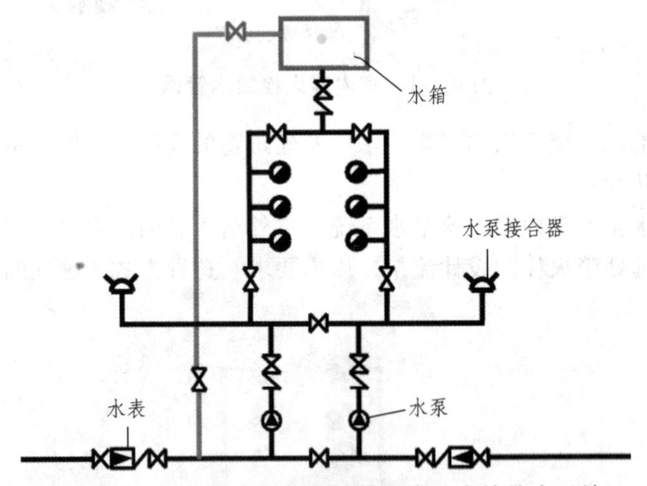

图 4.1-4　设消防水泵和水箱的室内消火栓给水系统

（4）区域集中的室内高压消火栓给水系统及室内临时高压消火栓给水系统。区域集中是指某个区域内数幢建筑共用一套消防水池和消防水泵设备，各幢建筑内的消防管网有区域集中消防水泵房出水管引入并自成环形布置，消防管网内经常保持能够满足灭火用水所需的压力和流量，扑救火灾时不需要启动消防水泵可直接使用灭火设备进行灭火，这种系统称为高压消防给水系统。消防管网平时水压和流量不满足灭火需要，起火时启动消防水泵使管网内的压力和流量达到灭火要求，这种系统称为临时高压消防给水系统。如图 4.1-5。

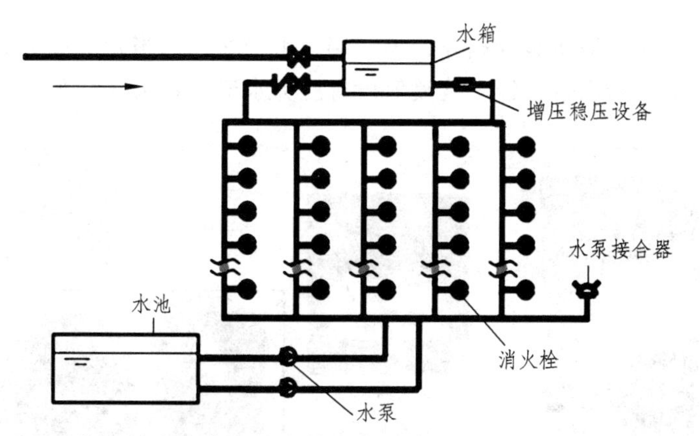

图 4.1-5　区域集中的室内高压消火栓给水系统及室内临时高压消火栓给水系统

（5）分区给水的管内消火栓给水系统。当建筑物的高度超过 50 m 或消火栓处的静水压力超过 0.8 MPa 时，考虑麻质水龙带和普通钢管的耐压强度，应采用分区供水的室内消火栓给水系统，即各区组成各自的消防给水系统。分区方式有并联分区和串联分区两种。并联分区的消防水泵集中于底层。管理方便，系统独立设置，互相不干扰。但在高区的消防水泵扬程较大，其官网的承压也较高。串联分区消防泵设置于各区，水泵的压力相近，无须高压及耐压管，但管理分散，上区供水受下区限制，高区发生火灾时，下面各区水泵联动逐区向上供水，供水安全性差。如图 4.1-6。

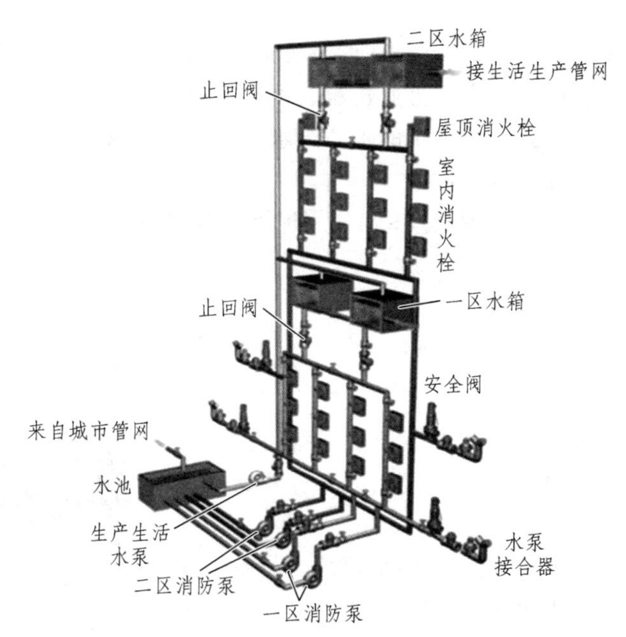

图 4.1-6　区域分区给水的管内消火栓给水系统

2. 室内消火栓给水系统的主要设备

1）室内消火栓箱

是指安装在建筑物内的消防给水管道上，由箱体、室内消火栓、水带、水枪及电气设备等消防器材组成。室内消火栓是一种具有内扣式接口的球形阀式龙头，有单出口和双出口两种类型。消火栓的一端与消防竖管相连，另一端与水带相连。当发生火灾时，消防水量通过室内消火栓给水管网供给水带，经水枪喷射出有压力水流进行灭火。如图 4.1-7。

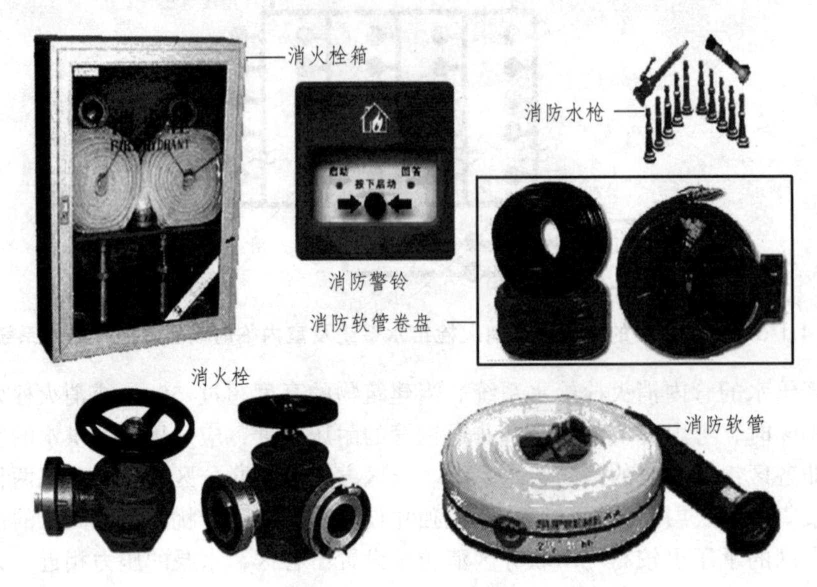

图 4.1-7　室内消火栓给水系统的主要设备

2）消防水泵接合器

当室内消防用水量不能满足消防要求时,消防车可通过水泵接合器向室内管网供水灭火。因此在超过 4 层的厂房和库房，高层工业建筑、设有消防管网的住宅及超过 5 层的其他民用建筑内均应设置水泵接合器。高层建筑的消防给水按竖向分区供水时，应在消防车供水压力范围内设置水泵接合器。如图 4.1-8。

水泵接合器宜采用地上式或侧墙式；当采用地下式水泵接合器时，应有明显的指示标志。

1.3　消防喷淋系统

1. 自动喷水灭火系统分类

根据使用要求和环境的不同，喷水灭火系统可分为湿式系统、干式系统、预作用系统、重复启闭预作用灭火系统等。

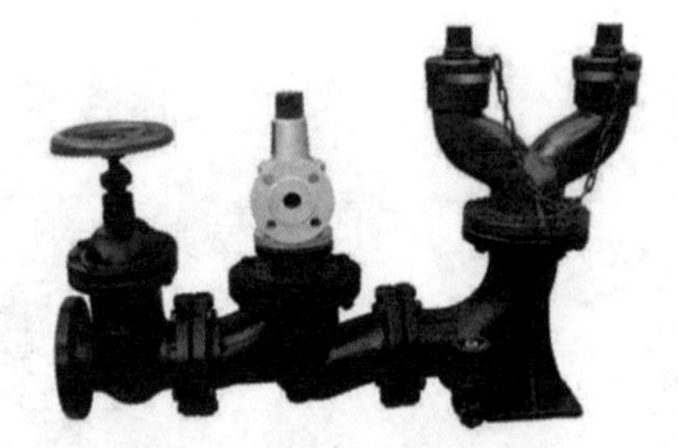

图 4.1-8　消防水泵接合器

（1）自动喷水湿式灭火系统。它的主要缺点是不适应于寒冷地区。其使用环境温度为 4 ~ 70 °C。

（2）自动喷水干式灭火系统。它的主要缺点是作用时间比湿式系统迟缓一些，灭火效率一般低于湿式灭火系统。另外，还要设置压缩机及附属设备，投资较大。

（3）自动喷水预作用系统。该系统由火灾探测系统、闭式喷头、预作用阀、充气设备和充以有压或无压气体的钢管等组成。该系统既克服了干式系统延迟的缺陷，又可避免湿式系统易渗水的弊病，故适用于不允许有水溃损失的建筑物、构筑物。

（4）自动喷水雨淋系统。这种是指有火灾自动报警系统或传动管控制，自动开启雨淋报警阀和启动供水泵后，向开式洒水喷头供水的自动喷射灭火系统。系统工作时所有喷头同时喷水，好似倾盆大雨，故称雨淋系统。雨淋系统一旦动作，系统保护区域内将全面喷水，可以有效控制火势发展迅猛、蔓延迅速的火灾。

（5）水幕系统。水幕系统喷出的水为水幕状。它是能喷出幕帘状水流的管网设备，水幕系统不具备直接灭火的能力，一般情况下与防火卷帘或防火幕配合使用，起到防止火灾蔓延的作用。

2. 水喷雾灭火系统

1）特点及使用范围

适用范围：该系统不仅能够扑灭 A 类固体火灾，同时由于水雾自身的电绝缘性及雾状水滴的形式不会造成液体火飞溅，也可用于扑灭闪点大于 60 °C 的 B 类火灾和 C 类电气火灾。

保护对象：水喷雾灭火系统主要用于保护火灾危险性大，火灾扑救难度大的专用设备或设施。

用途：由于水喷雾具有冷却、窒熄、乳化、稀释作用，该系统的用途广泛，不仅可用于灭火，还可用于控制火势及防护冷却等方面。水喷雾灭火系统要求的水压比自动喷水系统高，水量也较大，因此在使用中受到一定的限制。

2）系统的组成

离心雾化型水雾喷头适用于扑救电气火灾及保护电气设施的场合。这主要是由于离心雾化型水雾喷头能喷射出不连续的间断雾状水滴，具有良好的绝缘性能而不导电。腐蚀性环境应选用防腐型水雾喷头，否则长期暴露在腐蚀性环境中，水雾喷头很容易被腐蚀。当水雾喷头设置于有粉尘的场所时，应有防尘罩。

1.4 其他灭火系统

1. 气体灭火系统

气体灭火系统是以气体作为灭火介质的灭火系统，以卤代烷和二氧化碳灭火系统为主，还有卤代烷的替代物如七氟丙烷、三氟甲烷、混合气体等灭火系统。卤代烷灭火系统逐步退出了市场，我国目前常用的气体灭火系统主要有二氧化碳灭火系统、三氟甲烷（HFC-23）气体灭火系统、七氟丙烷（HFC- 227ea）灭火系统和混合气体自动灭火系统。这里主要介绍二氧化碳灭火系统。

二氧化碳灭火系统是一种物理的、不发生化学反应的气体灭火系统。该系统通过向保护空间喷放二氧化碳灭火剂，利用稀释氧浓度、窒息燃烧和冷却等物理作用扑灭火灾。二氧化碳本身具有不燃烧、不助燃、不导电、不含水分、灭火后能很快散逸，对保护物不会造成污损等优点，因此是一种采用较早、应用较广的气体灭火剂。但二氧化碳对人体有窒息作用，当含量达到 15%以上时能使人窒息死亡。

二氧化碳灭火系统主要用于扑救甲、乙、丙类（甲类闪点小于 28 °C，乙类闪点在 28 ~ 60 °C，丙类闪点大于或等于 60 °C）液体火灾，某些气体火灾、固体表面和电器设备火灾，应用的场所有：

（1）油浸变压器室、装有可燃油的高压电容器室、多油开关及发电机房等。

（2）电信、广播电视大楼的精密仪器室及贵重设备室、大中型电子计算机房等。

（3）加油站、档案库、文物资料室、图书馆的珍藏室等。

（4）大、中型船舶货舱及油轮油舱等。

2. 泡沫灭火系统

泡沫灭火系统，是指用泡沫灭火剂产生的泡沫，凝聚在燃烧物体上，隔绝空气和冷却而灭火。这种系统主要用空气泡沫剂（蛋白、氟蛋白类）、化学泡沫剂（水成泡沫类），它们与水混合的液体吸入空气后，体积立即膨胀成 20 ~ 1 000 倍的泡沫，迅速淹没防护空间，或覆盖整个燃烧物的表面，以隔绝空气灭火。所以多用于扑救非水溶性可燃体和一般固体火灾，如炼油厂、矿井、油库、机场及飞机库等的灭火。此系统具有安全可靠、灭火效率高的特点。

泡沫灭火系统使用的灭火剂有不同的种类，有化学泡沫 MP、空气泡沫 MPE、氟蛋白泡沫 MPF、水成膜泡沫 MPQ 和抗溶性泡沫 MPK；根据泡沫产生的倍数不同，可分为低泡、中泡、高泡灭火系统；根据系统安装的形式，分为固定式、半固定式及移动式泡沫灭火系统。

第 2 节　室内消火栓系统施工图

图 4.2-1 是一宿舍楼消防工程 BIM 模型图，图 4.2-2 和图 4.2-3 是平面图和系统图。该施工图为消火栓消防系统，上下水平配水干管和配水立管互相连接成环，组成环状给水系统，供水可靠。

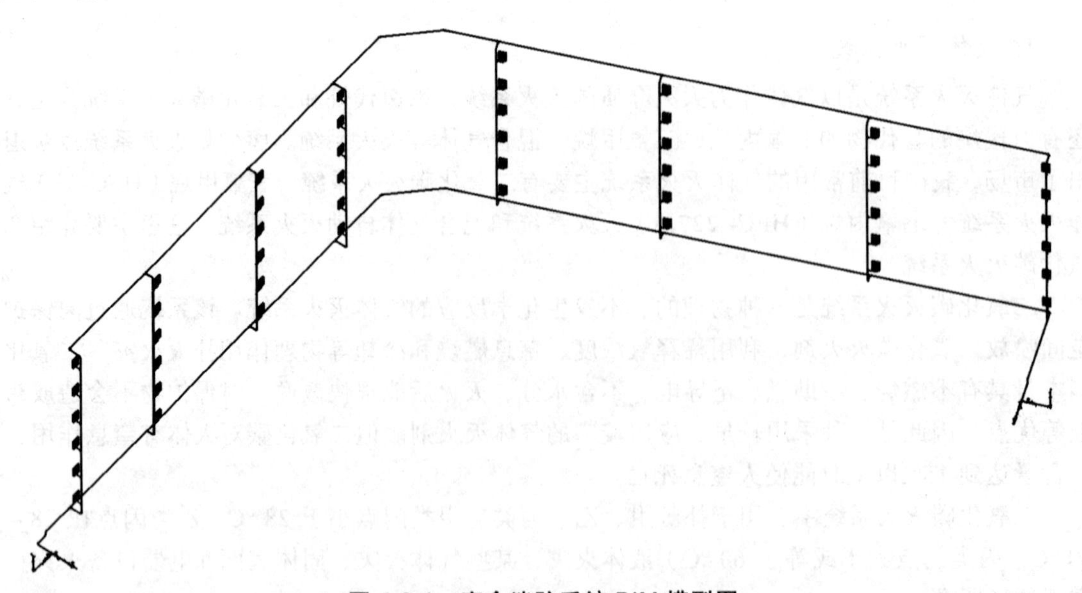

图 4.2-1　宿舍消防系统 BIM 模型图

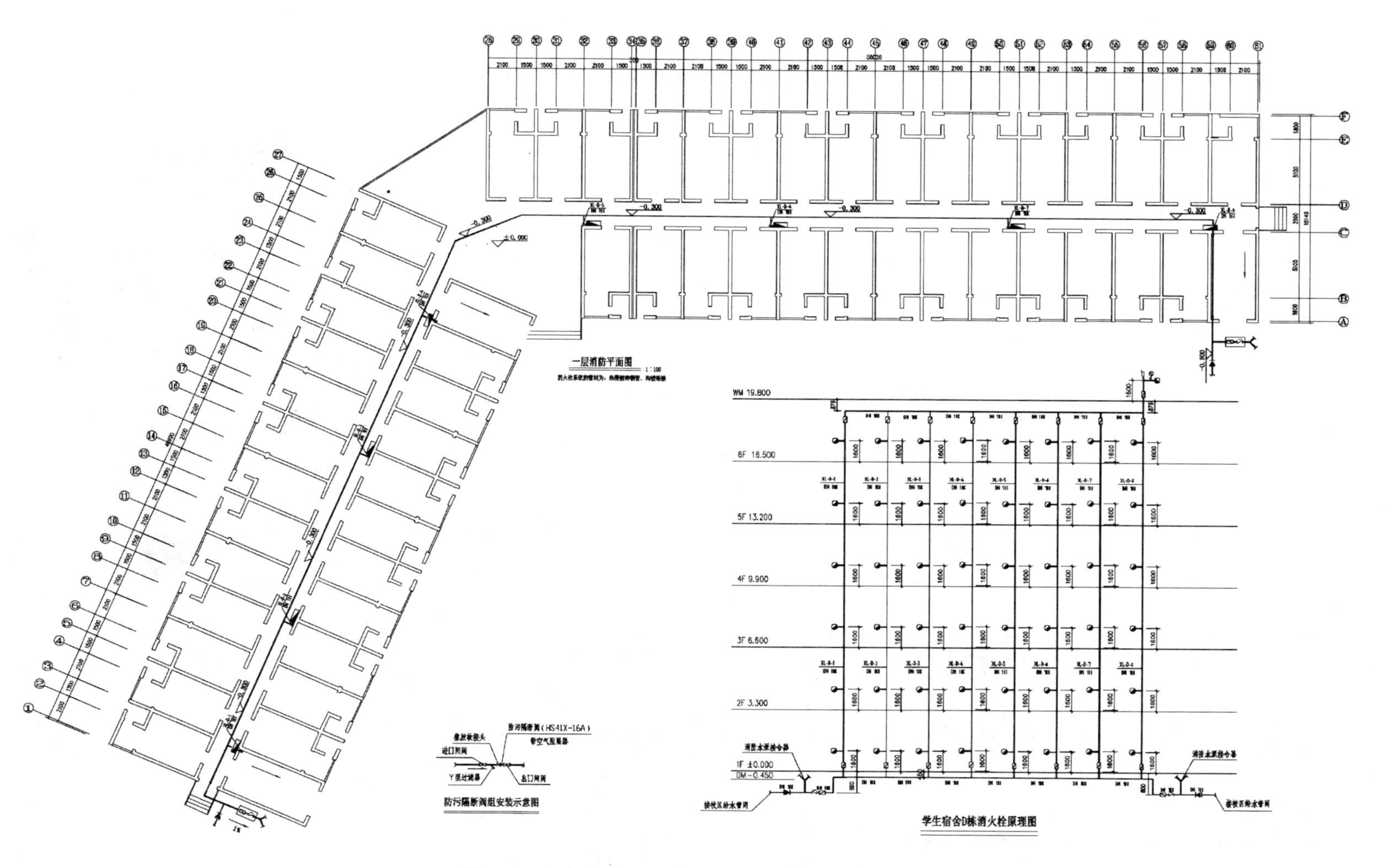

图 4.2-2　宿舍楼一层消防平面图和系统图

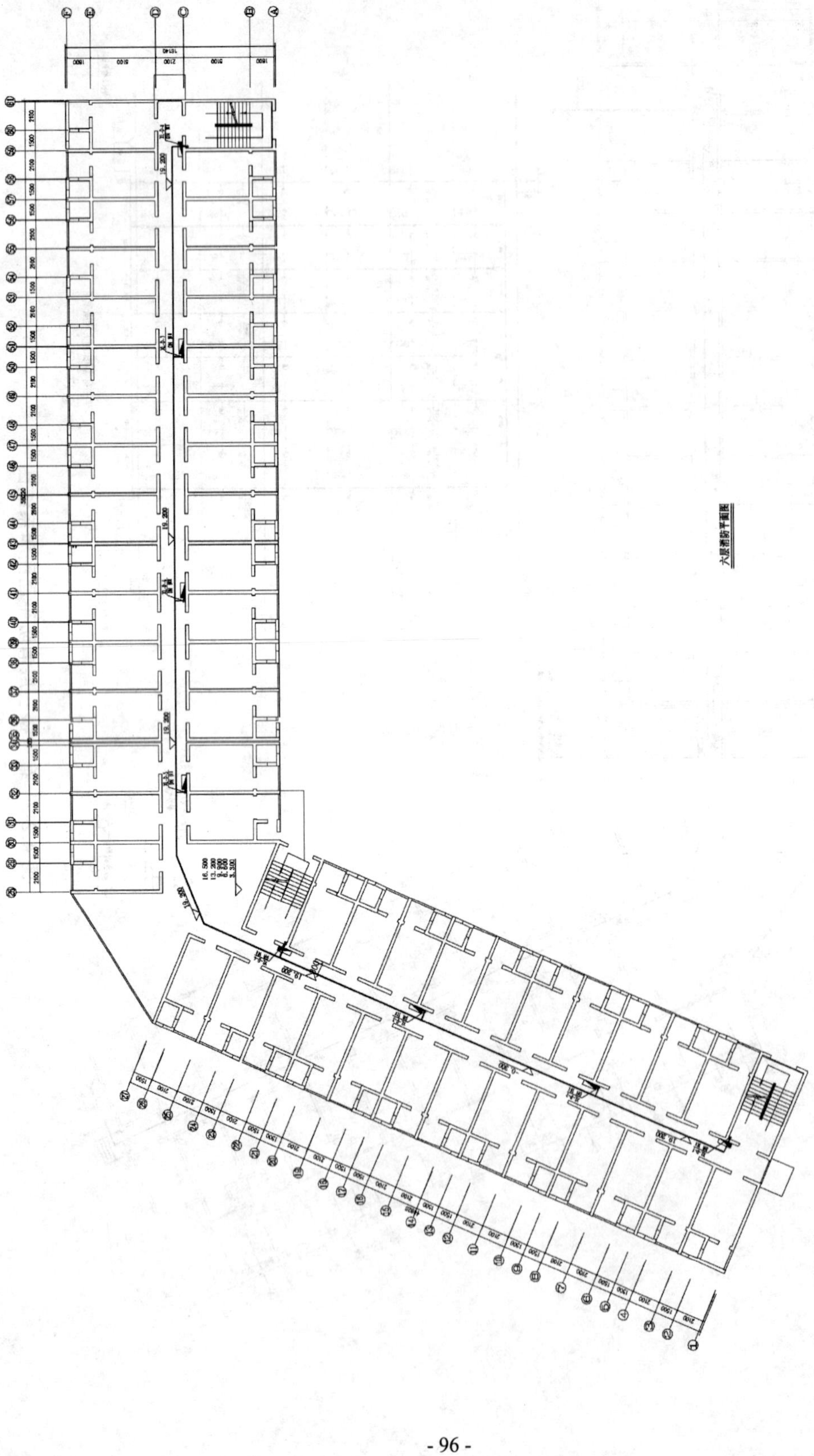

图 4.2-3 宿舍楼六层消防平面图

由上述施工图可知，消火栓系统的消防管道为热浸镀锌钢管 DN100，沟槽连接；有室外标高 - 0.800 m 处从房子左右两端引入水平干管，标高 - 0.300 m，并接 8 根消防立管至 6 层；每层楼道设 8 个消火栓箱，与消火栓箱连接的水平管 DN65。图 4.2-4 为系统局部 BIM 模型图。

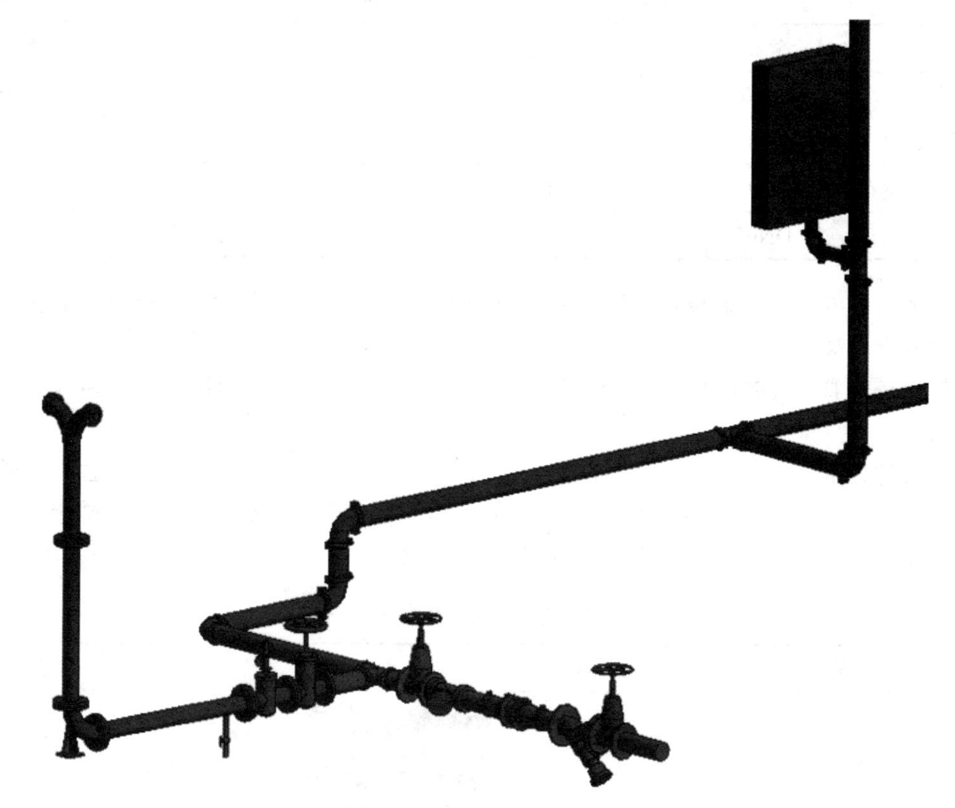

图 4.2-4　宿舍楼室内消火栓系统局部 BIM 模型图

1. 宿舍楼室内消火栓系统管网

消火栓系统室内外分界：

（1）室内外界线：以建筑物外墙皮 1.5 m 为界，入口处设阀门者以阀门者以阀门为界。

（2）设置在高层建筑内的消防泵间管道与本章的界限，以泵间外墙皮为界。如图 4.2-5 所示。

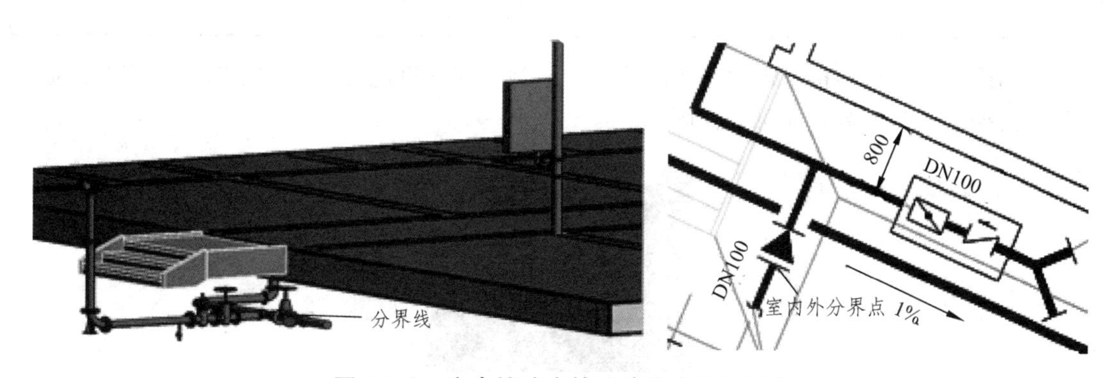

图 4.2-5　宿舍楼消火栓系统室内外分界点

从室内外分界点开始，顺着水流的方向，依据管材、管径、连接方式等将宿舍楼室内消火栓系统管网如表 4.2-1 所示。

表 4.2-1 宿舍楼室内消火栓管网规格列表

管材	管径	标高/m	安装方式	连接方式
热镀锌钢管	DN100	－0.8/－0.3/－0.8 至－0.3	埋地敷设	沟槽连接
热镀锌钢管	DN100	－0.3 至 19.8－0.6	支架敷设	沟槽连接
热镀锌钢管	DN100	19.8－0.6	吊架敷设	沟槽连接
热镀锌钢管	DN65	H＋1.1	支架敷设	螺纹连接

埋地敷设的管网根据设计说明需要刷石油沥青二遍做防腐处理。支架和吊架敷设的管网需要设置支吊架。

热镀锌钢管的 DN100 的消火栓管网采用沟槽连接，沟槽连接件-卡箍件和沟槽管件需要统计数量。

在管件处卡箍的数量计算与对应的管件有关：沟槽式管件中的角弯、三通和四通，其对应的卡箍数量与管件所连接的管道数量相同，在计算此类卡箍数量时，只需要计算沟槽式管件数量便可以顺利计算出对应卡箍的数量。见表 4.2-2。

表 4.2-2 卡箍件数量统计

管　件	图　例	卡箍数
沟槽式弯头		2 个
沟槽式三通		3 个
沟槽式四通		4 个

沟槽阀门与管道连接时需要一边配置一个卡箍，在计算此类卡箍数量时，只需要根据图纸计算沟槽式阀门的数量即可。如图 4.2-6。

图 4.2-6 卡箍件

2. 宿舍楼室内消火栓箱

宿舍楼室内消火栓箱根据设计说明和图集选用带灭火器的消火栓箱，消火栓箱底部距地高度 $H+0.100$ m，消火栓中心据地高度 $0.1+0.62+0.1+0.28=1.1$（m），和图纸标注 $H+1.100$ m 一致。根据图集需要能计算出箱内消火栓管子的长度，如图中所示，管网从箱子后面进入，箱内管子长 $=0.1+0.28=0.38$（m），管网从箱子侧面面进入，箱内管子长 $=0.25+0.28=0.53$（m）。宿舍楼施工图中每层有 3 个后进和 5 个侧进。共 6 层，48 个这样的消火栓箱。

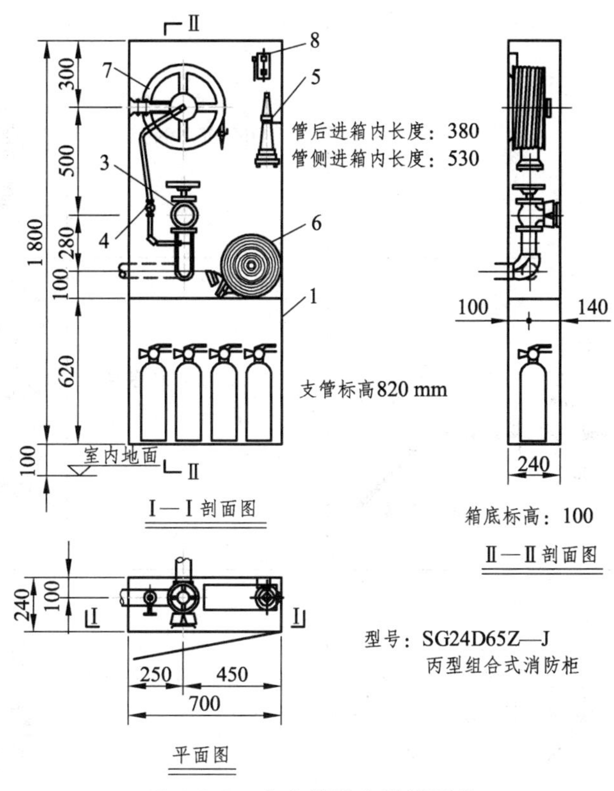

图 4.2-7　宿舍楼消火栓箱图集

宿舍楼屋顶实验消火栓，只有一个消火栓口，没有箱子，旁边配压力表和自动排气阀，压力表前配有压力表弯和旋塞阀门，自动排气阀旁也设置螺纹阀门。如图 4.2-8。

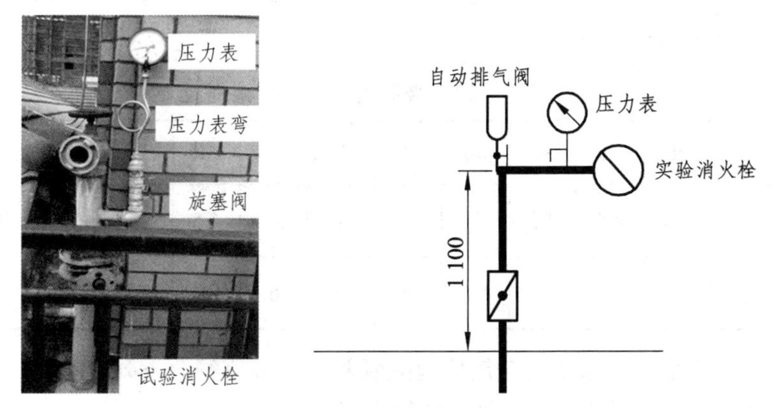

图 4.2-8　屋顶实验消火栓

3. 宿舍楼室内消火系统附件

宿舍楼管网系统中的附件主要是阀门，屋顶实验消火栓配套的压力表和自动排气阀，管网中其他附件如表 4.2-3 所示。

表 4.2-3　宿舍楼消火栓系统附件

附件	图例	规格型号	图片
蝶阀		随管子直径大小 DN100/DN65	
消防水泵接合器	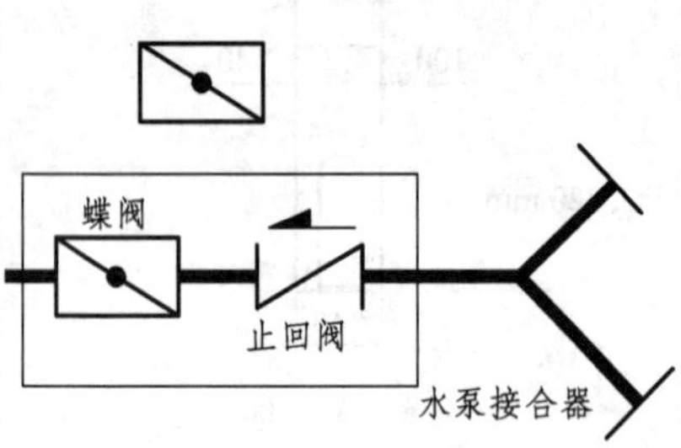 蝶阀 止回阀 水泵接合器	地上式消防水泵接合器，包含一个蝶阀和一个止回阀	
防污隔断阀组	 闸阀 Y型除污器 橡皮软接头 闸阀 防污隔断阀	防污隔断阀组有多个阀门组成	

4. 宿舍楼室内消火系统支吊架及套管

根据《建筑给水排水及采暖工程施工质量验收规范》(GB 50242—2002) 中的规定，消火栓系统钢管支架如表 4.2-4 所示。

表 4.2-4　宿舍楼消火栓钢管支架间距

公称直径/mm		15	20	25	32	40	50	70	80	100	125	150	200	250	300
支架的最大间距/m	保温管	2	2.5	2.5	2.5	3	3	4	4	4.5	6	7	7	8	8.5
	不保温管	2.5	3	3.5	4	4.5	5	6	6	6.5	7	8	9.5	11	12

采暖、给水及热水供应系统的金属管道立管管卡安装应符合下列规定：

（1）楼层高度小于或等于 5 m，每层必须安装 1 个。

（2）楼层高度大于 5 m，每层不得少于 2 个。

（3）管卡安装高度，距地面应为 1.5 ~ 1.8 m，2 个以上管卡应匀称安装，同一房间管卡应安装在同一高度上。

宿舍楼施工图中 8 根消火栓立管根据设计说明和上述规定每层设置一个支架，6 层的水平干管依据上表每个 6.5 m 设置一个吊架。支吊架的规格型号详见图集《03S402-室内管道支架与吊架》。

宿舍楼套管设置有穿楼板套管、穿基础和穿墙等情况如表 4.2-5 所示。

表 4.2-5　宿舍楼消火栓管网套管

套管类型	管子直径	套管直径	位　置
穿基础套管	DN100	DN150	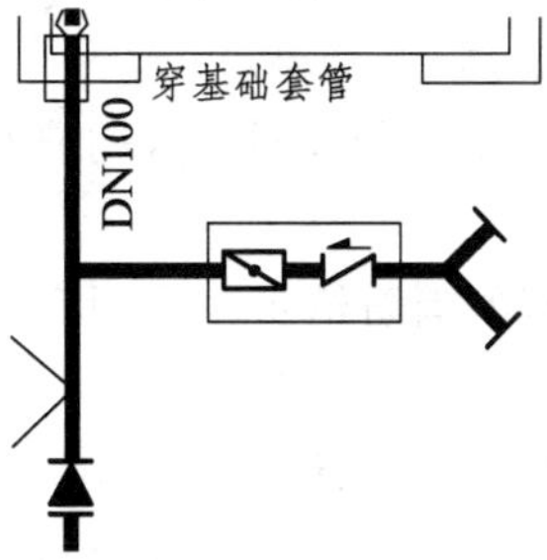 穿基础套管 DN100
穿楼板套管	DN100	DN150	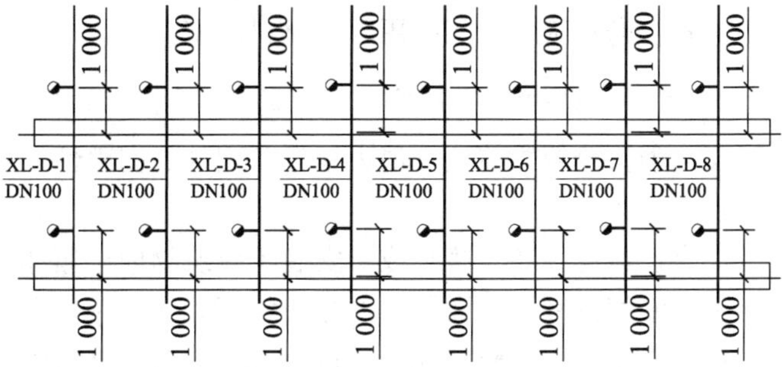 XL-D-1 DN100　XL-D-2 DN100　XL-D-3 DN100　XL-D-4 DN100　XL-D-5 DN100　XL-D-6 DN100　XL-D-7 DN100　XL-D-8 DN100 1 000
穿墙填料套管	DN65	DN80	 试压消火栓 穿墙套管

第 3 节　消防工程施工工艺

3.1　室内消火栓系统安装

1. 管道的布置要求

（1）室内消火栓超过 10 个，且室内消防用水量大于 15 L/s 时，室内消防给水管道至少应有两条进入关与室外环形网连接，并应将室内管道连成环状或将进水管与室外管道连成环状。7 ~ 9 层的单元住宅不超过 8 户的通廊式住宅，其室内消防给水管道可为枝状，采用一根进水管。

（2）超过 6 层的塔式（采用双出口消火栓者除外）和通廊式住宅、超过 5 层或体积超过 10 000 m^3 的其他民用建筑、超过 4 层的厂房和库房，如室内消防竖管为两条或两条以上时，应至少每两根竖管连成环状。

（3）18 层及以下，每层不超过 8 户、建筑面积不超过 650 m^2 的塔式住宅，当设两根消防竖管有困难时，可设一根竖管，但必须采用双阀双出口消火栓。

（4）高层建筑室内消防竖管应成环状，且管道的最小直径为 100 mm。

（5）室内消防给水管道应用阀门分成若干独立段，当某段损坏时，停止使用的消火栓在一层中不应超过 5 个。对高层建筑，应保证停用的竖管不超过 1 根；当竖管超过 4 根时，可关闭不相邻的 2 根。

（6）室内消火栓给水管网与自动喷水灭火设备的管网应分开设置，如有困难应在报警阀前分开设置。

（7）高层建筑的消防给水应采用高压或临时高压给水系统，与生活、生产给水系统分开独立设置。

（8）管道在穿墙、楼板时预留孔洞，孔洞位置应正确，尺寸比管子直径大 50 mm 左右或者二级。穿楼板层应设置套管，套管高度应高出楼板层面 20 ~ 50 mm。管道接口不得设在套管内。套管与穿管之间间隙用阻燃材料填塞。

2. 消火栓箱的安装要求

安装消火栓箱之前检查消火栓设备配件的完整性，水龙带、水枪、报警阀及其他电气设备是否齐全。

消火栓箱可明装、暗装或半安装于建筑物内。箱体在安装时必须先取下箱内的各消防部件。不允许用钢钎撬、锤子敲的办法将箱硬塞入预留孔内。

消火栓栓口中心距地面 1.1 m，消火栓支管要以消火栓的坐标、标高定位甩口，核定后再稳固消火栓箱，箱体找正稳固后再把消火栓安好，消火栓栓口要垂直墙面朝外。

3. 消防水箱、水池及水泵的设置要求

（1）消防水箱

① 设置高压给水系统的建筑物，如能保证最不利点消火栓和自动喷水灭火系统的水量和水压时，可不设消防水箱。设置临时高压给水系统的建筑物，应设消防水箱、气压罐或水塔。

② 高层建筑采用高压给水系统时，可不设高位消防水箱；采用临时高压给水系统时，应设高位消防水箱，水箱的设置高度应保证最不利点消火栓静水压力。当建筑高度不超过 100 m 时，最不利点消火栓静水压力不应低于 0.07 MPa；当建筑高度超过 100 m 时，不应低于 0.15 MPa。不能满足要求时，应设增压设施。

③ 消防水箱应储存 10 min 的消防用水量，与其他用水合并时，应有消防用水不作他用的技术措施。除串联消防给水系统外，发生火灾后由消防泵供给的水不应进入消防水箱。

（2）消防水池

① 非高层建筑当生产、生活用水量达到最大，市政给水管道、进水管或天然水源不能满足室内外消防用水量时应设置消防水池；或市政给水管道为枝状或只有一条进水管，且消防

用水量之和超过 25 L/s 时应设置消防水池。

② 高层建筑当市政给水管道和进水管或天然水源不能满足消防用水量时,应设置消防水池；市政给水管道为枝状或只有一条进水管（二类居住建筑除外）时，应设置消防水池。

（3）水泵及配管

① 一组消防水泵的吸水管不应少于两条；当其中一条损坏时，其余的吸水管应仍能通过全部用水量。消防水泵应采用自灌式吸水，其吸水管上应设阀门。

② 高压和临时高压消防给水系统，其每台工作消防水泵应有独立的吸水管。

4. 水泵接合器的安装

水泵接合器用以连接消防车、机动泵向建筑物的消防灭火管网输水，分为地上式、地下式和墙壁式三种，需结合图纸以及现场实际空间大小来决定采用哪种水泵接合器。安装时，注意接合器本体前面的阀门的安装方向、顺序及阀门与管道的连接方式，一般阀门采用法兰连接；且其安装位置应有明显标志，附近不得有障碍物。

5. 管道的连接方式

（1）室内消火栓给水管道，管径不大于 100 mm 时，宜用热镀锌钢管或热镀锌无缝钢管，管道连接宜采用螺纹连接、卡箍（沟槽式）管接头或法兰连接；管径大于 100 mm 时，采用焊接钢管或无缝钢管，管填连接宜采用焊接或法兰连接。

（2）消火栓系统的无缝钢管采用法兰连接，在保证镀锌加工尺寸要求的前提下，其管配件及短管连接采用焊接连接。

3.2 室内消防喷淋系统安装

1. 系统组件、喷头、阀门的检验

阀门及其附件的现场检验应符合下列要求：报警阀应逐个进行渗漏试验，试验压力为额定工作压力的 2 倍，试验时间为 5 min，阀瓣处应无渗漏。

2. 支吊架的安装

管道支吊架根据设计要求确定位置和标高，按标高把同一水平直管段两端的吊支架位置刻画在天花板或墙上。对于要求有坡度的管道，应根据两点间的距离和坡度大小，算出两点间的高度差，然后在两点间拉一根直线，按照支架的间距在天花板上刻画出每个支吊架的具体中心位置及安装的标高位置。

支吊架的位置以不妨碍喷头效果为原则，一般支吊架距喷头应大于 300 mm，距末端头的距离不大于 750 mm，一般相邻两喷头之间的管段至少应设置 1 个支吊架，若两喷头间距小于 1.8 m，允许隔段设置。

3. 管道安装

管道安装前应彻底清除管道内的异物及污物。管道穿越墙处不得有接口（丝接或焊接），管道穿越伸缩缝处应有防护措施。立管暗装在竖井内时，在管井内预埋铁件上安装卡件固定管道。立管底部的支吊架要牢固，防止立管下坠。管道的分支预留口在吊装前应先预制好，丝接的用三通定位预留口，焊接可在管上开口焊上钢制管箍，调值后吊装。所有预留口均应加好临时堵。

管道变径时，宜采用异径接头；在管道弯头处不得采用补芯；当需要采用补芯时，三通上可用 1 个，四通上不应超过 2 个；公称通径大于 50 mm 的管道上不宜采用活接头。管道中心与梁、柱、顶棚的最小距离符合设计要求，如表 4.3-1 所示。

表 4.3-1　管道中心与梁、柱、顶棚的最小距离　　单位：mm

公称直径	25	32	40	50	65	80	100	125	150	200
距离	40	40	50	60	70	80	100	125	150	200

吊顶内的管道安装与通风、空调管道的位置要协调好。

吊顶型喷头的末端一段支管不能与分支干管同时顺序完成，要与吊顶装修同步进行。吊顶龙骨装完，根据吊顶材料厚度定出喷头的预留口标高，按吊顶装修图确定喷头的坐标，使支管预留口做到位置准确。支管管径一律为 DN25，末端用 DN25 × 15 的异径管箍，管箍口与吊顶装修层平齐，拉线安装。支管末端的弯头处 100 mm 以内应加卡件固定，防止喷头与吊顶接触不牢，上下错动。支管装完，预留口用丝堵拧紧，准备系统试压。

4. 报警阀及配件安装

报警阀应设置在明显、易于操作的位置，距离地面高度宜为 1.2 m 左右。安装报警阀装置处的地面应有排水措施。报警阀安装组件如图 4.3-1 所示。

图 4.3-1　干式报警阀安装组件

5. 减压空板的安装

在高层建筑消防系统中，低层的喷头和消火栓流量过大，可采用减压孔板或节流管等装置均衡。减压孔板应设置在直径不小于 50 mm 的水平管段上，孔口直径不小于安装管段直径的 50%，孔板应安装在水流转弯处下游一侧的直管段上，与弯管的距离应不小于设置管段直径的 2 倍。

6. 水流指示器的安装

喷洒系统的水流指示器，一般安装在每层的水平分支干管或某区域的分支干管上。应水平立装，倾斜度不宜过大。保证叶片活动灵敏。水流指示器前后应保持有 5 倍安装管径长度的直管段。安装时注意水流方向与指示器的箭头一致。

7. 喷头的安装

喷头安装应在管道系统完成试压、冲洗后，并且待建筑物内装修完成后进行安装。喷头的规格、类型和动作温度要符合设计要求。喷头安装的保护面积、喷头间距及距墙、柱的距离应符合规范要求。喷头的两翼方向应成排统一安装。护口盘要紧贴吊顶，走廊单排的喷头两翼应横向安装。安装喷头应使用特制专用扳手，填料宜采用聚四氟乙烯生料带，防止损坏和污染吊顶。

3.3 管道试验

1. 管道试压

消防管道试压可分层分段进行。灌水时系统最高点要设有排气装置，高低点各装一个压力表。系统灌满水后检查管路有无渗漏，如有法兰、阀门等部位渗漏，应在加压前紧固，升压后在有部位出现渗漏时做好标记，待泄压后再进行处理，必要时放净水后再处理。冬季试压环境温度不得低于 + 5 °C，试压完后要及时将水排净。夏季试压最好不直接用室外给水管网的水，以防止管外泄露。试压合格后，应及时办理验收手续。

2. 管道冲洗

消防管道在试压完毕后可连续做冲洗工作。冲洗前应先将系统中的减压孔板、过滤装置拆除，冲洗完毕后重新装好。冲洗出的水要有排放去向，不得损坏其他成品。

3. 系统通水调试

消防系统通水调试应达到消防部门测试规定条件。消防水泵应接通电源并已试运转，测试最不利点的喷头和屋顶消火栓的压力和流量是否满足设计要求。消防系统的调试、验收结果应当由当地公安消防部门负责核定。

第 4 节　室外给排水系统概述

4.1 建筑给水排水工程及分界

（1）建筑室外给水和室外排水工程分是独立的子分部工程——依据是《建筑工程施工质量验收统一标准》对“室外安装子分部工程”的相关规定。

（2）建筑室外给水系统与室内给水系统的分界，入口处设阀门者以阀门为界，无阀门者以外墙皮 1.5 m 为界。

（3）建筑室外排水系统与室内排水系统的分界，一般是以排出建筑物的第一个排水检查井（污水井处）为界。

（4）室外管道与市政管道界线以与市政管道碰头井为界。

具体分界见图 4.4-1。

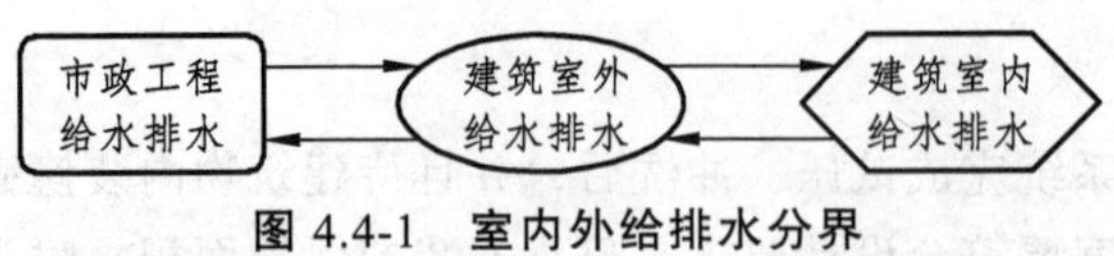

图 4.4-1　室内外给排水分界

室外给水系统的组成见图 4.4-2。

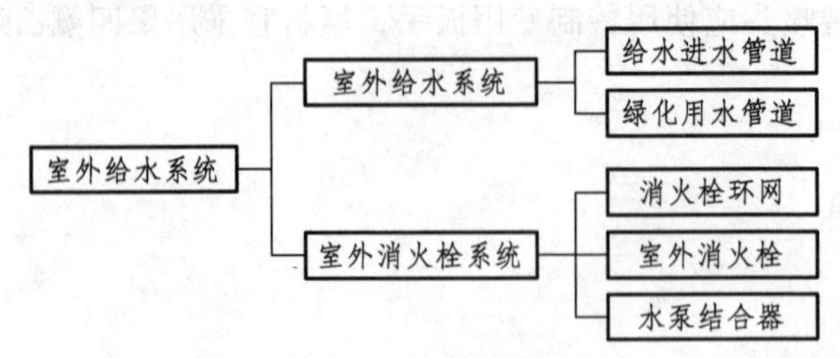

图 4.4-2　室外给水系统组成

常见的室外给水管道见表 4.4-1。

表 4.4-1　常见的室外给水管道

管材	图例	图片	用途
球墨铸铁给水管	—— J ——		室外给水管 常见于市政工程
PE 聚乙烯塑料给水管	—— J ——		室外给水管 常见于建筑小区
焊接钢管给水管	—— J ——		室外给水管 常见于市政工程
热浸锌涂塑无缝钢管消防给水管	—— XJ ——		室外消防管 常见于消防管网

常见的室外给水附件见表 4.4-2。

表 4.4-2　常见的室外给水附件

附件名称	图例	图片
手轮式蝶阀		
室外消火栓		
消防水泵结合器		
快开水嘴		

4.2　室外排水系统的组成

室外排水系统的组成见图 4.4-3。

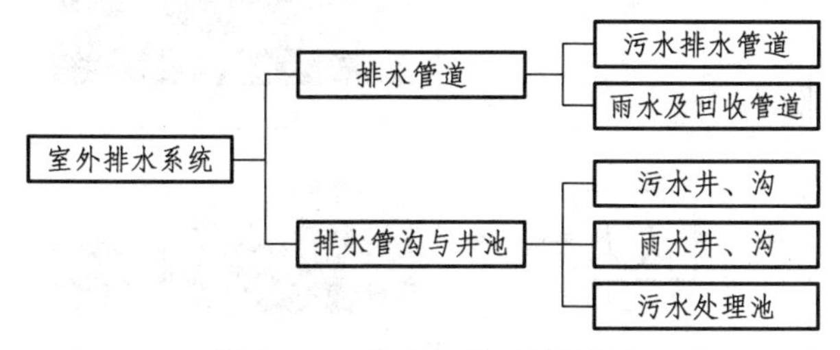

图 4.4-3　室内外给排水分界

常见的室外排水管道与设施见表 4.4-3。

表 4.4-3　常见的室外排水管道与设施

管材	图例	图片	用途
HDPE 高密度聚乙烯塑料排水管	—— W ——		室外污水管网常见设施
钢筋混凝土排水管	—— Y ——		室外雨水管网常见设施
UPVC 聚氯乙烯塑料排水管	—— W ——		室外污水管网常见设施
塑料污水检查井			室外排水管网常见设施
砖砌污水检查井			室外雨水管网常见设施
玻璃钢化粪池	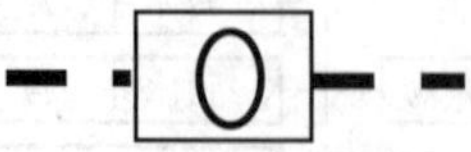	 化粪池	室外污水管网常见设施

本章小结

本章主要讲室内消火栓系统的组成，以宿舍楼室内消火栓系统为例讲解施工图的阅读步骤及阅读方法。图纸的阅读要以计量与计价为目的，根据室内消火栓系统的定额和清单组成阅读施工图，为计量与计价服务。同时施工工艺的讲解也围绕接下来的计量与计价讲解。对室外给排水部分给予简单的介绍，学生在学习时以室内的给排水为例，自主学习。

课后作业

一、单选题

1. 建筑消防给水系统根据（　　）的不同，分为水灭火系统、气体灭火系统、泡沫灭火系统。

A. 化学成分　　B. 灭火剂
C. 介质形态　　D. 灭火力度

2. 消防栓给水管道的图例是（　　）。

A. —— XH ——　　B. —— ZP ——
C. —— YL ——　　D. — SM —

3. 下列（　　）是水泵接合器的图例。

A.　　B. 平面 系统　　C.　　D. 平面 系统

4. 开式自动喷水灭火系统的特点，错误的是（　　）。

A. 喷头是开式的　　B. 喷头不带感温、闭锁装置
C. 喷头处于常开状态　　D. 喷头是闭式的

5. 闭式自动喷水灭火系统的特点，错误的是（　　）。

A. 无吊顶时用下喷
B. 有吊顶的时候用下喷
C. 喷头处于常闭状态
D. 在发生火灾时，这种喷水灭火系统只有处于火焰之中或临近火源的喷头才会开启灭火

6. 当室内消防用水量不能满足消防要求时，消防车可通过连接一设备向室内管网供水灭火，消防车所连接的设备是（　　）。

A. 消火栓　　B. 水泵接合器
C. 压力开关　　D. 气压水罐

7. 下列哪个是湿式报警阀的特点？（　　）

A. 在其出口侧充以压缩气体，当气压低于某一定值时能使水自动流入喷水系统并进行报警的阀门
B. 是一种水流控制阀
C. 只允许水单向流入喷水系统并在规定流量下报警的阀门
D. 将火灾自动探测报警技术和自动喷水灭火系统结合起来，在系统中安装闭式洒水喷头

8. 室外管网的水量和水压经常不能满足室内消火栓给水系统的初期火灾所需水量和水压的情况时，选择（　　）给水系统。

A. 设消防水泵和水箱的室内消火栓给水系统

B. 仅设水箱的室内消火栓给水系统

C. 仅设水泵的室内消火栓给水系统

D. 无水泵和水箱的室内消火栓给水系统

9. 系统工作时所有喷头同时喷水，好似倾盆大雨，属于（　　）系统。

A. 自动水喷幕系统　　B. 自动喷水雨淋系统

C. 水幕系统　　D. 自动喷水预作用系统

10. 下列关于水喷雾系统说法错误的是（　　）。

A. 该系统能够扑灭 A 类固体火灾

B. 该系统能扑灭闪点大于 60 °C 的 B 类火灾和 C 类电气火灾

C. 系统不具备直接灭火的能力，一般情况下与防火卷帘或防火幕配合使用

D. 系统要求的水压比自动喷水系统高，水量也较大

11. 在水喷雾灭火系统中，离心雾化型水雾喷头适用于扑救（　　）。

A. 腐蚀性环境的火灾　　B. A 类固体火灾

C. 电气火灾　　D. 可燃性气体火灾

12. 超过（　　）层的厂房和库房，如室内消防竖管为两条或两条以上时，应至少每两根竖管连成环状。

A. 7　　B. 6　　C. 5　　D. 4

13. 高层建筑室内消防竖管应成环状，且管道的最小直径为（　　）mm。

A. 100　　B. 120　　C. 150　　D. 200

14. 室内消火栓给水管网和自动喷水灭火系统的管网设置方式应为（　　）。

A. 分开设置　　B. 报警阀后分开

C. 合并设置　　D. 报警阀前合并

15. 当建筑高度不超过 100 m 时，最不利点消火栓静水压力不应低于（　　）MPa；当建筑高度超过 100 m 时，不应低于（　　）MPa。

A. 0.05；0.10　　B. 0.06；0.12

C. 0.07；0.15　　D. 0.08；0.16

16. 消防水箱应储存 10 min 的消防用水量，与其他用水合并时，应有（　　）的技术措施。

A. 确保水箱维持存储 20 min 的用水量

B. 消防用水不作他用

C. 确保消防用水的最少量

D. 确保水箱维持存储 30 min 的用水量

17. 室内消火栓给水管道，管径不大于 100 mm 时，宜用（　　），管径大于 100 mm 时，采用（　　）。

A. 镀锌钢管；钢管　　B. 钢管；无缝钢管

C. 无缝钢管；镀锌钢管　　D. 热镀锌钢管；焊接钢管

18. 室内自动喷淋系统安装时，一般相邻两喷头之间的管段至少应设置（　　）个支吊架，若两喷头间距小于（　　）m，允许隔段设置。

A. 1；1.6　　B. 1；2.0

C. 1；1.8　　D. 1；1.7

19. 自动喷水灭火系统喷头种类很多，按喷头是否有堵水支撑分为闭式喷头和开式喷头，以下哪种喷头不属于开式喷头（　　）。

A. 开启式喷头　　B. 水幕式喷头

C. 喷雾式喷头　　D. 易熔元件喷头

二、多选题

1. 消火栓灭火系统由（　　）组成。

A. 给水管网　　B. 消防水泵接合器　　C. 消防水箱

D. 水喷头　　E. 消防水泵

2. 室内消火栓给水系统的给水方式有（　　）。

A. 无水泵和水箱的室内消火栓给水系统

B. 仅设水泵的室内消火栓给水系统

C. 仅设水箱的室内消火栓给水系统

D. 设消防水泵和水箱的室内消火栓给水系统

E. 分区给水的管内消火栓给水系统

3. 室内消火栓箱里面一般有（　　）。

A. 消火栓　　B. 水带　　C. 水流指示器

D. 水枪　　E. 电气设备

4. 自动喷水灭火系统的分类有（　　）。

A. 自动喷水预作用系统　　B. 干式灭火系统　　C. 湿式灭火系统

D. 水幕系统　　E. 重复启闭系统预作用系统

5. 某建筑需设计自动喷水灭火系统，考虑到冬季系统环境温度经常性低，建筑可以采用的系统有（　　）。

A. 自动喷水湿式灭火系统　　B. 自动喷水预作用系统

C. 自动喷水雨淋系统　　D. 自动喷水干湿两用灭火

6. 管道在穿墙、楼板时预留孔洞，孔洞位置应正确，尺寸比管子直径大（　　）mm 左右或者（　　）。

A. 50　　B. 100　　C. 一级

D. 二级　　E. 三级

7. 水泵接合器的种类有（　　）。

A. 裸露式　　B. 地上式　　C. 地下式

D. 墙壁式　　E. 埋地式

8. 关于消防系统管道试验说法正确的是（　　）。

A. 冬季管道试压环境温度不得低于 + 2 °C

B. 消防管道试压可分层分段进行

C. 消防管道在试压完毕后应进行冲洗工作

D. 消防系统通水调试应达到消防部门测试规定条件

E. 灌水时系统最高点要设有排气装置，高低点各装一个压力表

课后作业答案

一、单选题

1 ~ 5. BACDA　　6 ~ 10. BCABC　　11 ~ 15. CDAAC　　16 ~ 19. BDCD

二、多选题

1. ABCE　2. ACDE　3. ABDE　4. ABCE　5. BCD　6. AD

7. BCD　8. BCDE

第五章　建筑供配电系统

教学内容：

（1）建筑供配电系统概述。

（2）建筑供配电系统识图。

（3）建筑供配电系统施工工艺。

教学目的：系统讲解建筑供配电系统。

知识目标：掌握建筑供配电系统识图和施工工艺，了解其基本概念。

能力目标：运用所学的知识读懂建筑供配电系统工程施工图，熟悉其施工工艺。

教学重点：识读建筑供配电系统工程施工图。

第 1 节　建筑供配电系统概述

1. 电气工程的划分

强电工程——电能的分配和使用；

弱电工程——信息的传递与控制。

2. 建筑电气分部工程的构成

建筑电气工程构成的划分如图 5.1-1 所示。

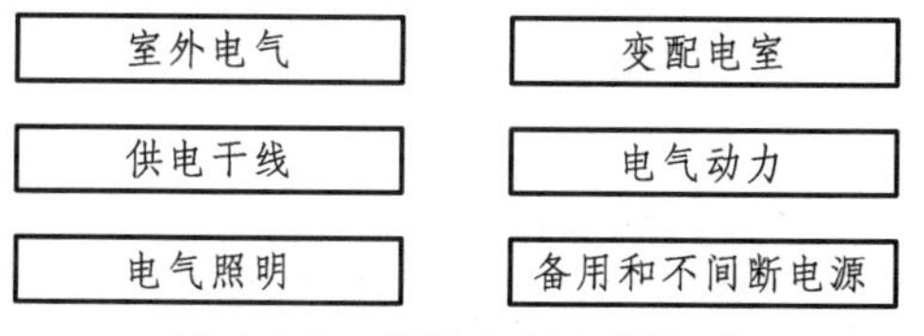

图 5.1-1　建筑电气工程构成

3. 电力系统

变配电工程是供配电系统的中间枢纽，变配电所为建筑内用电设备提供和分配电能，是建筑供配电系统的重要组成部分。如图 5.1-2。

电力系统简介：

1）发电厂

发电厂是将自然界蕴藏的各种一次能源（如煤、水、风和原子能等）转换为电能（称二次能源），并向外输出电能的工厂。

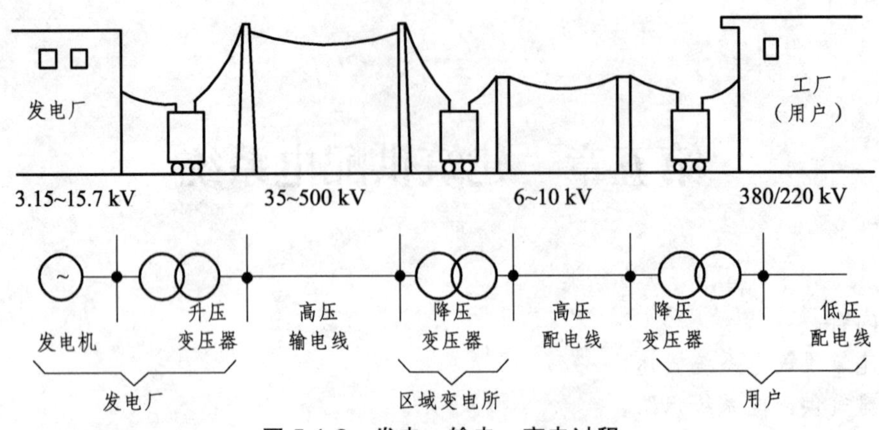

图 5.1-2　发电、输电、变电过程

2）电能输送

用电地区离发电厂很远，需要将产生的电能进行远距离输送。考虑到经济性，采用较高电压输送更经济。发电厂受绝缘处理水平的限制，发出的电压不能太高，目前发电机通常采用的电压等级为 6、10 kV，所以在输电时，除供给发电厂附近的用户外，大部分经过升压变压器先将电压升高，然后输送出。一般输出距离越远、输送功率越大，则输电电压就需要越高。目前国内输电电压有 110 kV、220 kV、500 kV 等。

3）电能分配

为了满足用电设备对工作电压的要求，在用电地区需设置降压变电所，将电压降低。通常，在用电地区设置降压变电所，将输电电压降低到 6 ~ 10 kV，然后分配到居住区等负荷中心，由变电所或配电变压器，将电压降低到 380/220 V，给低压用电设备供电。

4. 负荷等级

1）负荷等级划分（表 5.1-1）。

（1）一级负荷。

（2）二级负荷。

（3）三级负荷。

表 5.1-1　负荷等级

<table>
<tr><td rowspan="2">办公建筑</td><td>省、市、部级办公室</td><td>会议室、总值班室、电梯、档案室、主要照明</td><td>一级</td></tr>
<tr><td>银行</td><td>主要业务用计算机及外部设备电源、防盗信号电源</td><td>一级</td></tr>
<tr><td rowspan="2">教学建筑</td><td>教学楼</td><td>教室及其他照明</td><td>二级</td></tr>
<tr><td>实验室</td><td></td><td>一级</td></tr>
<tr><td rowspan="2">科研建筑</td><td rowspan="2">科研所重要实验室，计算机中心、气象台</td><td>主要用电设备</td><td>一级</td></tr>
<tr><td>电梯</td><td>二级</td></tr>
<tr><td>文娱建筑</td><td></td><td>舞台、电声、贵宾室、广播级电视转播、化妆照明</td><td>一级</td></tr>
</table>

续表

医疗建筑	县级及以上医院	手术室、分娩室、急诊室、婴儿室、重症监护室、照明	一级
		细菌培养室、电梯	二级
商业建筑	省辖市以上百货大楼	营业厅主要照明	一级
		其他附属	二级
博物建筑	省、市、自治区及以上博物馆展览馆	珍贵展品室、防盗信号电源	一级
		商品展览用电	二级
商业仓库建筑	冷库	冷库、有特殊要求的冷库压缩机、电梯、库内照明	二级
监狱建筑	监狱	警卫信号	一级

2）不同等级负荷对电源的要求

（1）一级负荷对电源的要求（图 5.1-3）：

① 普通一级负荷。

② 特别重要的负荷。

（2）二级负荷对电源的要求：因二级负荷在停电后的影响范围较大，宜采用双回路或独立回路供电。

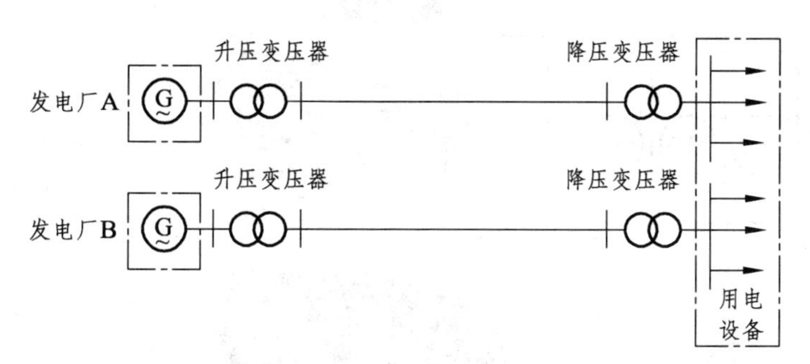

（a）电源来自两个不同发电厂

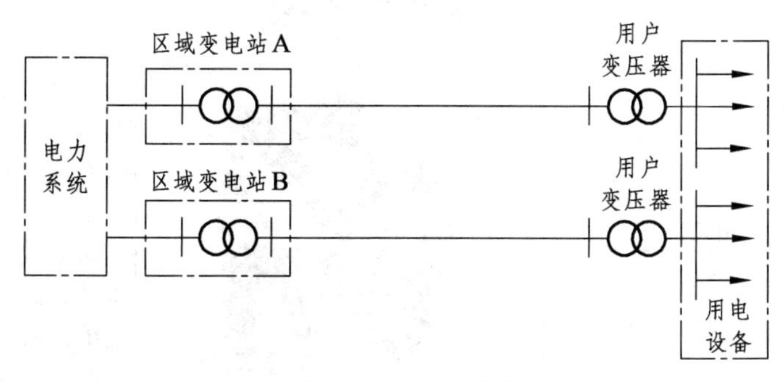

（b）电源来自两个区域变电站

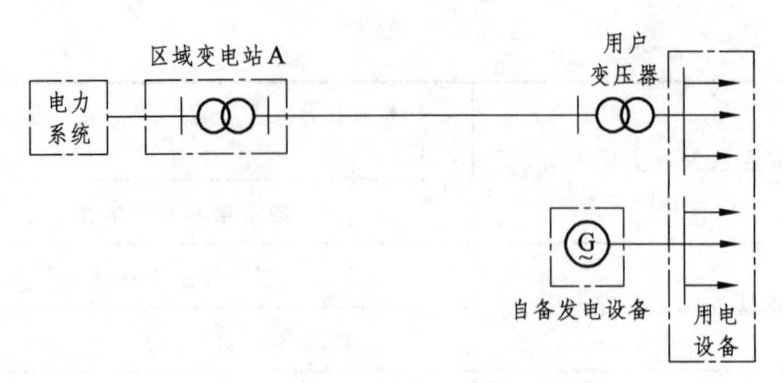

（c）电源一个来自区域变电站，一个为自备发电设备

图 5.1-3　满足一级负荷要求的电源

5. 建筑供配电系统

1）变电所

接受电能、改变电压并分配电能的场所。主要有变压器和开关。见表 5.1-2 所示。

表 5.1-2　常用供配电元件

名称	图例	设备	用途
进户电缆	YJ4-4×70+1×35		电力电缆是用于传输和分配电能的电缆
高压开关柜	AH1 AH2 AH3 AH4		按一定的接线方式，将一、二次设备组装成一个成套配电柜装置
变压器			电力变压器是利用电磁原理工作的，用于将电力系统中的电压升高或降低，以利于电能的合理输送、分配和使用
母线	TMY-4[3×(125×10)]		母线（bus line）指用高导电率的铜（铜排）、铝质材料制成的，用以传输电能，具有汇集和分配电力能力的产品。电站或变电站输送电能用的总导线。通过它，把发电机、变压器或整流器输出的电能输送给各个用户或其他变电所

2）电力线路

建筑供配电线路：高压 10 kV，低压 380 V。见表 5.1-3。

表 5.1-3　常用配管配线

名称	图例	设备	用途
电线	BV 3*4	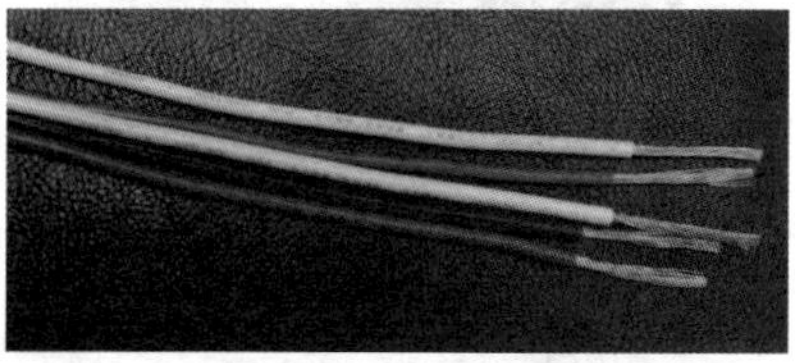	电线是由一根或几根柔软的导线组成，外面包以轻软的护层；用于指传导电流的导线
线槽	MR100*50		线槽又名走线槽、配线槽、行线槽（因地方而异），是用来将电源线、数据线等线材规范的整理，固定在墙上或者天花板上的电工用具。根据材质的不同，线槽按划分多种，常用的有环保 PVC 线槽、无卤 PPO 线槽、无卤 PC/ABS 线槽、钢铝等金属线槽等
桥架	CT100*50		电缆桥架分为槽式、托盘式和梯架式等结构，由支架、托臂和安装附件等组成。主要用于将电缆整齐的排列在里面从一个设备引至另外一个设备时所用的，不会影响建筑物美观。一般大量的电缆我们就会使用电缆桥架

3）配　管

表 5.1-4 为常用配管。

表 5.1-4　常用配管

类型	名称	设备	用途
金属管材	焊接钢管		适应于室内外场所；不适应于严重腐蚀场所
	电线管	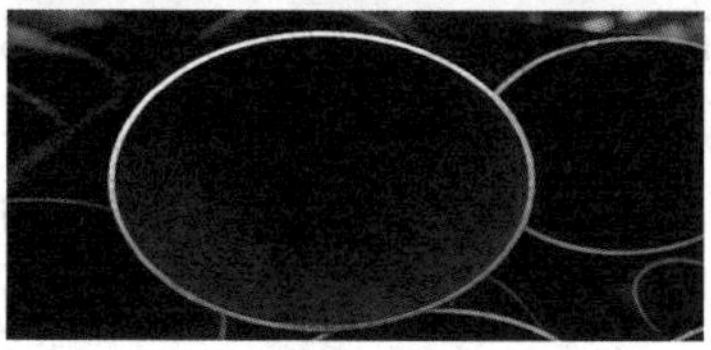	

续表

类型	名称	设备	用途
金属管材	金属软管		
非金属管材	硬质塑料管		适应于室内场所，有酸碱腐蚀性场所； 不适应于有机械碰撞场所
	半硬塑料管	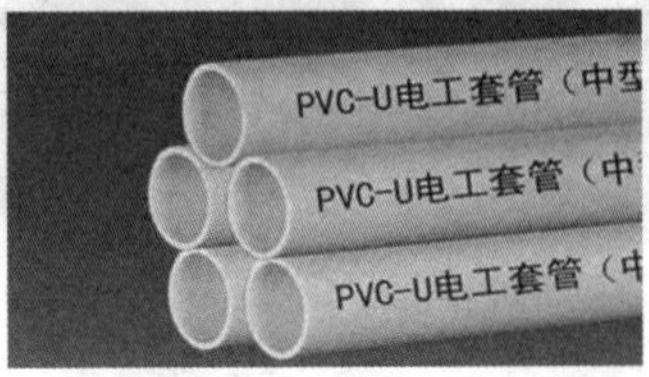	
	塑料软管（波纹管）		

4）低压配电系统

由配电盘（屏）和配电线路组成。见表 5.1-5。

低压配电方式（图 5.1-4）：

（1）放射式：由电源处向用电点（或用电负荷）进行放射，每一电源点可以接两个以上的用电点（或用电负荷）。优点是配电线路故障互不影响供电可靠性较高，检修较为方便；缺点是系统灵活性较差，消耗有色金属较多。一般在下列情况下使用：

① 容量大，负荷集中或重要的用电设备。

② 需要集中连锁启动、停车的设备。

③ 有腐蚀性介质或爆炸危险等环境，不宜将用电及保护设备放在现场者。

（2）树干式：由电源引出干线，同时向若干个用电点（或用电负荷）供电。

优点是配电设备及有色金属消耗较少，系统灵活；缺点是干线故障时影响范围大。一般用于用电设备布置比较均匀，用量不大，又无特殊要求的场合。

（3）混合式：具有放射式与树干式系统的共同特点。一般用于用电设备较多或配电箱多，容量又比较小，分布比较均匀的场合。

（4）链式。

（5）变压器—干线式。

表 5.1-5　常用低压配电装置

名称	图例	设　备	用途
低压开关柜	AA1 AA2 AA3 AA4 AA5 AA6 AA7		开关柜的主要作用是在电力系统进行发电、输电、配电和电能转换的过程中，进行开合、控制和保护用电设备。开关柜内的部件主要有断路器、隔离开关、负荷开关、操作机构、互感器以及各种保护装置等组成
配电箱	AW		配电箱的用途：合理的分配电能，方便对电路的开合操作。有较高的安全防护等级，能直观的显示电路的导通状态

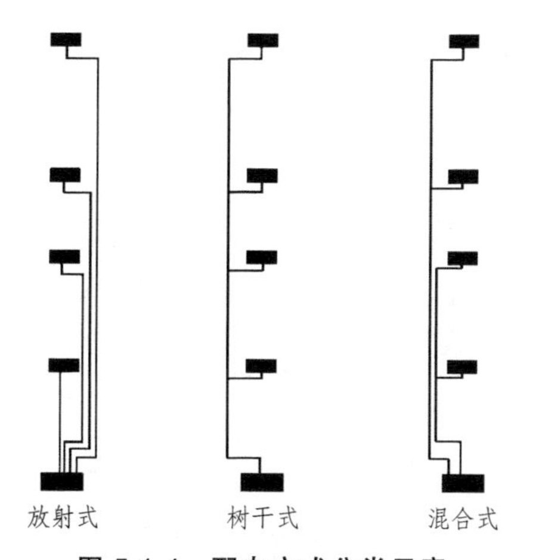

图 5.1-4　配电方式分类示意

第 2 节　建筑供配电系统识图

供配电工程施工图如图 5.2-1 ~ 图 5.2-4 所示。

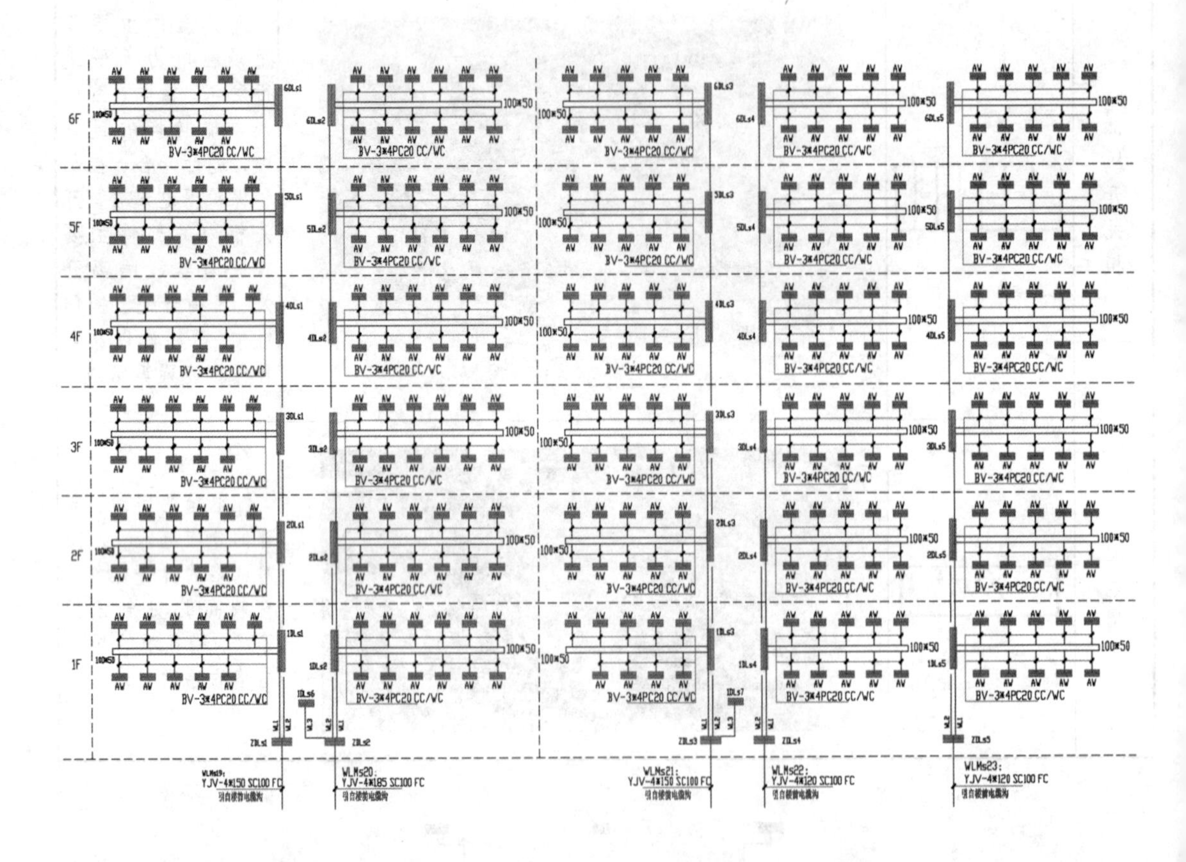

图 5.2-1　配电干线系统

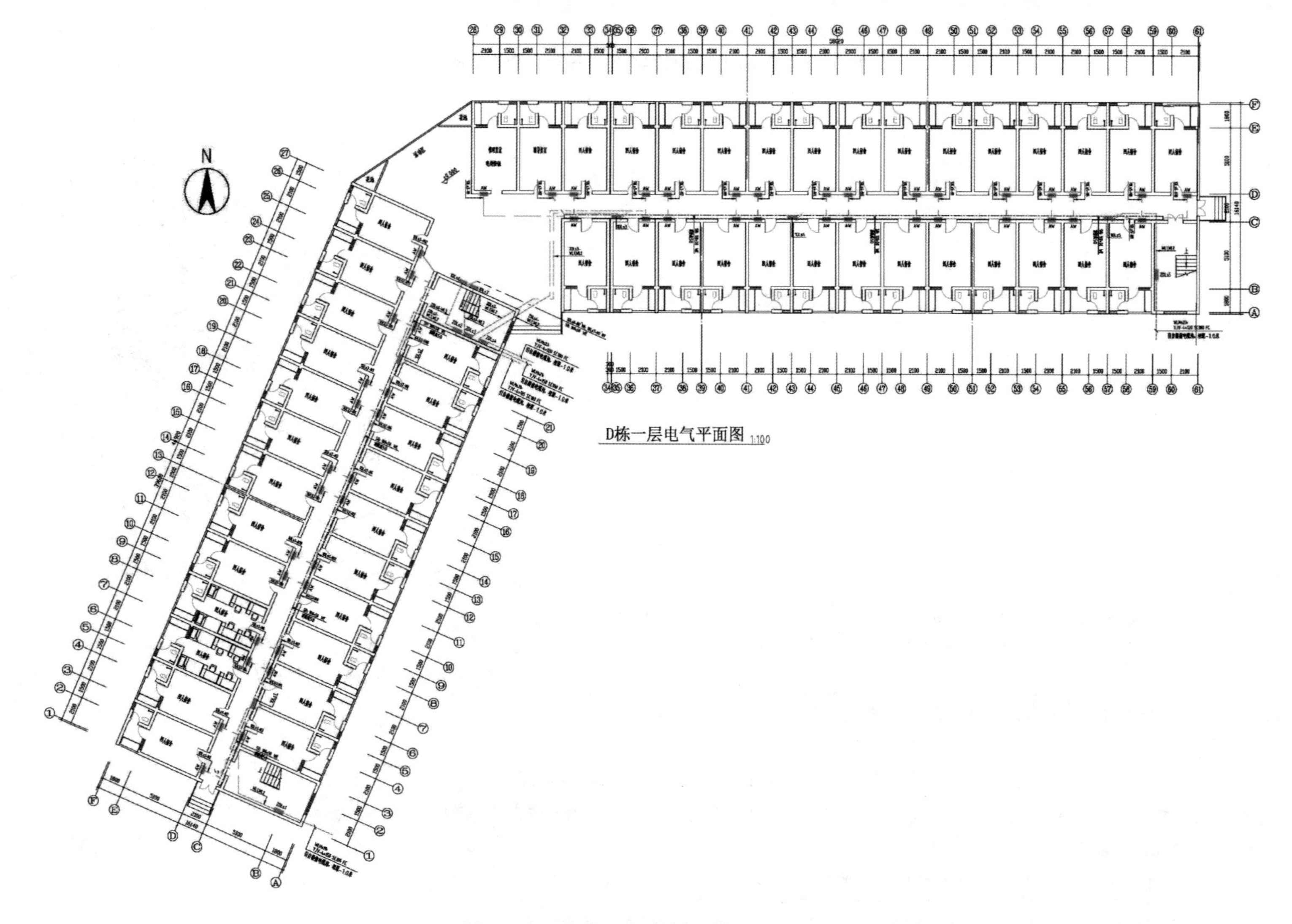

图 5.2-2 宿舍一层电气干线平面图

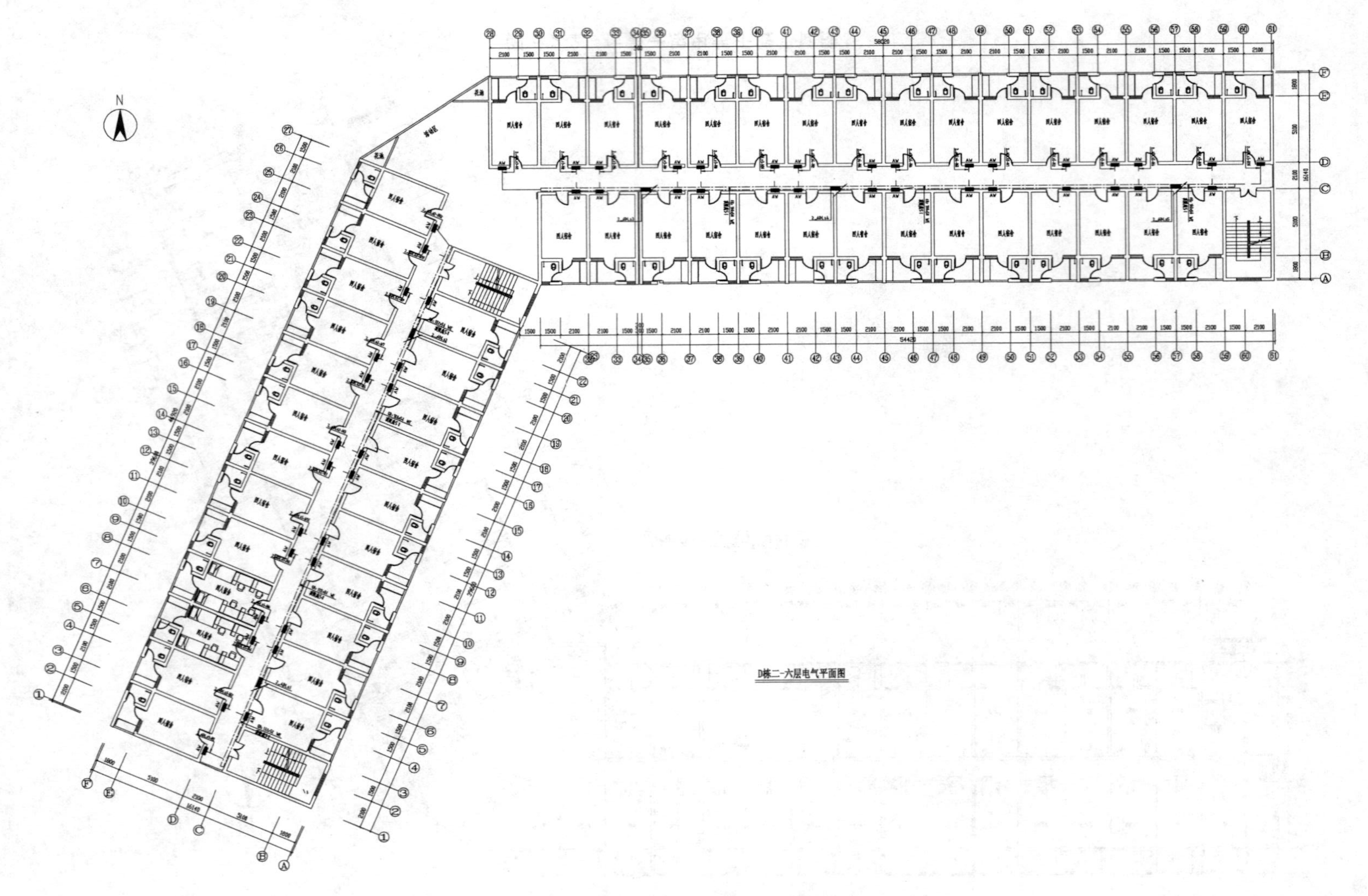

图 5.2-3 宿舍二至六层电气干线平面图

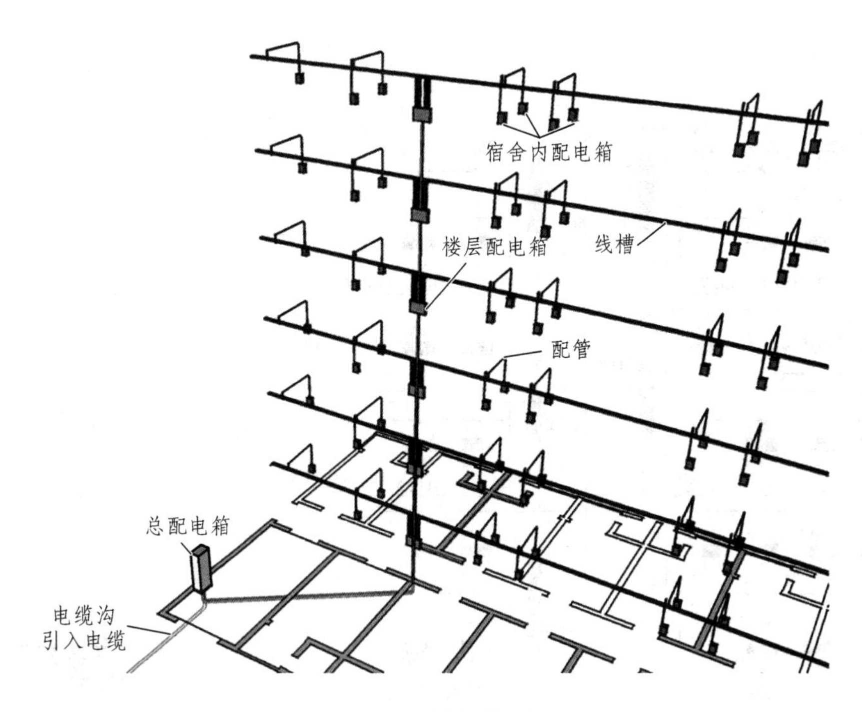

图 5.2-4　宿舍楼配电干线草图

2.1　图纸介绍

由上述图纸可知，宿舍楼的干线系统主要是从室外电缆沟的电缆引入到总配电箱 ZDLs，再由 5 个总配电箱分别给六层的楼层配电箱供电，楼层配电箱给宿舍内配电箱供电。

由配电干线图 5.2-1 可知，共 5 个总配电箱，总配电箱的电来自楼前电缆沟引入，每个总配电箱和楼层配电箱属于树干式和放射式的混合式配电方式。参考图 5.2-4 和图 5.2-5，一到三层楼层配电箱为回路 WL1 树干式串联，四到六层楼层配电箱为回路 WL2 树干式串联，故从 ZDLs1 出来共有两条回路，WL1 和 WL2 为放射式的配电方式，详细参看系统图和平面图。

从楼层配电箱到宿舍内的配电箱配管沿墙暗敷后经过线槽到对应宿舍内的宿舍内配电箱。详见图 5.2-6，ZDLs1 总配电箱对应的楼层配电箱共有 11 条回路连接 11 间宿舍。其他 ZDLs2-5 总配电箱对应的楼层配电箱到宿舍配电箱的布线详见施工图平面图和系统图。相关配电箱信息见表 5.2-1、5.2-2。

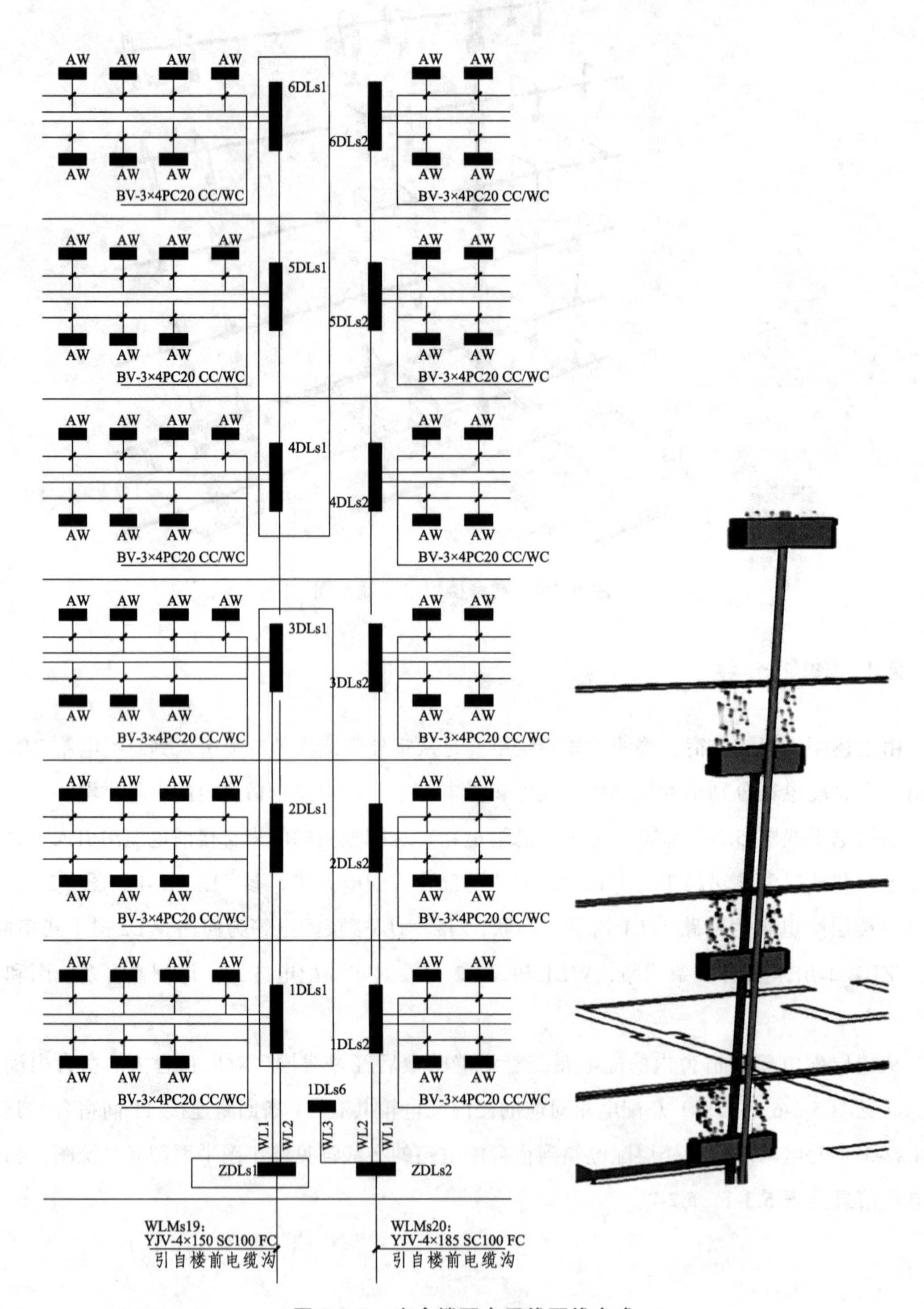

图 5.2-5　宿舍楼配电干线配线方式

进线电缆、线	主开关	相序	回路开关	线路及敷设方式	回路编号	用处
楼层配电箱 1DLs1~6DLs1 YJV-4×70+1×35 PC63 WC	S260/3P,C63 OVR3N-40	L1,N,PE	S260/1P,C20	BV-3×4 PC20 CC/WC	N1	宿舍用电
		L2,N,PE	S260/1P,C20	BV-3×4 PC20 CC/WC	N2	宿舍用电
		L3,N,PE	S260/1P,C20	BV-3×4 PC20 CC/WC	N3	宿舍用电
		L1,N,PE	S260/1P,C20	BV-3×4 PC20 CC/WC	N4	宿舍用电
		L2,N,PE	S260/1P,C20	BV-3×4 PC20 CC/WC	N5	宿舍用电
		L3,N,PE	S260/1P,C20	BV-3×4 PC20 CC/WC	N6	宿舍用电
		L1,N,PE	S260/1P,C20	BV-3×4 PC20 CC/WC	N7	宿舍用电
		L2,N,PE	S260/1P,C20	BV-3×4 PC20 CC/WC	N8	宿舍用电
		L3,N,PE	S260/1P,C20	BV-3×4 PC20 CC/WC	N9	宿舍用电
		L1,N,PE	S260/1P,C20	BV-3×4 PC20 CC/WC	N10	宿舍用电
		L2,N,PE	S260/1P,C20	BV-3×4 PC20 CC/WC	N11	宿舍用电
		L3,N,PE	S260/1P,C20		N12	备 用
宿舍楼层配电箱		1DLs1~6DLs1			Pe=27.5 kW	

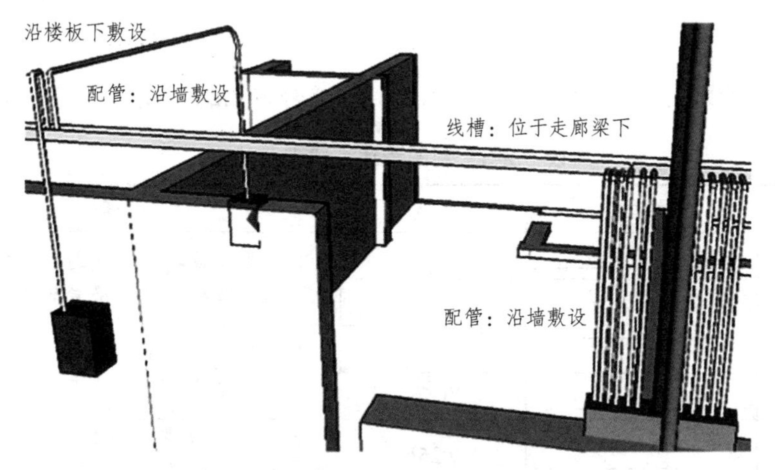

图 5.2-6 楼层配电箱到宿舍配电箱布线方式

表 5.2-1　宿舍楼总配电箱信息

总配电箱	安装方式	尺寸（宽×高×厚）	进线电缆	出线回路数	楼层配电箱
ZDLS1	落地安装（设备基础）	600×1 800×400	YJV-4×150 SC100 FC	WL1/WL2	1DLs1-3DLs1 4DLs1-6DLs1
ZDLS2	落地安装（设备基础）	600×1 800×400	YJV-4×185 SC100 FC	WL1/WL2/WL3	1DLs2-3DLs2 4DLs2-6DLs2 1DLs6
ZDLS3	落地安装（设备基础）	600×1 800×400	YJV-4×150 SC100 FC	WL1/WL2/WL3	1DLs3-3DLs3 4DLs2-6DLs3 1DLs7
ZDLS4	落地安装（设备基础）	600×1 800×400	YJV-4×120 SC100 FC	WL1/WL2	1DLs4-3DLs4 4DLs2-6DLs4
ZDLS5	落地安装（设备基础）	600×1 800×400	YJV-4×120 SC100 FC	WL1/WL2	1DLs5-3DLs5 4DLs2-6DLs5

表 5.2-2　宿舍楼楼层配电箱信息

楼层配电箱系统图编号	配电箱编码	安装方式	尺寸	出线回路数
1	1DLs1-6DLs1	嵌墙安装	600×400×120	11
2	1DLs2-6DLs2	嵌墙安装	600×400×120	12
3	1DLs3	嵌墙安装	600×400×120	9
4	2DLs3～6DLs31DLs4～6DLs41DLs5～6DLs5	嵌墙安装	600×400×120	10
5	1DLs6	嵌墙安装	600×400×120	10
6	1DLs7	嵌墙安装	600×400×120	10

2.2　制图要求

1. 基本规定

建筑电气专业常用的制图图线、线型及线宽宜符合表 5.2-3 要求，参看宿舍施工图。

表 5.2-3　制图图线、线型及线宽

图线名称		线型	线宽	一般用途
实线	粗	————	b	本专业设备之间电气通路连接线、本专业设备可见轮廓线、图形符号轮廓线
	中粗	————	$0.7b$	
			$0.7b$	本专业设备可见轮廓线、图形符号轮廓线、方框线、建筑物可见轮廓
	中	————	$0.5b$	
	细	————	$0.25b$	非本专业设备可见轮廓线、建筑物可见轮廓；尺寸、标高、角度等标注线及引出线

续表

图线名称		线型	线宽	一般用途
虚线	粗		b	本专业设备之间电气通路不可见连接线；线路改造中原有线路
	中粗		$0.7b$	
			$0.7b$	本专业设备不可见轮廓线、地下电缆沟、排管区、隧道、屏蔽线、连锁线
	中		$0.5b$	
	细		$0.25b$	非本专业设备不可见轮廓线及地下管沟、建筑物不可见轮廓线等
波浪线	粗		b	本专业软管、软护套保护的电气通路连接线、蛇形敷设线缆
	中粗		$0.7b$	
单点长画线			$0.25b$	定位轴线、中心线、对称线；结构、功能、单元相同围框线
双点长画线			$0.25b$	辅助围框线、假想或工艺设备轮廓线
折断线			$0.25b$	断开界线

2. 图例符号

见表 5.2-4、5.2-5。

表 5.2-4　常用图例符号

序号	常用图形符号		说　明	应用类别
	形式 1	形式 2		
1		3	导线组（示出导线数，如示出三根导线）group of connections（number of connections indicated）	电路图、接线图、平面图、总平面图、系统图
2			软连接 flexible connection	
3			端子 termninal	
4			端子板 terminal strip	电路图
5			T 形连接 T connection	电路图、接线图、平面图、总平面图、系统图
6			导线的双 T 连接 double junction of conductors	
7			跨接连接（跨越连接）bridge connection	
8			电阻器，一般符号 resistor, general symbol	电路图、接线图、平面图、总平面图、系统图
9			电容器，一般符号 capacitor, general symbol	

表 5.2-5　常用图形符号

元件名称	图形符号	文字符号	元件名称	图形符号	文字符号
变压器		T	热继电器		KB
断路器		QF	电流互感器[①]		TA
负荷开关		QL	电压互感器[②]		TV
隔离开关		QS	避雷器		F
熔断器		FU	移相电容器		C
接触器		QC			

注：① 三个符号分别表示单个二次绕组；一个铁芯、两个二次绕组；两个铁芯、两个二次绕组的电流互感器。
② 两个符号分别表示双绕组和三绕组电压互感器。

3. 文字符号

图样线缆敷设方式、敷设部位的标注按表 5.2-6 和表 5.2-7 所示。

表 5.2-6　常用线缆敷设方式标注

序号	名　称	文字符号	英文名称
1	穿低压液体输送用焊接钢管（钢导管）敷设	SC	Run in welded steel conduit
2	穿普通碳素钢电线套管敷设	MT	Run in electrical metallic tubing
3	穿可挠金属电线保护套管敷设	CP	Run in flexible metal trough
4	穿硬塑料导管敷设	PC	Run in rigid PVC conduit
5	穿阻燃半硬塑料导管敷设	FPC	Run in flame retardant semiflexible PVE conduit
6	穿塑料波纹电线管敷设	KPC	Run in corrugated PVC conduit
7	电缆托盘敷设	CT	Installed in cable tray
8	电缆梯架敷设	CL	Installed in cable ladder
9	金属槽盒敷设	MR	Installed in metallic trunking
10	塑料槽盒敷设	PR	Installed in PVC trunking
11	钢索敷设	M	Supported by messenger wire
12	直埋敷设	DB	Direct burying
13	电缆沟敷设	TC	Installed in cable trough
14	电缆排管敷设	CE	Installed in concrete encasement

表 5.2-7　常用线缆敷设部位标注

序号	名　称	文字符号	英文名称
1	沿或跨梁（屋架）敷设	AB	Along or across beam
2	沿或跨柱敷设	AC	Along or across column
3	沿吊顶或顶板面敷设	CE	Along ceiling or slab surface
4	吊顶内敷设	SCE	Recessed in ceiling
5	沿墙面敷设	WS	On wall surface
6	沿屋面敷设	RS	On roof surface
7	暗敷设在顶板内	CC	Concealed in ceiling or slab
8	暗敷设在梁内	BC	Concealed in beam
9	按敷设在柱内	CLC	Concealed in column
10	按敷设在墙内	WC	Concealed in wall
11	暗敷设在地板或地面下	FC	In floor or ground

2.3　配电箱识读

如图 5.2-7。

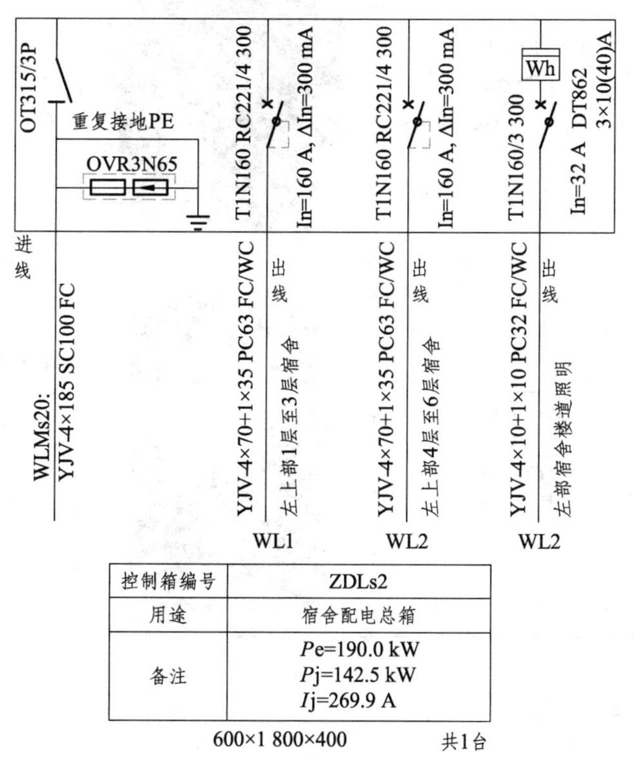

图 5.2-7　总配电箱 ZDLs1

总配电箱 ZDLs1 的组成部分详见表 5.2-8，其他多种元器件请参考相关电气书籍介绍。

表 5.2-8　配电箱配件表示

名　称	符　号	图　片	备　注
配电箱的尺寸	600*1 800*400	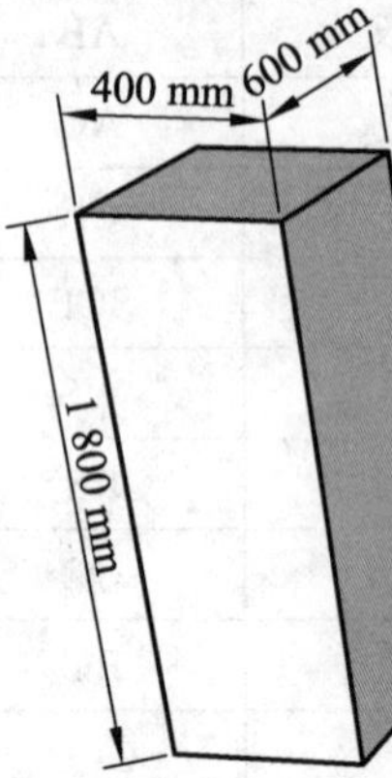 400 mm　600 mm　1 800 mm	落地式配电箱一般放在基础型钢上
配电箱功率，电流	P_e = 165.0 kW P_j = 123.8 kW I_j = 234.4 A		P_e表示额定功率； P_j表示计算功率； I_j表示计算电流； K_x表示使用系数； $\cos\phi$表示功率因数
塑壳断路器	T1N160 RC221/4 300 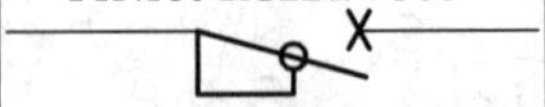 In=160 A，ΔIn=300 mA		壳架电流 160 A，加 RC221 剩余电流保护附件
有功电表	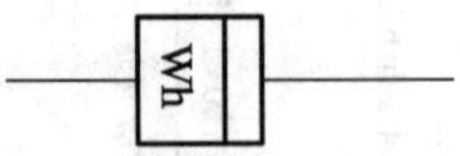 Wh DT862 3×10(40)A		DT862 为规格型号，3×10（40）A 意思是三相是指电流规格 10～40 A，10 A 是基本电流，电流不是恒定不变的，电表是接入用户家庭电路中，最大可以承受 40 A

2.4　配电干线识读

1. 电　缆

图中 YJV-4*150　SC100　FC

性能：ZR-阻燃，NH-耐火。

用途：电力电缆缺省表示，K-控制电缆，P-信号电缆，DJ-计算机电缆。

绝缘层：V-聚氯乙烯，Y-聚乙烯 ，YJ-交联聚乙烯，X-橡皮，Z-纸。

护套层：V-聚氯乙烯，Y-聚乙烯 ，F-氯丁烯，图中 YJV 为交联聚乙烯绝缘层和聚氯乙烯护套层。

图 5.2-8 电缆

规格：以数字表示电缆芯的根数及芯的截面，单位 mm，图中是 4 根截面面积为 150 mm^2 的铜芯导线。

常用导体：铜（T）——用于室内导线（常省略不写）；铝（L）——用于室外架空线路；钢（G）——用于特殊场合的导线（避雷带、避雷针）。

图中 SC100 FC 表示电缆穿直径 100 mm 焊接钢管沿地板暗敷。

2. 电 线

图中 ZR-BV-4*2.5 SC20 CC/WC 该电线为有阻燃性能的电线，B 表示布线，BV-4*2.5 表示 4 根截面面积为 2.5 mm^2 的铜芯导线，聚氯乙烯绝缘层穿直径为 20 mm 的焊接钢管沿天棚和墙暗敷。其他电线回路参考次电线回路。

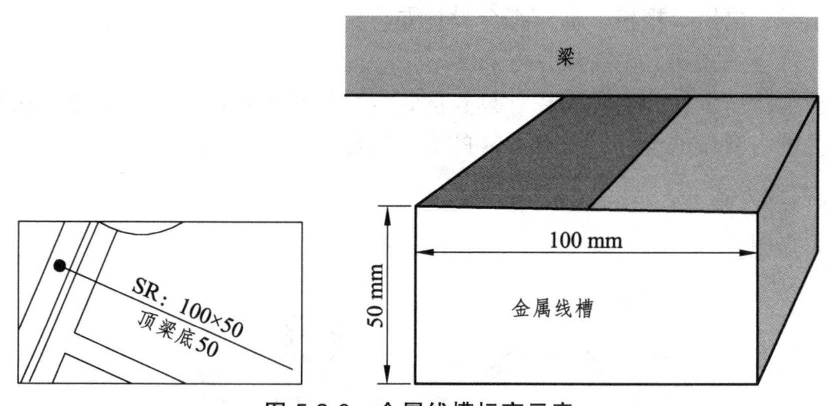

图 5.2-9 金属线槽标高示意

3. 桥架、线槽

图中所示为金属线槽，正确写法是 MR，线槽宽截面宽 100 mm，高 50 mm。线槽顶部距离梁底部的距离为 50 mm。一层楼层层高为 3 300 mm，如果梁高为 300 mm，则线槽的底标高为 2.900 m。

4. 配 管

图中的配管由 SC100 和 PC63、PC32 等规格。详细材质参看表 4-2。由模型图中可知总配电箱的进户线和到楼层配电箱的配管都是暗敷在地板中，暗敷在地板中的配管及敷设在天棚或楼板中的配管都走两点间的最短距离，可斜向敷设，但是配管沿墙敷设时要垂直或水平敷设。

第3节　建筑供配电系统施工工艺

3.1　电气系统施工流程

如图 5.3-1。

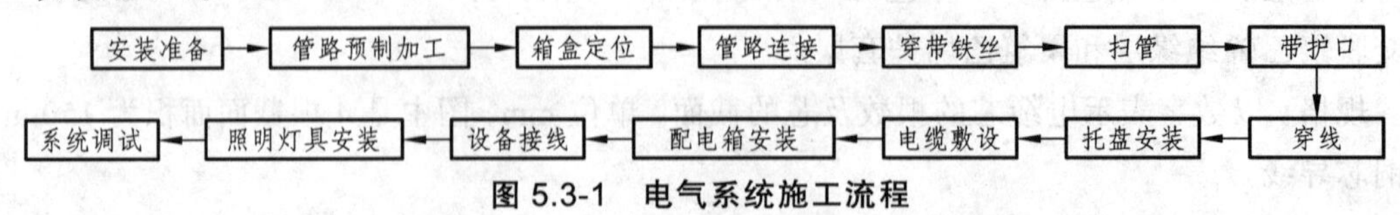

图 5.3-1　电气系统施工流程

3.2　供配电系统施工工艺

1. 变电所

10 kV 高压进户电缆。

1）进户电缆安装前的检查项目

电缆通道是否通畅；

电缆的金属部分的防腐层是否完整；

电缆的型号、电压、规格、都应符合设计要求；

电缆的外观应无损伤、绝缘层良好；

电缆敷设前应按设计和实际路径计算长度，合理安排每盘电缆，减少电缆接头；

在带电区域内敷设电缆时，应有可靠的安全措施。

2）电缆敷设方式

电缆牵引如图 5.3-2。

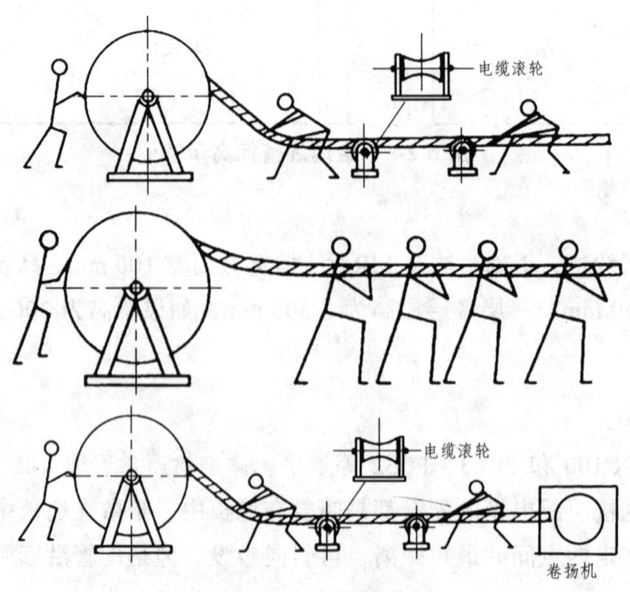

图 5.3-2　电缆的牵引

（1）电缆直埋敷设（图 5.3-3）

安装工艺流程：准备工作→挖电缆沟→直埋电缆→铺砂盖砖→盖盖板→埋标桩。

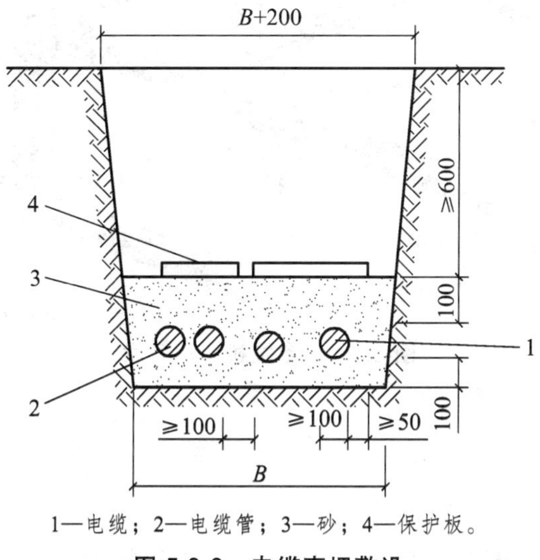

1—电缆；2—电缆管；3—砂；4—保护板。

图 5.3-3 电缆直埋敷设

（2）电缆沟内敷设（图 5.3-4）

安装工艺流程：准备工作→电缆沿电缆沟敷设→挂标志牌。

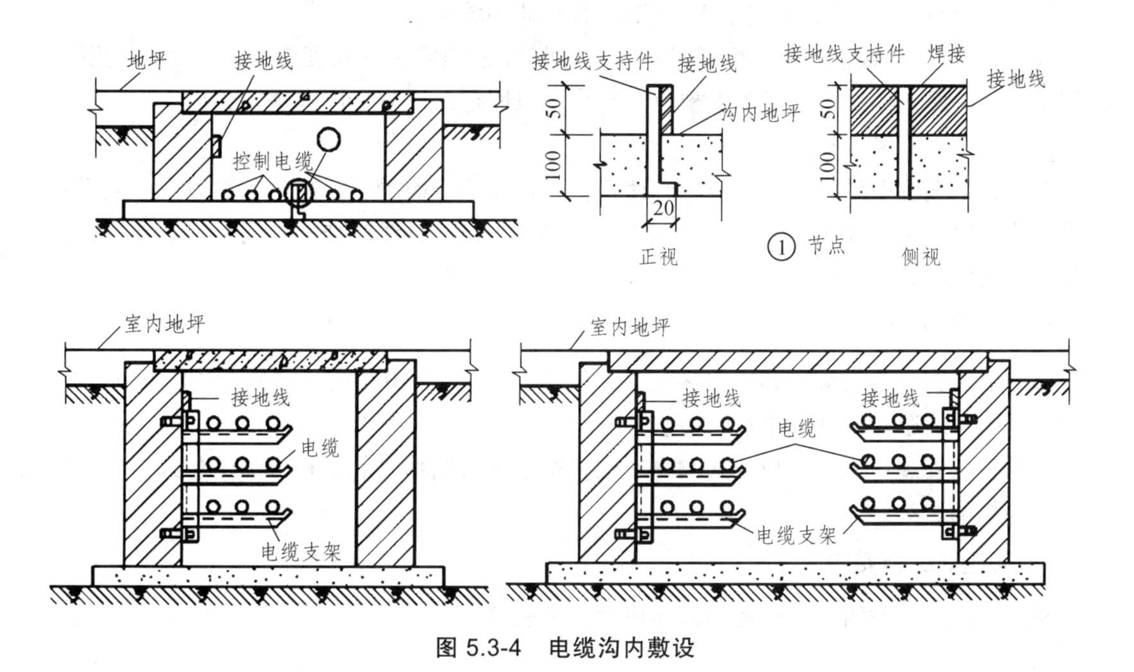

图 5.3-4 电缆沟内敷设

（3）电缆桥架内敷设（图 5.3-5）

安装工艺流程：准备工作→弹线定位→预留孔洞、支吊架、预埋铁→支吊架固定→保护接地→电缆敷设→绝缘检查→挂标志牌→防火堵料。

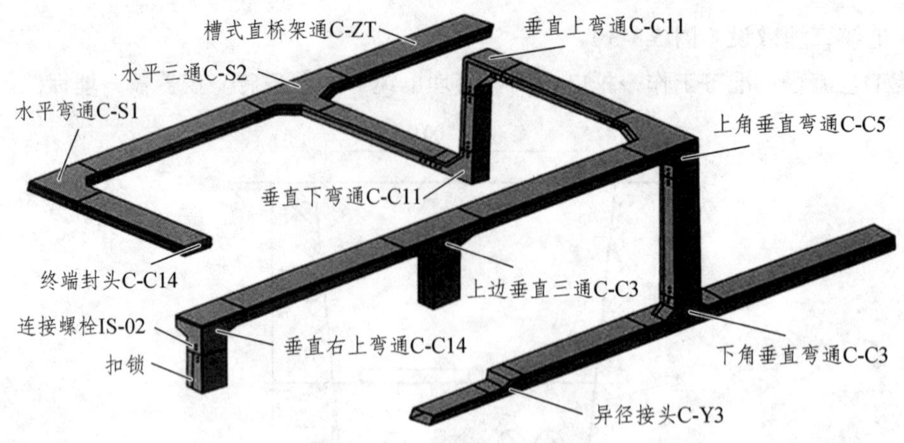

图 5.3-5 电缆桥架内敷设

3）电缆穿管敷设

（1）明敷设要求：

① 管道应排列整齐，横平竖直。

② 其全长水平及垂直偏差一般应不大于电缆管外径的 1/2。

③ 明敷电缆管时应安装固定，与建筑物表面之间的距离应不小于 10 mm；不宜将管子直接焊在支架上。

④ 电缆管支持点间的距离，当设计无规定时，不宜超过 3 m。

⑤ 当塑料管的直线长度超过 30 m 时，宜加装伸缩节。

⑥ 钢管穿入接线盒、盘、柜、箱等设备内部时，管口露出的长度应在 5 ~ 10 mm 范围内，并用带有绝缘衬垫的锁紧螺母加上橡皮密封垫予以固定，以防止雨水进入箱内。

（2）明敷设路径选择：

在选择电缆管敷设路径时，应考虑使管材用量少、弯曲少、穿越基础次数少。当设备位置尚未确定时，不应埋设电缆管，电缆管口应尽量与设备进线对准，排列整齐。穿过楼板、混凝土地板的电缆管应与地面垂直。

4）电缆头安装

电力电缆头分为终端头和中间接头，是输变电电缆线路中的重要部件，它的作用是绝缘、分散电缆头外屏蔽切断处的电场、防水等。

电缆头按安装场所分有户内式和户外式，按电缆头制作安装材料分为干包式、环氧树脂浇注式和热缩式等。

5）高压开关柜安装

将一、二次设备组合在一起的高压成套配电装置。

（1）类型：

① 固定式、手车式（移开式）。

② 开启式、封闭式。

③ 断路器柜、互感器柜、计量柜、电容器柜。

（2）安装工艺流程：

基础型钢制作安装→柜搬运、吊装→母线、电缆压接→柜内配线、校线→盘柜调试→试运验收。

每台高压开关柜及基础型钢均应与接地母线连接。

6）变压器安装

（1）类型：

油浸式、干式和充气式（高层建筑内常用干式变压器）。

常用型号：三相油浸式有 SL 型、S9 型，干式有 SC 型、SCL 型 SG 型等。

（2）安装工艺流程：

变压器及附件进场→器身检查→本体及附件安装→接地（接零）支线敷设→电气试验→注油→整体密封检查→试运行。

7）母　线

母线是在变电所中各级电压配电装置的连接，以及变压器等电气设备和相应配电装置的连接，大都采用矩形或圆形截面的裸导线或绞线。

（1）类型：

带形母线、封闭式母线槽。

（2）安装工艺流程：

准备工作→放线测量→支架制安→绝缘子安装→母线加工、安装→涂色漆→检查送电。

2. 电力线路

1）类　型

绝缘导线、裸线。

2）组　成

绝缘层、线芯。

3）室内配线原则

安全、可靠、方便、美观、经济。

4）配线要求

（1）规范规定管内导线的总截面（含外护层）不应超过管子截面积的 40%，导线不应超过 8 根。

（2）绝缘导线的额定电压不低于 500 V。

（3）管内导线的总面积不应大于管内截面面积的 40%。

（4）导线在管内不应有接头和扭结，接头放在接线盒内。

（5）同一交流回路的导线必须穿于同一管内。

（6）不同回路、不同电压和不同电流种类的导线，不得同管。

但下列情况除外：

（1）电压 50 V 及以下。

（2）同一台设备的电源线和无抗干扰要求的控制线。

（3）同一花灯的所有回路。

（4）同类照明的多个分支回路。但管内导线不应超 8 根。

5）导线的连接

（1）10 mm^2 及以下单股可直接与设备端子连接。

（2）2.5 mm^2 及以下多股铜芯线应先拧紧、搪锡或压接端子后再与设备端子连接。

（3）多股铝芯线和截面大于 4 mm^2 的多股铜芯线应焊接或压接端子后再与设备端子连接。如图 5.3-6。

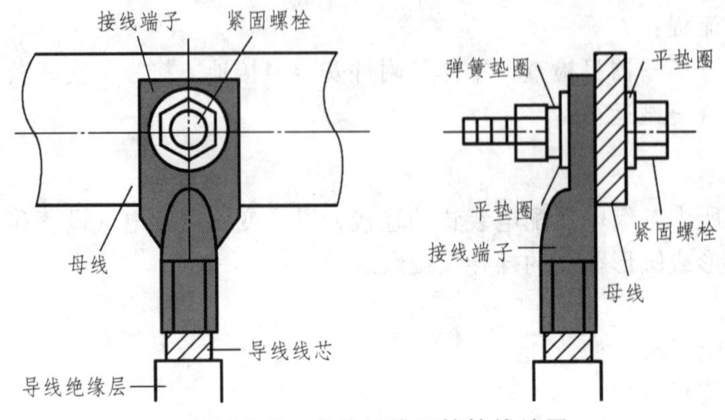

图 5.3-6　多芯导线压接接线端子

3. 配　管

1）敷设方式（图 5.3-7）

（1）明敷设——明配管造价低，施工与维修均十分方便。

（2）暗敷设——暗配管敷设对建筑结构的影响比较小，同时可避免导线受腐蚀气体的侵蚀和遭受机械损伤，更换导线也方便。

图 5.3-7　配管敷设

2）配管要求

根据《电气装置安装工程 1 kV 及以下配线工程施工及验收规范》（GB 50258—96），各种配管均应符合如下规定：

（1）敷设于多尘和潮湿的电线保护管，管口及各连接处均应做密封处理。

（2）暗配管宜沿最近的路径敷设，并减少弯曲。

保护管与建筑物表面的距离不应小于 15 mm。

（3）进入落地配电箱管路，应排列整齐，管口高出基础面 50 ~ 80 mm。

（4）埋入地下的管路不宜穿过设备基础，穿过建筑基础时，应加保护管。

配至用电设备的管子，管口高出地坪 200 mm 以上。

（5）保护管的弯曲处，不应有折皱、凹陷和裂缝，弯扁度不大于管径的 10%。弯曲半径符合下列规定：

① 明敷时：弯曲半径不小于管外径的 6 倍；两接线盒间只有一个弯时，弯曲半径不小于管外径的 4 倍。

② 暗敷时：弯曲半径不小于管外径的 6 倍；当敷设于地下或混凝土楼板内时，弯曲半径不小于管外径的 10 倍。

（6）水平敷设管路如遇下列情况之一时，中间应增设接线盒（拉线盒），且接线盒的安装位置应便于穿线（不含管子入盒处的 90°曲弯或鸭脖弯）。如不增设接线盒，也可以增大管径。

① 管子长度每超过 30 m，无弯曲。

② 管子长度每超过 20 m，有 1 个弯曲。

③ 管子长度每超过 15 m，有 2 个弯曲。

接线盒如图 5.3-8。

（7）垂直敷设的管路如遇下列情况之一时，应增设固定导线用的接线盒：

① 导线截面 50 mm^2 及以下，长度每超过 30 m。

② 导线截面 70 ~ 95 mm^2，长度每超过 20 m。

③ 导线截面 120 ~ 240 mm^2，长度每超过 18 m。

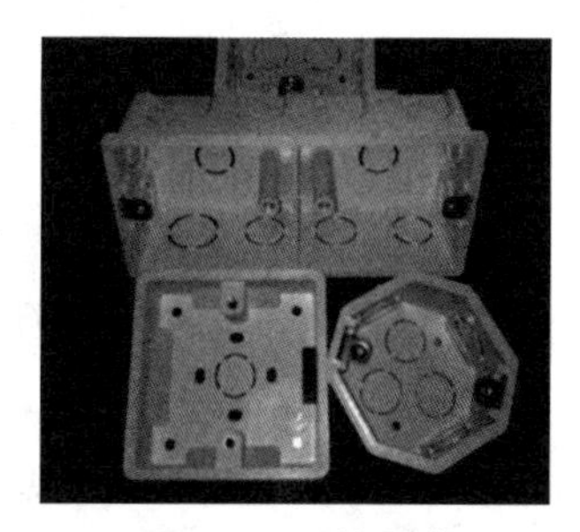

图 5.3-8　接线盒

3）管路连接

（1）管与管的连接（图 5.3-9）

① 金属管

a. 螺纹：长度不应小于管接头长度的 1/2，连接后螺纹外露 2 ~ 3 扣。

b. 套管熔焊连接：只适应壁厚大于 2 mm 的非镀锌钢管。套管长度宜为管外径的 1.5～2 倍。

c. 套接紧定式：使用配套的直接头和弯头，用紧定螺钉固定。

d. 套接扣压式：适用薄壁钢管，使用配套的直接头和弯头，用专用工具扣压。

② 塑料管

粘接或热风焊接。

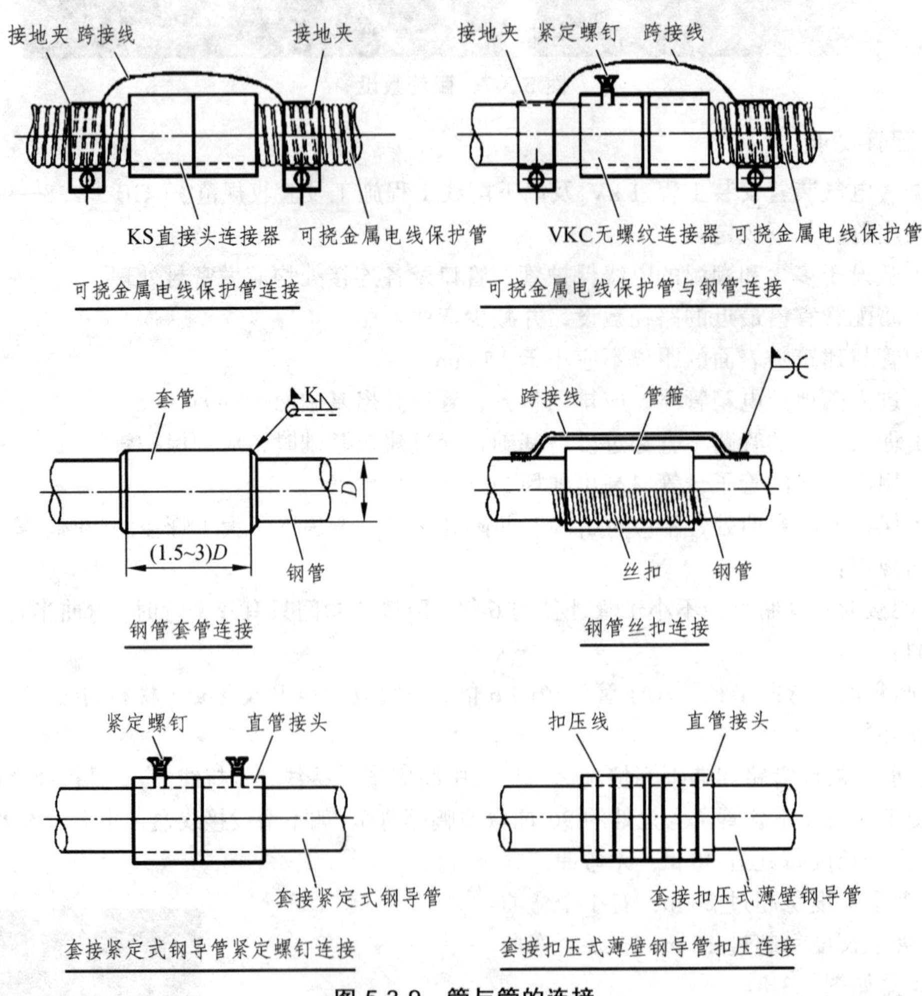

图 5.3-9 管与管的连接

（2）管与盒（箱）的连接（图 5.3-10）

① 金属管

a. 厚壁非镀锌管与盒（箱）的连接：焊接。

b. 镀锌管与盒（箱）的连接：锁紧螺母固定或护圈帽固定。

② 塑料管

a. 塑料管与盒（箱）的连接：入盒接头和锁扣固定。

b. 管端部和接头处的结合面应涂专用胶。

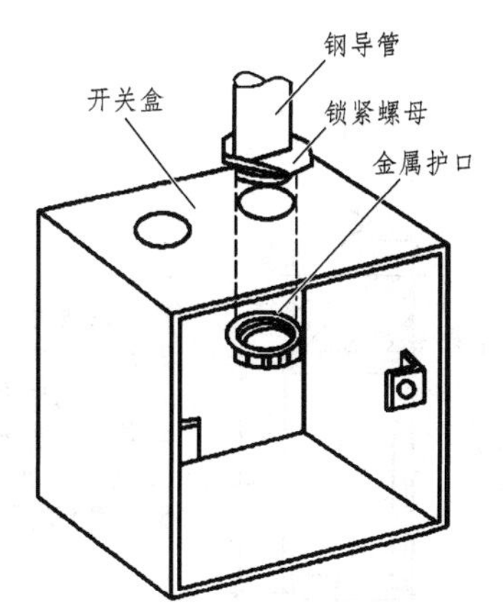

图 5.3-10　管与盒（箱）的连接

4. 低压配电系统

1）低压开关柜

低压开关柜按结构形式不同可分为固定式、抽屉式、混合安装式等。其型号如图 5.3-11。

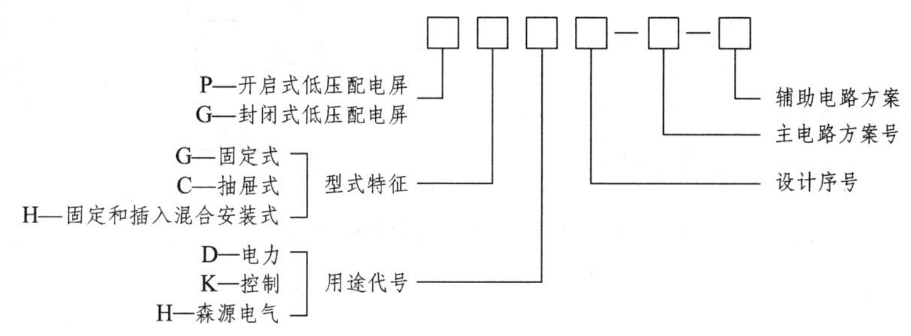

图 5.3-11　低压开关柜型号

2）配电箱

（1）落地安装（图 5.3-12）

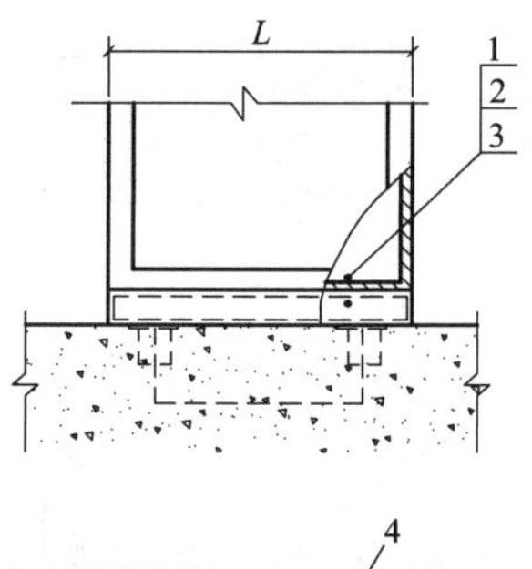

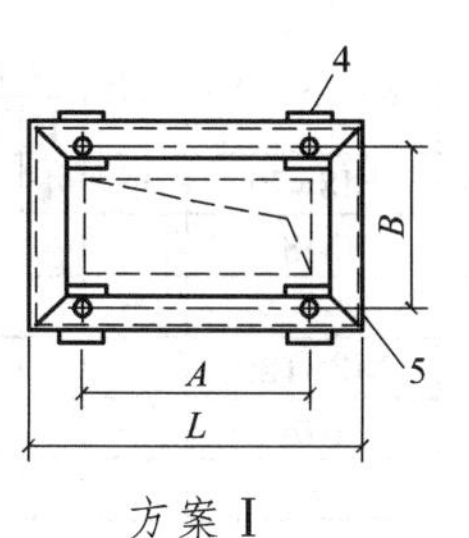

方案 I

材料表

编号	名　称	型号及规格	单位	数量		页次	备　注
				I	II		
1	螺　栓	M6×30	个				数量依工程设计
2	螺　母	M6	个				数量依工程设计
3	垫　圈	6	个				数量依工程设计
4	预埋铁件	−100×100	块			77	数量依工程设计
5	槽　钢	[10	根	4			长度依工程设计
6	槽　钢	[10	根		4		长度依工程设计

图 5.3-12　落地配电箱基础示意图

（2）嵌墙安装（图 5.3-13）

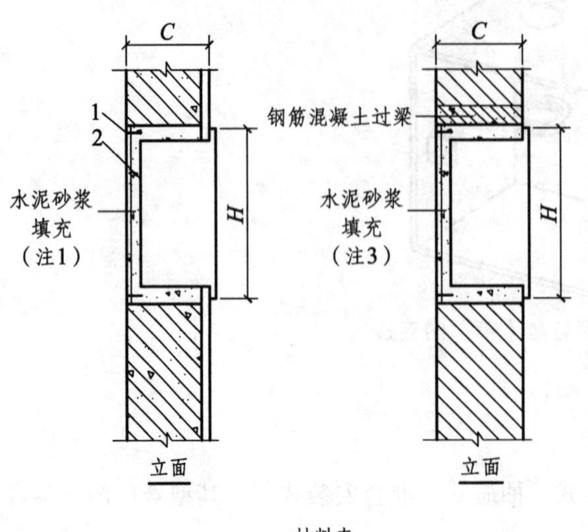

附注：
1. 本图适用于配电箱、插座箱等嵌墙安装。
2. 图中尺寸C、H、L见附录或设备产品样本。
3. 当水泥砂浆厚度<30 mm时，须钉铁丝网以防开裂。
4. 箱体宽度>600 mm时宜加预制混凝土过梁。
（过梁设计由结构专业完成）
5. 方案Ⅰ适用于混凝土墙；方案Ⅱ适用于实心砖墙。

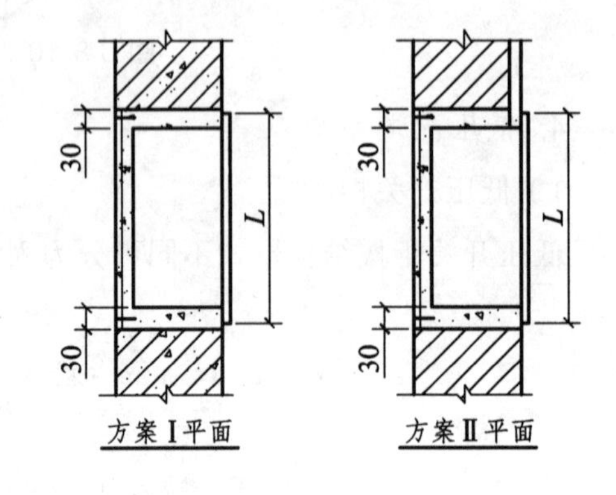

材料表

编号	名称	型号及规格	单位	数量		页次	备注
				Ⅰ	Ⅱ		
1	钢钉	7号	个	4	4		
2	铁丝网	0.5厚	块	1	1		

图 5.3-13　配电箱嵌墙安装

（3）悬挂安装（图 5.3-14）

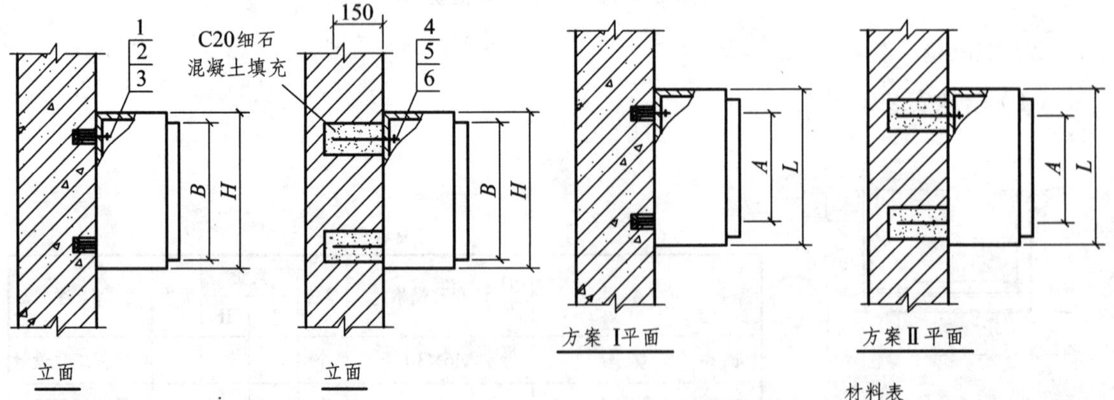

附注：
1. 本图适用于悬挂式配电箱、起动器、电磁起动器、HH系列负荷开关及按钮等安装。
2. 图中尺寸A、B、H、L见附录或设备产品样本。
3. 方案Ⅰ适用于混凝土墙；方案Ⅱ适用于实心砖墙

材料表

编号	名称	型号及规格	单位	数量	
				Ⅰ	Ⅱ
1	膨胀螺栓	M8×70	个	4	
2	螺母	M8	个	4	
3	垫圈	8	个	4	
4	螺栓	M8×180	个		4
5	螺母	M8	个		4
6	垫圈	8	个		4

图 5.3-14　配电箱悬挂安装

本章小结

本章主要讲给排配电干线系统组成，以宿舍楼室内给水系统为例讲解施工图的阅读步骤及阅读方法。图纸的阅读要以计量与计价为目的，根据配电干线系统的定额和清单组成阅读施工图，为计量与计价服务。同时施工工艺的讲解也围绕接下来的计量与计价讲解。

课后作业

一、单选题

1. 照明配电箱的代号是（　　）。

A. AP　　B. AW　　C. AL　　D. PL

2. 照明回路的代号是（　　）。

A. WL　　B. WP　　C. JL　　D. XL

3. 电气干线系统一共有（　　）根进户电缆。

A. 2　　B. 3　　C. 4　　D. 5

4. 配电总箱的安装方式为（　　）。

A. 嵌入式　　B. 悬挂式　　C. 落地式　　D. 壁装式

5. 楼层配电总箱的安装方式为（　　）。

A. 悬挂式　　B. 嵌入式　　C. 落地式　　D. 壁装式

6. 直埋敷设的电缆与铁路、公路或街道交叉时，应穿于保护管，且保护范围超出路基、街道路面两边以及排水沟边（　　）以上。

A. 0.3　　B. 0.5　　C. 0.7　　D. 1.0

二、多选题

1. 电气设备和电气生产设施的下列金属部分中的（　　）可不接地。

A. 安装在已接地的金属架构上的设备（应保证电气接触良好），如套管等

B. 标称电压 220 V 及以下的蓄电池室内的支架

C. 在木质、沥青等不良导电地面的干燥房间内，交流标称电压 220 V 及以下、直流标称电压 240 V 及以下的电气设备外壳，但当维护人员可能同时触及电气设备外壳和接地物件时除外

D. 安装在配电屏、控制屏和配电装置上的电测量仪表、继电器和其他低压电器等的外壳以及当发生绝缘损坏时在支持物上不会引起危险电压的绝缘金属底座等

2. 系统接地的型式有（　　）系统。

A. TN　　B. TT　　C. TS　　D. IT

3. 下列几种情况中，电力负荷应为一级负荷的是（　　）。

A. 中断供电将造成人身伤亡

B. 中断供电将在经济上造成重大损失

C. 中断供电将造成较大政治影响

D. 中断供电将造成公共场所秩序混乱

三、填空题

1. 电缆的埋深为（　　　　）。
2. 电箱基础槽钢的工程量如何计算：（　　　　　　　　）。

四、识图题

识图 1，回答下列问题。

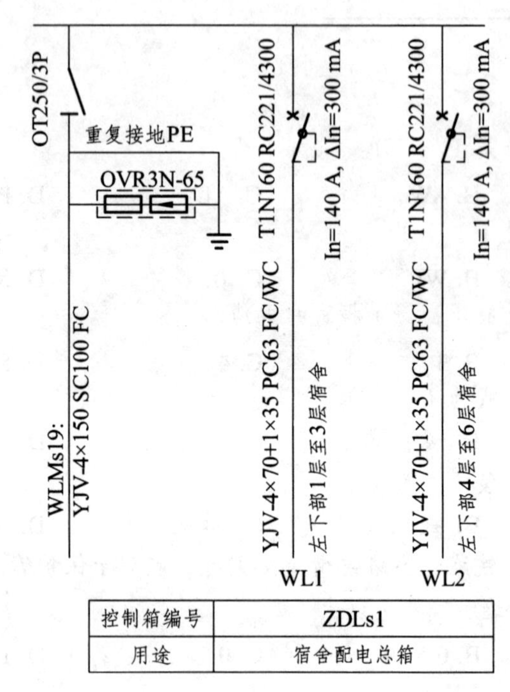

控制箱编号	ZDLs1
用途	宿舍配电总箱

图 1

1. 如图 1 所示，ZDLs1 的进户电缆采用（　　　　　　　　）。
2. 如图 1 所示，WLMs19 回路所采用的敷设方式是（　　）。

   A. 沿天棚顶敷设　　B. 暗敷在墙内

   C. 暗敷在地板内　　D. 沿屋架梁敷设
3. 如图 1 所示，WLMs19 回路所采用的管材是（　　）。

   A. 金属线槽

   B. 焊接钢管

   C. 硬聚氯乙烯塑料管

   D. 金属软管
4. 如图 1 所示，ZDLs1 的出箱有几个回路，它们的配电方向采用（　　　　　　）。
5. 如图 1 所示，ZDLs1 的配电方式为（　　）。

   A. 树干式　　B. 混合式

   C. 放射式　　D. 链式

6. 如图 1 所示，WL1 回路所采用敷设方式是（　　）。
   A. 先暗敷在地板内，然后暗敷在墙内
   B. 暗敷在墙内
   C. 暗敷在地板内
   D. 沿顶板敷设
7. 如图 1 所示，WL1 回路所采用的管材是（　　）。
   A. 电缆桥架
   B. 硬聚氯乙烯塑料管
   C. 塑料软管
   D. 电线管
8. 如图 1 所示，WL1 回路所采用电缆是（　　）。
9. 如图 1 所示，ZDLs1 的重复接地线的横截面积该如何计算：
   （　　　　　　　　　　　　　　　　　　　　　　　　　　）。

五、问答题

1. 简述电气工程强电、弱电的作用和特点，并举例说明常见的强电、弱电包含哪些系统。

2. 简述常用变压器的类型、特点及其适用场合。

课后作业答案

一、单选题

CADCBA

二、多选题

1. ABD　　2. ABC　　3. AB

三、填空题

1. －1.00 m　　2. 基础型钢 10#工程量＝2×（配电箱底面长宽之和）

四、识图题

1～5. CBBAB

6. YJV-4×70＋1×35，4 根截面面积为 70 mm^2 和一根 35 mm^2 的铜芯、交联聚乙烯绝缘层、聚乙烯护套层、电力电缆

7. 进户电缆的最大单芯横截面积在 35～400 mm^2 之内时，接地线的横截面积为 $S/2$

五、问答题

1. 答：（1）建筑电气（强电）。

作用：电能的分配和使用，如变配电系统、动力系统、照明系统、防雷接地系统等。

特点：电压高、电流大、频率低，主要考虑的问题是节能、安全。

（2）智能建筑（弱电）。

作用：信息的传递与控制，如智能建筑系统、电视电话系统、网络系统。

特点：电压低、电流小、频率高，主要考虑的问题是信息传递效果。

2. 答：（1）干式变压器：体积小，质量轻，占地空间少，安装费用低；广泛用于局部照明、高层建筑、机场、码头 CNC 机械设备等场所。

（2）油浸式变压器：体积大，容量大，散热好，价格便宜；广泛用于独立变电所。

第六章　电气照明系统

教学内容：

（1）电气照明系统概述。

（2）电气照明系统识图。

（3）电气照明系统施工工艺。

教学目的：系统讲解电气照明系统。

知识目标：掌握电气照明系统识图和施工工艺，了解其基本概念。

能力目标：运用所学的知识读懂电气照明系统工程施工图，熟悉其施工工艺。

教学重点：识读电气照明系统工程施工图。

第 1 节　电气照明系统概述

1.1　电气照明系统的概念

电气照明系统，通俗地说就是为建筑物提供照明的电线线路和开关、灯、插座等，也就是由电源引向室内的配电线路，包括灯具。专业上分为普通照明、应急照明、疏散照明、景观照明、泛光照明等。

1.2　电气照明系统的组成

电气照明系统主要由三部分组成：低压电器、配管配线、照明灯具。

1. 控制设备与低压电器

电气照明系统中常用的控制设备与低压电器主要有配电箱、控制开关、照明开关、插座等。

1）配电箱

常用的配电箱如表 6.1-1 所示。

表 6.1-1　常用的配电箱（或控制箱）

序号	名称	图例	用途	工程图片
1	分户电表箱	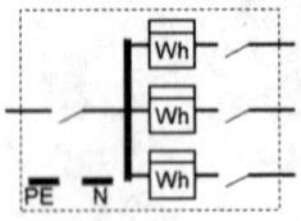 Wh Wh Wh PE N	安装方式可分为：悬挂式、嵌入式；常安装在楼层电井内。用于查看及控制各个用户的用电	
2	照明配电箱	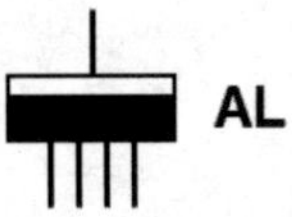 AL	安装方式可分为：悬挂式、嵌入式、落地式；常安装入户处。用于控制室内各个回路的用电	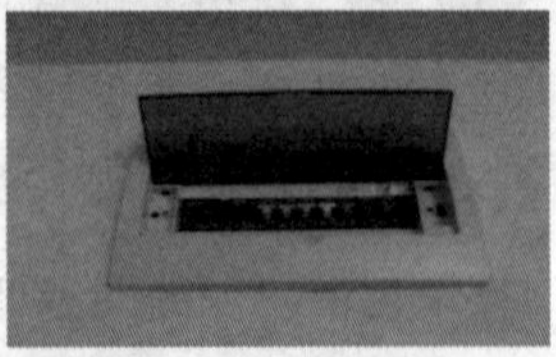
3	应急照明配电箱	 ALE	安装方式可分为：悬挂式、嵌入式、落地式；常装于控制室或电井	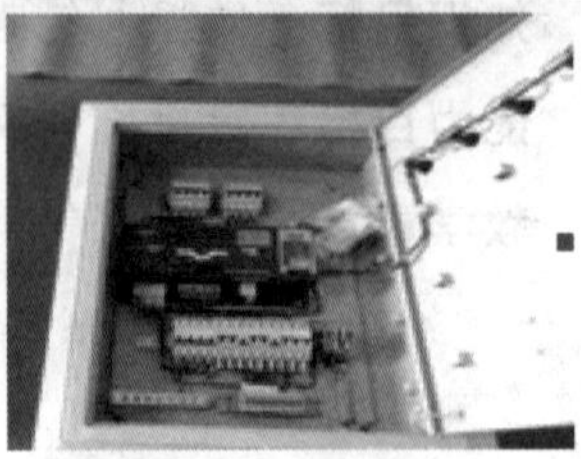

2）控制开关

常用的控制开关如表 6.1-2 所示。

表 6.1-2　常用的控制开关

序号	名称	图例	用途	工程图片
1	三极自动空气开关	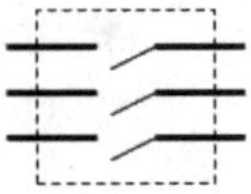	又称自动空气断路器，它集控制和多种保护功能于一身。除了能完成接触和分断电路外，尚能对电路或电气设备发生的短路、严重过载及欠电压等进行保护，同时也可以用于不频繁地启动电动机	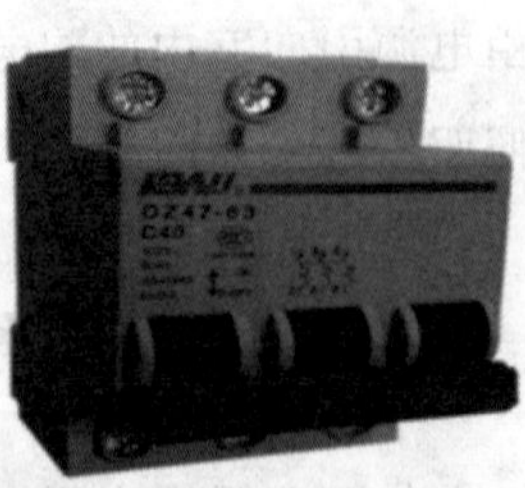
2	双极自动空气开关	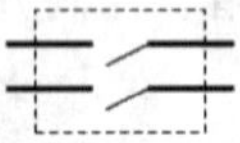		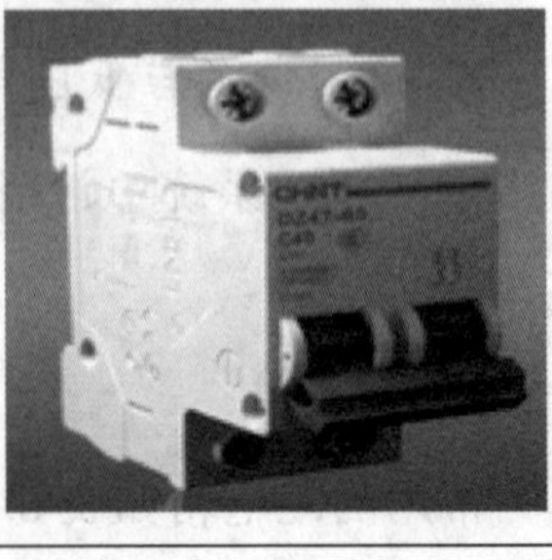

续表

序号	名称	图例	用途	工程图片
3	单极自动空气开关		又称自动空气断路器，它集控制和多种保护功能于一身。除了能完成接触和分断电路外，尚能对电路或电气设备发生的短路、严重过载及欠电压等进行保护，同时也可以用于不频繁地启动电动机	
4	三相漏电保护开关	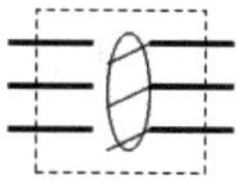	是指可将主电路接通或断开，而且具有对漏电流检测和判断的功能，当主回路中发生漏电或绝缘破坏时，漏电保护开关可根据判断结果将主电路接通或断开的开关元件	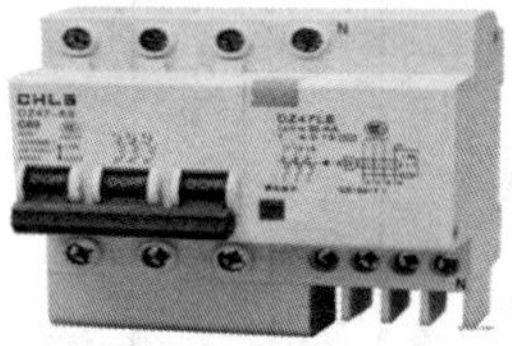
5	单相漏电保护开关			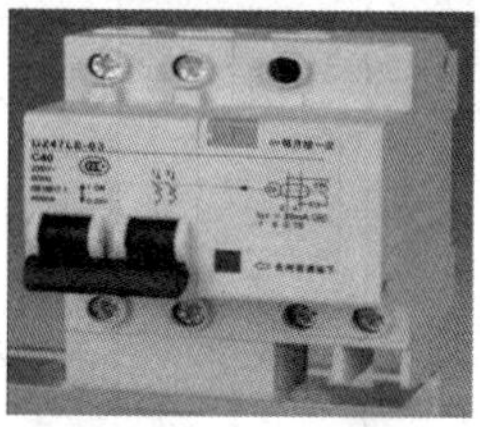
6	风机盘管三速开关		区分液晶显示和机械式	

3）照明开关

常用的照明开关如表 6.1-3 所示。

表 6.1-3 常用的照明开关

序号	名称	图例	用途	工程图片
1	翘板单联单控开关		用于照明灯具用电的控制，此图例为单联和双联开关	
2	扳式、明装照明开关		用于照明灯具及风扇和其他小电器的用电的控制	

续表

序号	名称	图例	用途	工程图片
3	翘板双联单控开关		用于照明灯具用电的控制，两块翘板分别控制两盏不同的灯	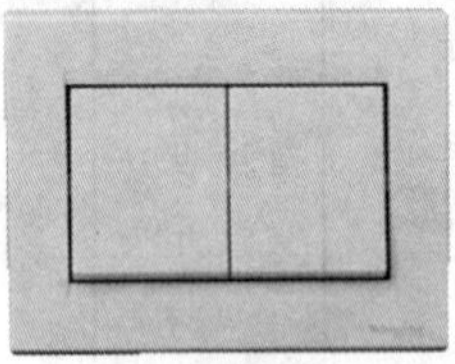
4	翘板三联开关暗装		三块翘板分别控制三盏不同的灯	
5	单联双控开关		一般用两个开关同时控制一盏灯的开关就是单联双控开关	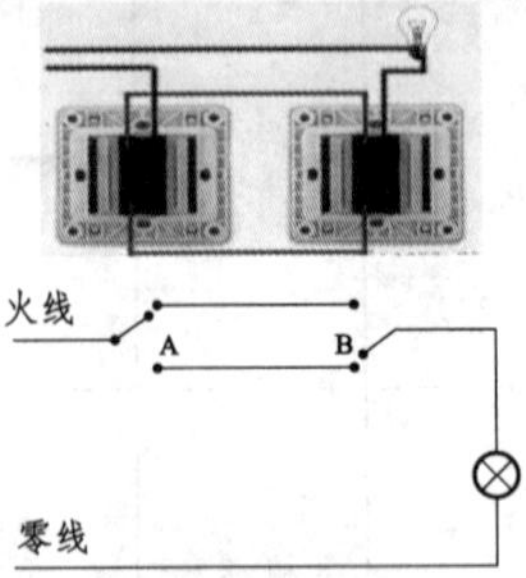 火线 A B 零线
6	单相（双级）拉线开关		根据具体环境的要求，将开关置于更高或是更低的位置，防止触电，使用拉线进行控制	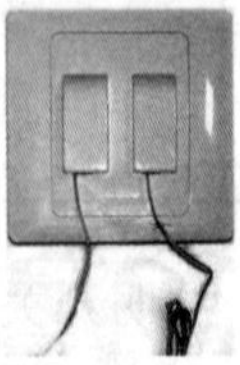
7	声光控延时开关	 SG	声光控开关一般用于楼道灯，无需开启关闭，人走过只要有声音就会启动，方便、节能	
8	声控延时开关	 S	当有人经过该开关附近时，脚步声、说话声、拍手声均可将声控开关启动（灯亮），延时一定时间后，声控开关自动关闭（灯灭）。广泛用于楼道、建筑走廊、洗漱室、厕所、厂房、庭院等场所	 声控开关

4）插　座

常用的插座如表 6.1-4 所示。

表 6.1-4　常用的插座

序号	名称	图例	用途	工程图片
1	单相（带开关）双极暗插座		产品插孔内带有安全挡板，防止小孩用手指或小金属物插入内部而触电	
2	单相三（孔）极暗插座		一般为 16 A，用于热水器、空调等大功率的电器	
3	单相三（孔）极明插座		明装一般适用于已经装修好的房间，为了不破坏整体的装修，而采用此方法。其优点就是安装速度快，且价格比较实惠，还有就是如果电路出现了问题，维修的时候比较方便	
4	单相五（孔）极暗插座		一般为 10 A，用于小型家用电器	
5	单相防水三（孔）极插座		一般用于卫生间等用水较多的地方	
6	三相四（孔）极暗插座		用于需要三相电源的电器	
7	三相五（孔）极暗插座		常常用于移动电器、柜式空调、服装、制鞋电机等大功率连接	

5）风　扇

常用的风扇如表 6.1-5 所示。

表 6.1-5 常用的风扇

序号	名称	图例	用途	工程图片
1	壁扇		安装到墙壁上的小型电扇，可以节约空间。特点是方便、实用、美观。一般可摆头吹风，吹风范围广，风力强劲。多用于食堂、饭馆、工厂等场所	
2	吊扇		国内绝大多数家庭和工厂里面用的都是工业吊扇。其作用主要是为了调节空气流动及消暑	
3	轴流风扇		一般而言，大型轴流风扇主要适用于粉尘、碎石场等之类的场所的排风；中型轴流风扇主要适用用室内的通风及排热，例如：粮仓等；小型轴流风扇主要适用与机械设备的通风散热	
4	（壁装）换气扇		又称通风扇，其作用是除去室内的污浊空气，调节温度、湿度和感觉效果。换气扇广泛应用于家庭及公共场所	

6）小电器和其他电器

常用的小电器和其他电器如表 6.1-6 所示。

表 6.1-6 常用的小电器和其他电器

序号	名称	图例	用　途	工程图片
1	电铃		电铃可以根据人们工作学习时间的长短预定。一般用于学校等场所	
2	红外线浴霸		也就是常说的灯暖浴霸，依靠大功率灯的发光发热	

2. 配管配线

将绝缘导线穿入保护管内敷设，称为配管（线管）配线。采用配管配线敷设方式可避免导线受腐蚀气体的侵蚀和遭受机械损伤，更换导线也方便。因此，配管配线方式是目前采用最广泛的一种。

1）配　管

常用配管如表 6.1-7 所示。

表 6.1-7　常用的配管

名称	名称	用　途	图样
1	刚性阻燃管 PVC	刚性阻燃管为乳白色硬质材料，耐火，直接头或螺接头连接，小管径可用弹簧弯曲。是塑料管中应用最广泛的电气穿线管。但不适用于经常发生机械冲击、碰撞、摩擦等易受机械损伤的场所	
2	焊接钢管 SC	用作电线、电缆的保护管，可以暗配于一些潮湿场所或直埋于地下，也可以沿建筑物、墙壁或支吊架敷设	
3	半硬塑料管 FPC	多用于一般居住和办公建筑等干燥场所的电器照明工程中，暗敷布线。一般成捆供应，每捆 100 m，连接方式采用粘接，完全无需加热	
4	金属软管	金属软管主要用于桥架或线槽出线到室内的连接部分，或者有吊顶处的吸顶灯具与天棚灯头盒之间的连接	
5	扣压式（KBG）、紧定式（JDG）电气钢导管	多用于敷设在干燥场所的电线、电缆的保护管，可明敷或暗敷	

2）线　槽

常用线槽见表 6.1-8。

表 6.1-8　常用的线槽

名称	名称	用途	图样
1	PVC 线槽	线槽是用来将电线等线材整理规范，固定在墙上或天花板上的电气材料，使用产品后，配线方便，布线整齐，安装可靠，便于查找、维修和调换线路	
2	金属线槽		

3）电　线

电线是指传导电流的导线，有很多种形式，按绝缘状况一般分为裸导线、电磁线和绝缘电线。裸导线没有绝缘层，包括铜、铝绞线、钢芯铝合金导线等，它主要用于户外架空及室内汇流排和开关箱。在电气照明系统中一般都是用绝缘线导电，绝缘电线又按每根导线的股数分为单股线和多股线，通常 6 mm^2 以上的绝缘电线都是多股线，6 mm^2 及以下的都是单股线，如图 6.1-1 所示。

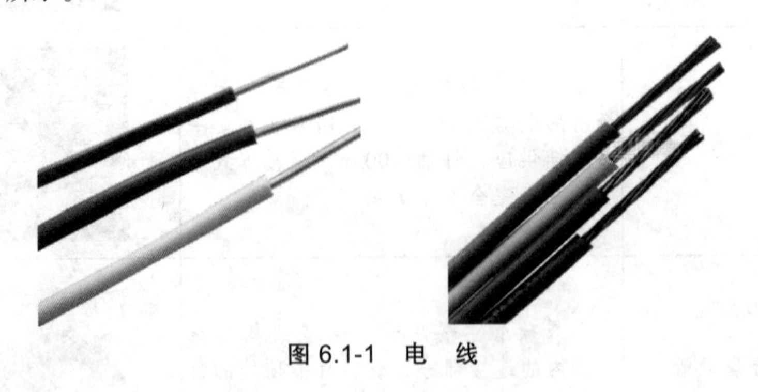

图 6.1-1　电　线

常用的绝缘电线如表 6.1-9 所示。

4）接线盒

在家居装修中，接线盒是电工辅料之一，因为装修用的电线是穿过电线管的，接线盒一般用于电线的接头部位（比如线路比较长，或者电线管要转角的地方），电线管与接线盒连接，线管里面的电线在接线盒中连起来，起到保护电线和连接电线的作用，这个就是接线盒。接线盒如图 6.1-2 所示。

表 6.1-9 常用的绝缘电线

类型		名称	用途	图样
橡皮绝缘电线	BX（BLX）	铜（铝）芯橡皮绝缘线—	适用于交流 500 V 及以下或直流 1 000 V 及以下的电气设备及照明装置	
聚氯乙烯绝缘电线	BV（BLV）	铜（铝）芯聚氯乙烯绝缘线	适用于各种交流、直流的动力装置、日用电器、仪表、电信设备及照明线路固定敷设	
	BVV（BLVV）	铜（铝）芯聚氯乙烯绝缘氯乙烯护套圆形电线		
	BVVB（BLVVB）	铜（铝）芯聚氯乙烯绝缘氯乙烯护套平形电线		

图 6.1-2 接线盒

3. 照明灯具

根据《通用安装工程工程量计算规则》（GB 50856—2013）的规定，常用的灯具主要有普通灯具、工厂灯、装饰灯、荧光灯等。房屋建筑工程中常用的照明灯具如表 6.1-10 所示。

表 6.1-10 常用的照明灯具

类型	序号	名称	图例	工程图片
普通灯具	1	半圆球吸顶灯		
	2	圆球吸顶灯		
	3	方形吸顶灯		
	4	软线吊灯		
	5	座灯头		
	6	吊链灯		
	7	防水吊灯		
	8	壁灯		

续表

类型	序号	名称	图例	工程图片
工厂灯具	1	工厂罩灯	⊗	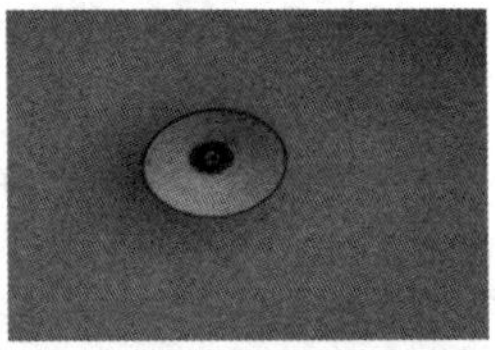
	2	防水防尘灯		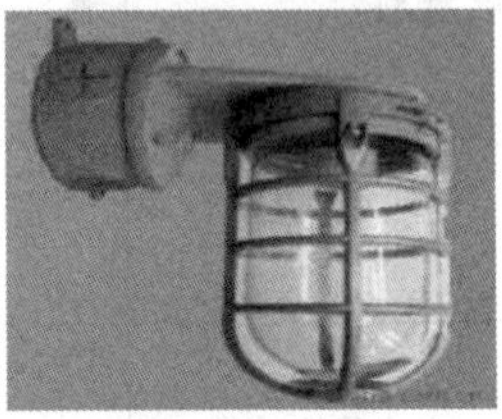
	3	碘钨灯	⊗	
	4	投光灯		
	5	泛光灯		
	6	混光灯	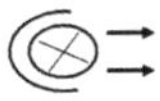	
	7	洁净密闭灯	 ⊗	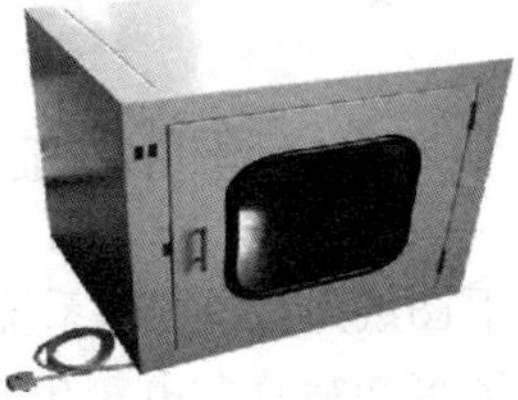

续表

类型	序号	名称	图例	工程图片
装饰灯具——标志、应急灯	1	安全出口标志灯 疏散指示灯	E →	
	2	应急灯		
荧光灯	1	单管荧光灯		
	2	吸顶式双管荧光灯		
	3	吊管式双管荧光灯		
	4	嵌入式三管荧光灯		

第 2 节 电气照明系统识图

2.1 宿舍照明施工图

以下图纸为宿舍照明系统图（图 6.2-1）、平面图（图 6.2-2）和模型图（图 6.2-3 ~ 图 6.2-5）。由系统图可知宿舍配电箱出来有三条回路，分别是照明回路 N1 和插座回路 N2、N3。

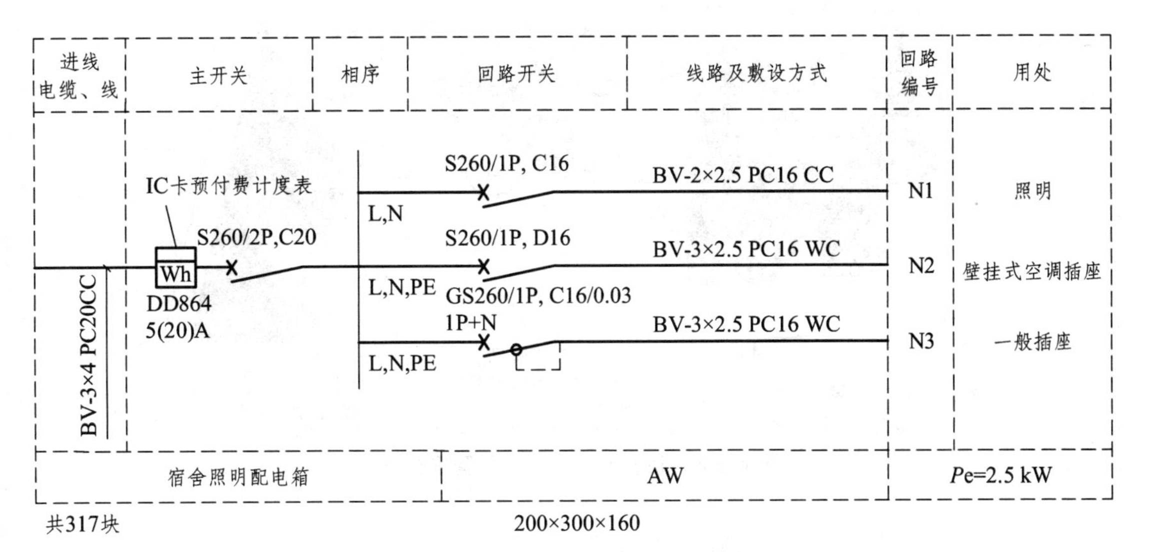

图 6.2-1　宿舍间照明系统图

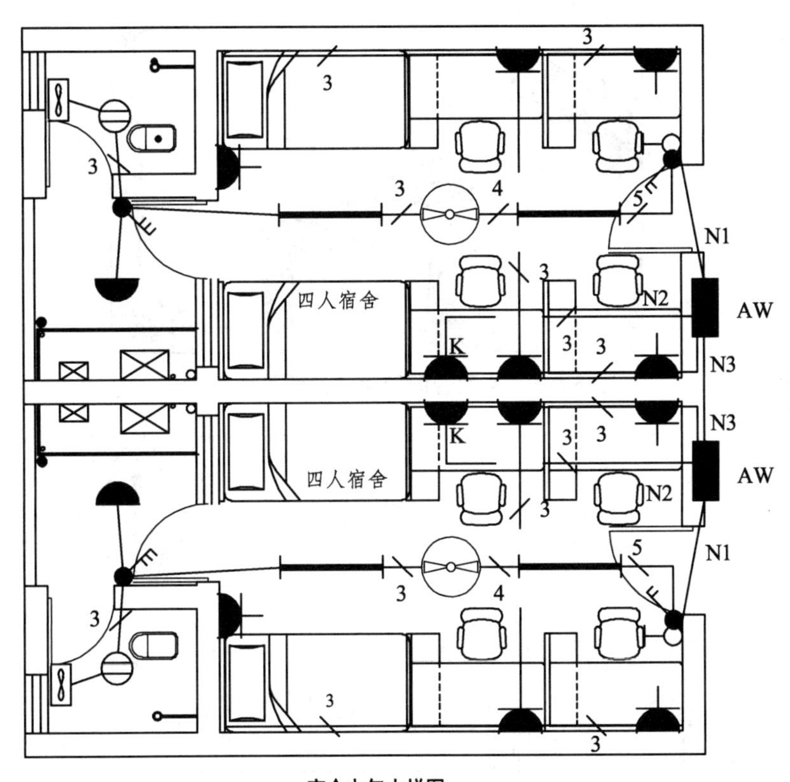

宿舍电气大样图

说明：
一般插座和空调插座布置以现有家具布置为依据；
若家具布置改变，则插座布置做相应调整

图 6.2-2　宿舍间照明平面图

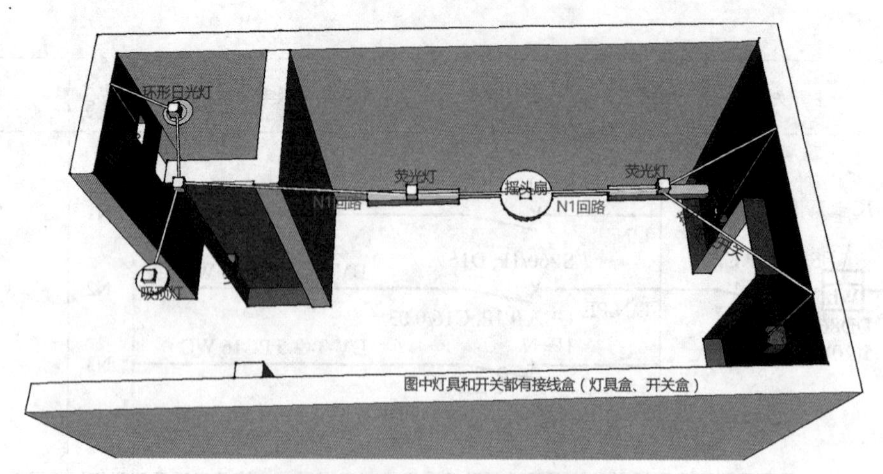

图 6.2-3　宿舍间 N1 回路配管模型图

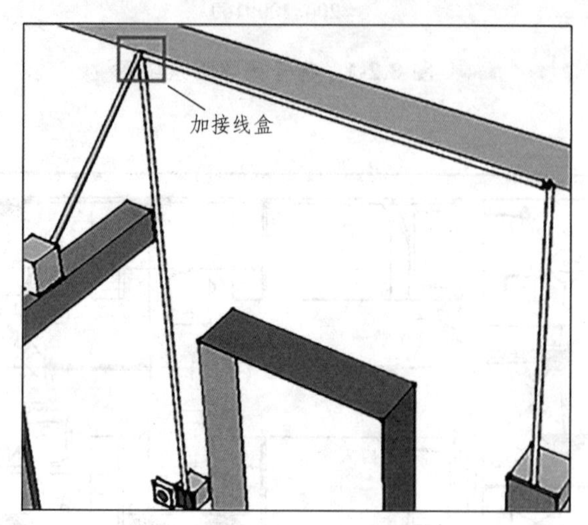

图 6.2-4　为配管配置路径，配管中配线

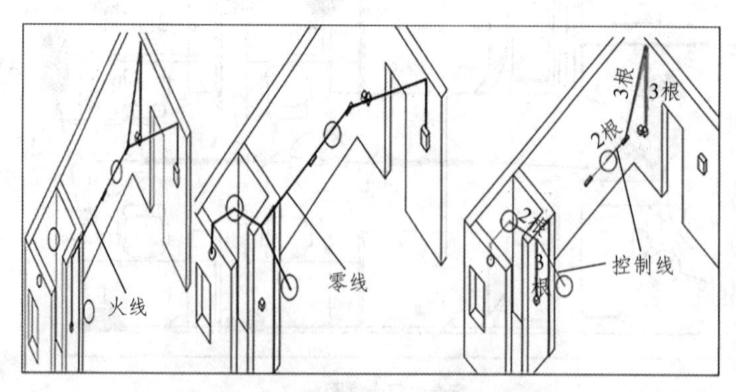

图 6.2-5　宿舍间 N1 回路配线布置

表 6.2-1 标识了导线穿管的标注，由系统图和此表可以看出，N1—N3 回路中配管为 PC16，即直径为 16 的硬塑料管，同时采用 CC 或 WC 的敷设方式，根据表 6.2-2 线路敷设方式的标注，可知线路是采用暗敷在天棚顶内或者暗敷在墙内的方式。

表 6.2-1 导线穿管的标注

序 号	名 称	标注文字符号
1	穿焊接钢管敷设	SC
2	穿电线管敷设	MT
3	穿硬塑料管敷设	PC
4	穿阻燃半硬聚氯乙烯管敷设	FPC
5	电缆桥架敷设	CT
6	金属线槽管敷设	MR
7	塑料线槽敷设	PR
8	用钢索敷设	M
9	直接埋设	DB
10	穿金属软管敷设	CP
11	穿塑料波纹电线管敷设	KPC
12	电缆沟敷设	TC
13	混凝土排管敷设	CE
14	用瓷瓶或瓷助敷设	K

表 6.2-2 线路敷设方式的标注

序 号	名 称	标注文字符号
1	暗敷在梁内	BC
2	暗敷在柱内	CLC
3	暗敷在墙内	WC
4	沿天棚顶敷设	CE
5	暗敷在天棚顶内	CC
6	吊顶内敷设	SCE
7	地面内敷设	FC
8	沿屋架梁敷设	BE
9	沿墙明敷	WE

由平面图和表 6.2-3 可知 N1 回路有两个荧光灯、一个摇头扇，吸顶灯一个、环形日光灯一个、排气扇一个、三位开关和双位开关各一个及摇头扇的开关。

表 6.2-3 常见灯具、插座、开关等图例

序号	名称	图例	序号	名称	图例
01	安全出口标志灯	E	11	宿舍摇头扇	
02	单面 疏散方向标志灯	→	12	单位开关	
03	双面 疏散方向标志灯	→	13	双位开关	
04	楼道应急吸顶灯		14	三位开关	
05	楼道吸顶灯		15	摇头扇调速开关	
06	单管荧光灯		16	二三孔暗插座	
07	双管荧光灯		17	分体式空调插座	K
08	吸顶灯		18	电铃按钮	
09	环形日光灯		19	电铃	
10	卫生间换气扇				

经过以上分析可得，宿舍楼电气照明系统的配管根据材质、管径、标高、安装方式等列表（表 6.2-4），根据水平管和立管的标高表示可以得到配管的长度。

表 6.2-4 电气照明系统配管规格表

管材	管径	标高/m	安装方式	备注
PC	16（立管）	1.8＋0.3 至 3.3	沿墙暗敷	配电箱
PC	16（水平管）	3.3	沿天棚敷设	N1N2 回路
PC	16（立管）	3.3 至 1.3	沿墙暗敷	开关
PC	16（立管）	3.3 至 2.3	沿墙暗敷	N1 排气扇
PC	16（立管）	2.2 至 3.3	沿墙暗敷	空调插座
PC	16（水平管）	0	埋地敷设	N3 回路
PC	16（立管）	0 至 0.3	沿墙暗敷	二三孔暗插座

由平面图（图 6.2-2）和模型图（图 6.2-3）可知，管线的布置路径不一致，这是图纸设计错误所致，按模型图布置管线路径更经济和便于施工，如果按平面图中布置路径，如图 6.2-4 所示需要增加接线盒（多余两根配管相交要设置接线盒），且不利于配线布置。实际水电施工图中往往有很多错误，懂施工工艺更能切合实际工程，使预算更接近实际造价。布置方式详见图 6.2-5，由配线图可知，由配电箱出来，火线经过配管路径进入三位开关和双位开关，火线在各个配管中各一根；零线由配电箱出来进入各个灯具，零线在各个配管中各一根；从开关出来的控制线分别控制对应的灯具和风扇。

配管中配线布置如表 6.2-5 所示。对比表中数据和平面图中各个配管中的配线根数不一致，按施工布置的配线根数没有超过 4 根，而原设计的配线方式有 5 根的情况，所以图中配线方式更经济、方便。配线敷设时要注意零线不进入开关，火线直接由配电箱沿最短配管距离配管进入开关，然后由开关出来的控制线控制各个灯具或用电设备。配线超过 2 根者要在平面图中标示清楚。

表 6.2-5　宿舍间 N1 回路配线布置

配　管	配线根数			总根数
	火线	零线	控制线	
配电箱-第一个荧光灯	1	1		2
第一个荧光灯-双位开关	1		3	4
第一个荧光灯-摇头扇	1	1	2	4
摇头扇-第二个荧光灯	1	1	1	3
第二个荧光灯-接线盒	1	1		2
接线盒-三位开关	1		3	4
接线盒-吸顶灯		1	1	
接线盒-环形日光灯		1	2	3
环形日光灯-排气扇		1	1	2

图 6.2-6 为 N2、N3 回路，由配电箱出来的 N3 回路在地板处分开向两侧敷设，所以在此处一个接线盒（配管根数 3 根超过 2 根），右图中墙的两侧同一位置都有暗敷的插座盒，所以配管两个插座之间的配管沿地板暗敷，不再沿墙暗敷，否则墙上剔线槽影响墙的安全性能。配管布置方式如图 6.2-7 所示，由第一个插座沿墙上去后又敷设配管下来到地板敷设两插座间的配管。而图 6.2-6 中左侧墙只有一侧插座，配管沿墙暗敷。

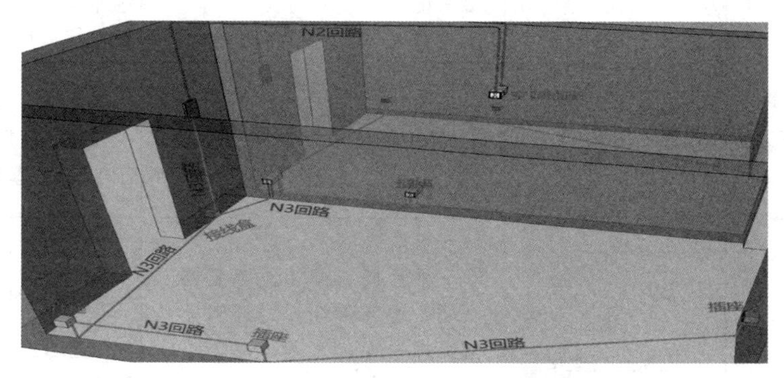

图 6.2-6　宿舍间 N2、N3 回路模型图

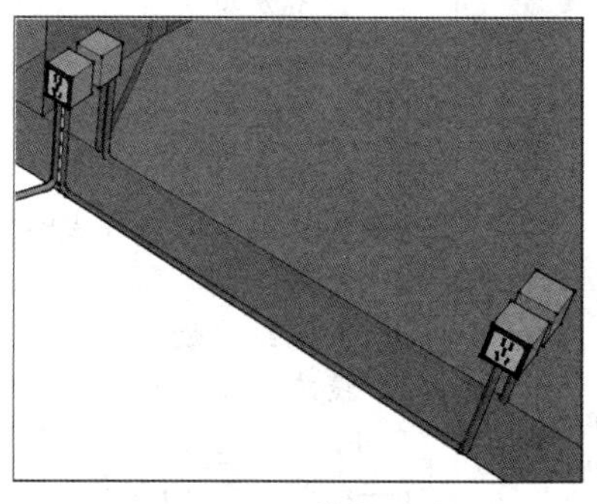

图 6.2-7　配管布置方式

由上述模型图可知，配管敷设时沿墙敷设时要垂直或水平，暗敷在楼板或天棚，地面的配管可以两点间最短距离斜向敷设。平面图中很多配管路径也设计错误，依据上述规则进行工程预算。

N2、N3 回路中配管中的配线全都是三根线，分别是火、地、零线。

2.2 宿舍照明灯具和设备

照明平面图中的灯具和设备常常需要进行文字标注，其标注方式有统一的国家标准，下面将《建筑电气工程设计常用图形和文字符号》标准中的文字符号标注进行摘录见表 6.2-6。

表 6.2-6 常见用电设备和灯具文字符号

序号	项目种类	标注方式	说明	示例
1	用电设备	$\frac{a}{b}$	*a*—设备编号或设备位号 *b*—额定功率（kW 或 kV·A）	$\frac{\text{P01B}}{\text{37 kW}}$ 热媒泵的位号为 P01B，容量为 37 kW
2	概略图的电气箱（柜、屏）标注	$-a+\frac{b}{c}$	*a*—设备种类代号 *b*—设备安装的位置代号 *c*—设备型号	-AP1＋1 · B6/XL21-15 动力配电箱种类代号-AP1，位置代号＋1 · B6 即安装位置在一层 B、6 轴线，型号 XL21-15
3	平面图的电气箱（柜、屏）标注	$-a$	*a*—设备种类代号	-AP1 动力配电箱-AP1，在不会引起混淆时可取消前缀“-”，即表示为 AP1
4	照明、安全、控制变压器标注	$a\frac{b}{c}d$	*a*—设备种类代号 $\frac{b}{c}$——次电压/二次电压 *d*—额定容量	TL1 220/36 V 500 V · A 照明变压器 TL1 变比 220/36 V 容量 500 V · A
5	照明灯具标注	$a-b\frac{c\times d\times L}{e}f$	*a*—灯数 *b*—型号或编号（无则省略） *c*—每盏照明灯具的灯泡数 *d*—灯泡安装容量 *e*—灯泡安装高度（m），“-”表示吸顶安装 *f*—安装方式 *L*—光源种类	$5-\text{BYS80}\frac{2\times40\times\text{FL}}{3.5}\text{CS}$ 5 盏 BYS-80 型灯具，灯管为 2 根 40 W 荧光灯管，安装高度距地 3.5 m，灯具为链吊安装
6	线路的标注	$ab-c(d\times e+f\times g)$ $i-jh$	*a*—线缆编号 *b*—型号（不需要可省略） *c*—线缆根数 *d*—电缆线芯数 *e*—线芯截面（mm^2） *f*—PE、N 线芯数 *g*—线芯截面（mm^2） *i*—线缆敷设方式 *j*—线缆敷设部位 *h*—线缆敷设安装高度（m） 上述字母无内容则省略该部分	WP201 YJV-0.6/1 kV-2（3×150＋2×70）SC80-WS3.5 电缆编号为 WP201 电缆型号规格为 YJV-0.6/1 kV-2（3×150＋2×70） 2 根电缆并联连接 敷设方式为穿 DN80 焊接钢管沿墙明敷 线缆敷设高度距地 3.5 m

灯具安装方式的标注方式有若干种，其文字符号标注见表 6.2-7 所示。

表 6.2-7　常见用电设备和灯具文字符号

序号	名　称	标注文字符号
1	线吊式	SW
2	链吊式	CS
3	管吊式	DS
4	壁装式	W
5	吸顶式	C
6	嵌入式	R
7	顶棚内安装	CR
8	墙壁内安装	WR
9	支架上安装	S
10	柱上安装	CL
11	座装	HM
12	台上安装	T

第 3 节　电气照明系统施工工艺

3.1　低压电器安装

1. 配电箱的安装

1）明装配电箱

明装配电箱，配电箱安装在墙上时，应采用膨胀螺栓固定，螺栓长度一般为埋入深度（75 ~ 150 mm）、箱底板厚度、螺帽和垫圈的厚度之和，再加上 5 mm 左右的“出头余量”。对于较小的配电箱，也可在安装处预埋好木砖（按配电箱或配电板四角安装孔的位置埋设），然后用木螺钉在木砖处固定配电箱或配电板。图 6.3-1 和图 6.3-2 是配电箱明装的典型节点。

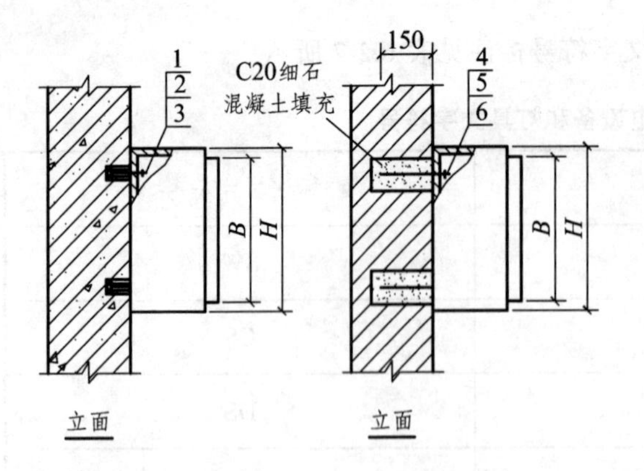

附注：
1. 本图适用于悬挂式配电箱、起动器、电磁起动器、HH系列负荷开关及按钮等安装。
2. 图中尺寸A、B、H、L见附录或设备产品样本。
3. 方案Ⅰ适用于混凝土墙；方案Ⅱ适用于实心砖墙。

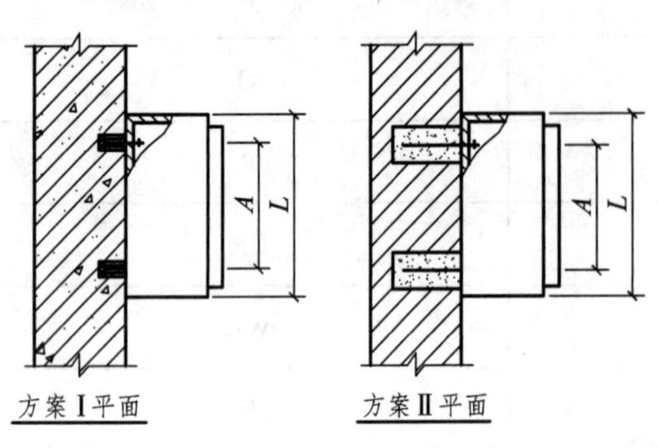

图 6.3-1 配电箱墙上悬挂式（明装）安装（图集：04D702-1，18 页）

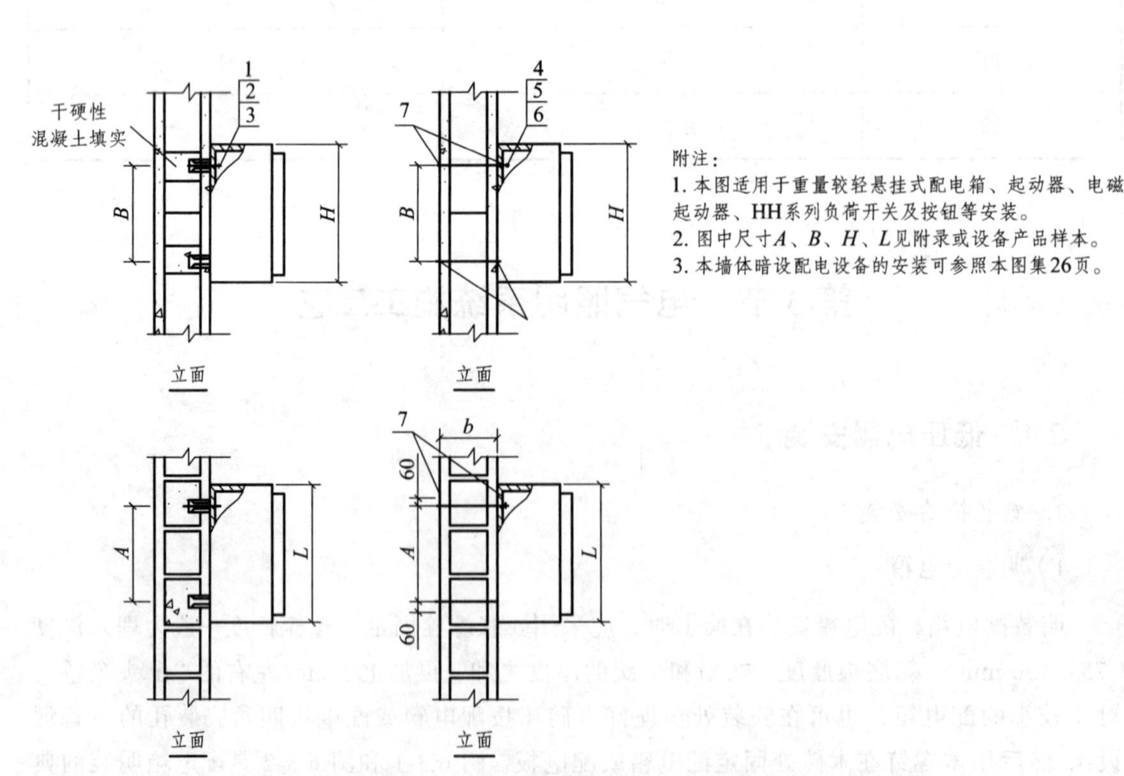

图 6.3-2 配电箱轻质材料墙上悬挂式（明装）安装（图集：04D702-1，27 页）

2）暗装配电箱

暗装配电箱，配电箱嵌入墙内安装，在砌墙时预留孔洞应比配电箱的长和宽各大 20 mm 左右，预留的深度为配电箱厚度加上洞内壁抹灰的厚度。在埋配电箱时，箱体与墙之间填以水泥砂浆即可把箱体固定住。如图 6.3-3 所示。

本宿舍楼电气照明系统宿舍配电箱 AW 采用暗装方式，本工程墙体采用 MU10 页岩砖，该配电箱尺寸比较小，因此其施工工艺是在砌体墙砌筑完成之后，按照设计图纸在墙上剔槽，完成后安装配电箱，然后将配电箱与墙体之间的缝隙用水泥砂浆后塞口处理，确保配电箱周围没有空隙。

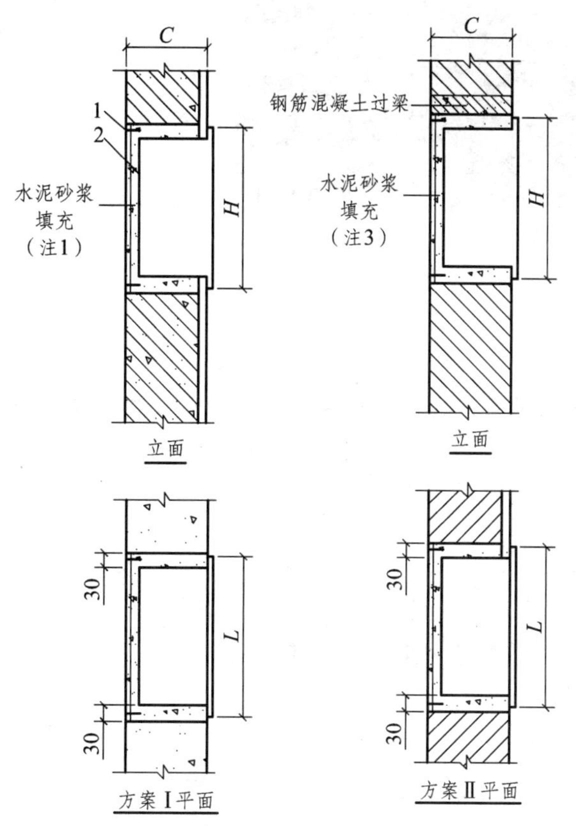

附注：
1. 本图适用于配电箱、插座箱等嵌墙安装。
2. 图中尺寸C、H、L见附录或设备产品样本。
3. 当水泥砂浆厚度<30 mm时，须钉铁丝网以防开裂。
4. 箱体宽度>600 mm时宜加预制混凝土过梁。
（过梁设计由结构专业完成）
5. 方案Ⅰ适用于混凝土墙；方案Ⅱ适用于实心砖墙。

图 6.3-3　配电箱设备嵌墙（暗装）安装（图集：04D702-1，22 页）

安装配电箱需要注意：配电箱应安装牢固，横平竖直，垂直偏差不应大于 3 mm；暗装时，配电箱四周应无空隙，其面板四周边缘应紧贴墙面，箱体与建筑物、构筑物接触部分应涂防腐漆。导线引出面板时，面板线孔应光滑无毛刺，金属面板应装设绝缘保护套。金属壳配电箱外壳必须可靠接地（接零）。

2. 开关插座的安装

开关盒/插座盒一般是和配管剔槽同时进行，先根据图纸所示位置及尺寸在墙上定位，然后开槽，如图 6.3-4 所示，开槽全部完成后安装开关盒/插座盒，然后用水泥砂浆后塞口，确保开关盒/插座盒周围没有缝隙。

图 6.3-4　墙上开关盒施工图

3.2　配管配线

配管配线进行施工的时候一般是先进行导管的敷设，再进行穿线。导管敷设和穿线工作的施工工艺具体如下。

1. 导管敷设施工工艺

1）做好准备工作

导管敷设之前要熟悉施工图纸，不仅要读懂电气施工图纸，还要与建筑和结构结合起来，掌握土建布局及建筑结构情况，还应做好与给排水等有关专业的配合。

2）导管加工

镀锌钢管管径小时，用拗棒弯管；管径大时，使用液压煨弯器。

塑料管弯制采用配套弹簧进行操作，采用冷煨法，将弯管弹簧插入 PVC 管内需要煨弯处，两手抓牢管子两头，顶在膝盖上用手扳，逐步煨出所需弯度，然后，抽出弹簧。

管子切断：钢管用钢锯、割管器、砂轮锯进行切管，将需要切断的管子量好尺寸，放在钳口内卡牢固进行切割。切割断口处应平齐不歪斜，管口刮锉光滑、无毛刺，管内铁屑除净。塑料管采用配套截管器操作，小管径可使用剪管器，大管径可使用钢锯断管，断口应挫平，铣光。

钢管套丝：钢管套丝多采用套丝板，应根据管外径选择相应板牙，套丝过程中，要均匀用力。

3）管路连接

（1）管与管的连接：具体连接方式需要根据具体材料来进行分析。如钢管用管箍丝扣连接。

（2）管与盒（箱）的连接：箱、盒开孔应整齐并与管径匹配，要求一管一孔，不得开长孔，铁制箱盒严禁用电、气焊开孔。

图 6.3-5 为现场施工中顶棚暗配多管路相交时的处理方式。

图 6.3-5　顶棚暗配多管路相交

4）线管敷设

（1）暗配管

a. 对于现浇混凝土结构的电气配管主要采用预埋方式。在现浇混凝土楼板内配管一般是在底层钢筋绑完后，上层钢筋未绑扎前，根据模板刚支起时弹线敷设开始敷设管、盒，然后把管路与钢筋固定好，将盒与模板固定牢。墙体钢筋绑扎时就配合配管。配管时，先把墙（或梁）上有弯的预埋管进行连接，然后再连接与盒相连接的管子，最后连接剩余的中间直管段部分。原则是先敷设带弯曲的管子，后敷设直管段的管子。对于金属管，采用丝扣连接，还应随时连接（或焊）好接地跨接线。管路的排列不能紧靠在一起，至少间隙不少于 20 mm 以上，同时需要注意管交叉层数一般不多于 3 层，同时管要和钢筋用扎丝连接起来，固定，防止浇筑混凝土时移位。

土建拆模后，应及时找出预埋在混凝土内的盒、箱，并用铁丝试通管路，及时做好管口及盒、箱的临时封堵保护工作。

b. 砌筑墙体中暗敷

砌筑墙的电气配管也采用预埋方式。先要在墙身定位划线，按弹出的线，对照设计图找出盒、箱的准确位置，然后剔洞，所踢孔洞应比盒、箱稍大一些，保证线管的连接有足够的空间。按配管的敷设路径剔槽。墙体上剔槽宽度不宜大于管外径加 15 mm，槽深不应小于管外径加 15 mm，剔槽完成后先稳埋盒，再接管，然后抹灰并抹平齐。除涉及要求外，对于暗配的导管，导管表面埋设深度与建筑物构筑物表面的距离不应小于 15 mm。

以宿舍楼电气照明系统为例，由平面图可知 N1 回路有两个荧光灯、一个摇头扇，吸顶灯一个、环形日光灯一个、排气扇一个、三位开关和双位开关各一个及摇头扇的开关。由系统图可知 N1 回路穿 PC16 的管采用墙内暗敷的方式布置，而加气浇混凝土砌块隔墙应在墙体砌筑后剔槽配管。因此先分析图纸上所标识的位置，在相对应的墙体上和楼板上剔槽，宽度不宜大于管外径加 15 mm，槽深不应小于管外径加 15 mm 剔槽完成后敷设管道，最后用不小于 M10 水泥砂浆抹面保护。

（2）明配管

明配管是用固定卡子将管子固定在墙、柱、梁、顶板等结构上，如图 6.3-6 所示。图 6.3-7 是实际工程施工时绕梁明配电线管。

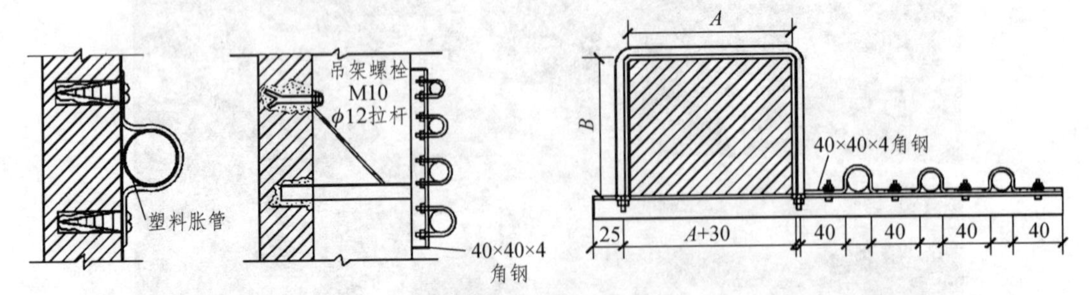

图 6.3-6　明管固定方法

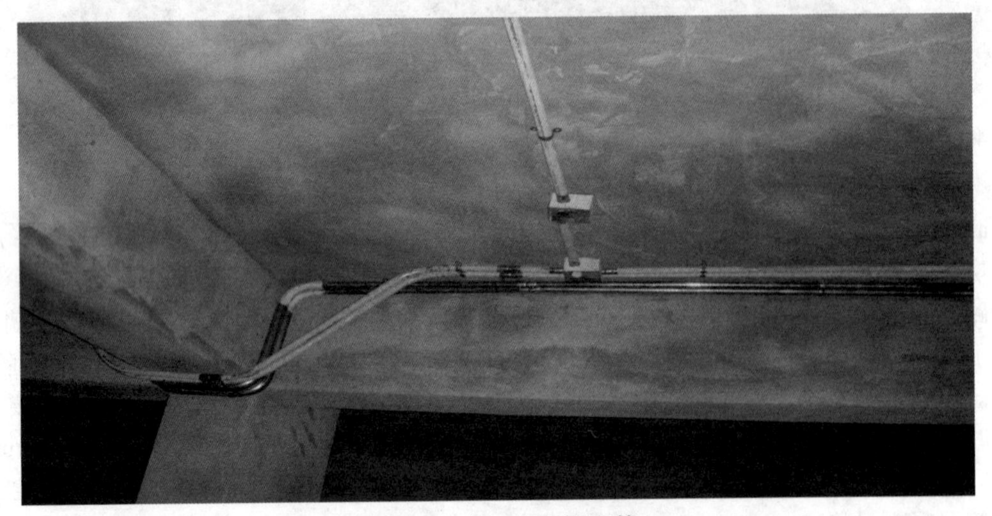

图 6.3-7　梁、顶板明配管

5）变形缝做法

钢导管或刚性塑料管跨越建筑的变形缝时要设置补偿装置，如图 6.3-8 所示。

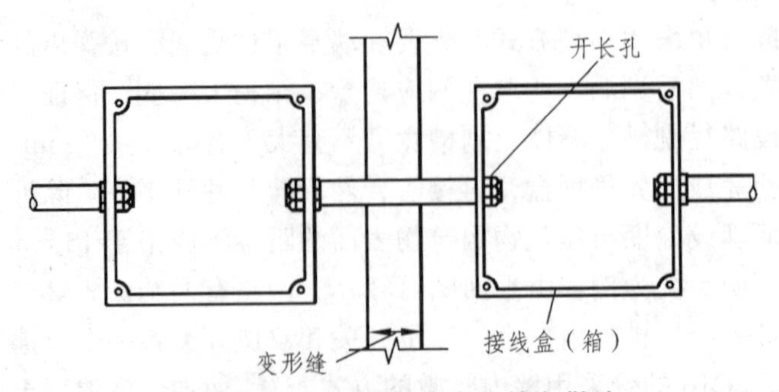

图 6.3-8　变形缝接线盒（箱）做法

2. 管内穿线的施工工艺

1）管内穿线的规定

（1）水平敷设管路如遇下列情况之一时，应增设接线盒和拉线盒，且接线盒的安装位置应便于穿线。如不增设接线盒，也可以增大管径。

① 管长度每超过 30 m，无弯曲。

② 管长度每超过 20 m，有 1 个弯曲。

③ 管长度每超过 15 m，有 2 个弯曲。

④ 管长度每超过 8 m，有 3 个弯曲。

（2）垂直敷设的电线保护管遇下列情况之一时，应增设固定导线用的接线盒：

① 管内导线截面 50 mm^2 及以下，长度每超过 30 m。

② 管内导线截面 70 ~ 95 mm^2，长度每超过 20 m。

③ 管内导线截面 120 ~ 240 mm^2，长度每超过 18 m。

2）穿线方法

（1）熟悉图纸

管内穿线前要了解电气照明系统的原理、设备的控制及开关插座灯具的控制方式，并了解每根管内有多少个回路、导线及其规格型号。

（2）穿　线

一般需要配管全部敷设完毕后进行管内穿线，穿线前要清理干净管内积水和杂物，并在管口套好护圈，导线顺直的穿入管中，在穿线放线中，所有管内导线不得有接头，所有接头应放在接线盒内或者在电子设备端进行，并按规定在管内导线应该分色。当管路较长，弯曲较多，一般需要穿铁丝或尼龙绳做引线，在引线上绑上电线，拉入管内，完成穿线工作。需要注意在接线盒处需预留 150 mm 的电线。

3.3 照明灯具安装

灯具安装顺序：灯具检查→组装灯具→灯具试亮→灯具安装→导线绝缘电阻测试→灯具接线→通电试运行。

1. 灯具检查

灯具进场后，先进行检查，并做好记录，检查内容如下：

（1）灯具的规格、型号、数量、安装方式是否符合图纸及现场要求。

（2）灯具的各部件是否齐全，是否已做好防腐处理。

（3）灯具接地装置是否合格。

2. 组装灯具

（1）根据厂家提供的说明书及组装图认真核对紧固件、连接件及其他附件。

（2）根据说明书穿个分子回路的绝缘电线。

（3）根据组装图组装并接线。

（4）安装各种附件。

3. 灯具试亮

根据灯具的电压标志，选择相应的电压，接入已准备好的插座或开关上，并通过插座或开关接通灯具使其通电，灯具工作正常后方可安装。

4. 灯具安装

依次根据定位将灯具安装至相应位置。

5. 导线绝缘电阻测试

导线绝缘电阻测试。

6. 灯具接线

（1）找到要接的电线，红的是火线，蓝的是零线。

（2）掐线头，即用小钳子或是用小剪子将线头的皮掐掉露出较长的铜丝。

（3）接线，用灯头的两线接上对应电源颜色的两线。如果买的灯头是不带线的，可以把灯头上边的盖子拧下去，这样会漏出两个铜的螺丝，把线接到螺丝下的口里，然后拧紧螺丝。

（4）用胶带固定接线口，电线直接接到螺丝的就不用胶带固定了。

（5）为了美观，可将电线恢复到原处。

7. 灯具通电试运行

灯具通电试运行，若有问题，寻找问题解决，如无问题，则灯具安装完成。

本章小结

本章主要是对电气照明系统的识图与施工工艺进行介绍，系统地讲解了电气照明系统，要求通过实际工程的识图要求掌握电气照明系统识图和施工工艺，能够独立识读电气照明系统工程施工图。

课后作业

一、单选题

1. Φ25 厚壁钢管沿地坪暗敷，其敷设代号（英文含义）为（　　）。

A. PC25—FC　　B. TC25—FC

C. SC25—FC　　D. AC25—FC

2. 双管荧光灯离地 2.6 m，灯管 40 W，链吊，其图形符号和安装代号为（　　）。

A. $\frac{2\times40}{2.6}$ CH　　B. $\frac{2\times40}{2.6}$ CH

C. $\frac{2\times40}{2.6}$ CH　　D. $\frac{2\times40}{2.6}$ L

3.（　　）表示金属线槽，宽 200 mm，高 100 mm。

A. MR—200×100　　B. MR—100×200

C. PR—200×100　　D. CT—200×100

4. 电气穿管在设计时，一般都用下列符号表示，以下表示焊接钢管的是（　　）。

A. SC　　B. PVC　　C. CP　　D. CT

5. 电路敷设方式用字母符号表示，DB→WC→WE→TC 下列正确的排序是：（　　）。

A. 暗埋在墙内、直埋、电缆沟、沿墙明设

B. 直埋、暗埋在墙内、沿墙明设、电缆沟

C. 沿墙明设、直埋、暗埋在墙内、电缆沟

D. 电缆沟、暗埋在墙内、直埋、沿墙明设

6. 电气穿管在设计时，一般都用下列符号表示，以下表示塑料管的是（　　）。

A. SC　　B. PVC　　C. CP　　D. CT

7. 三相五线制表示（　　）。

A. 2 条相线（L 火线）、1 条中性线（N 零线）、2 条接地保护线（PE 线）

B. 3 条相线（L 火线）、1 条中性线（零线）、1 条接地保护线（PE 线）

C. 3 条相线（L 火线）、2 条中性线（零线）

D. 1 条相线（N 火线）、2 条中性线（N 零线）、2 条接地保护线（PE 线）

8. 以下表示金属线槽敷设的是（　　）。

A. MR　　B. TC　　C. MT　　D. FPC

9. 以下表示电缆沟敷设的是（　　）。

A. SC　　B. TC　　C. MT　　D. FPC

10. 以下表示电线管敷设的是（　　）。

A. MR　　B. PC　　C. MT　　D. FPC

11. 以下表示阻燃半硬聚氯乙烯管敷设的是（　　）。

A. SC　　B. TC　　C. MT　　D. FPC

12. 以下表示沿天棚顶敷设的是（　　）。

A. BC　　B. CLC　　C. MT　　D. CE

13. 以下表示暗敷在天棚顶内的是（　　）。

A. BC　　B. CLC　　C. CC　　D. CE

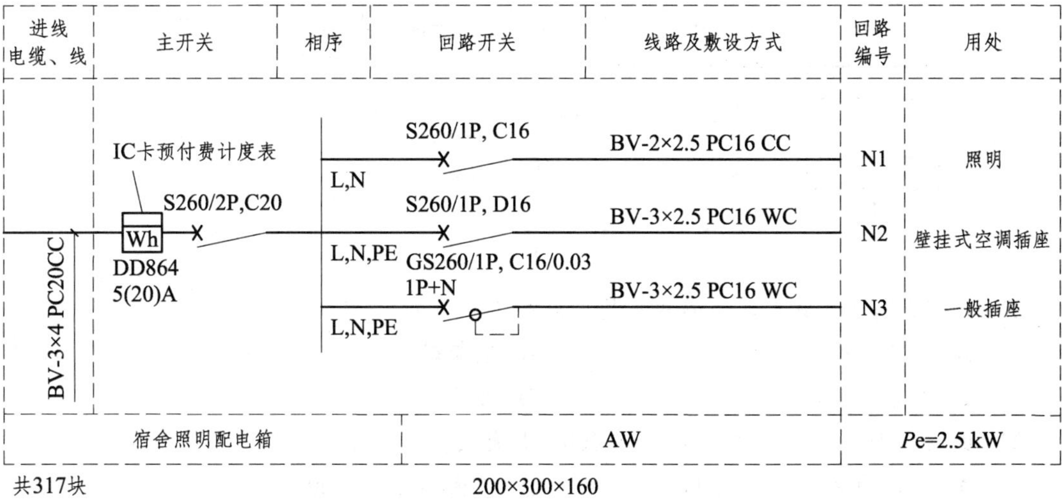

进线电缆、线	主开关	相序	回路开关	线路及敷设方式	回路编号	用处
BV-3×4 PC20CC	IC卡预付费计度表 Wh DD864 5(20)A S260/2P,C20	L,N	S260/1P, C16	BV-2×2.5 PC16 CC	N1	照明
		L,N,PE	S260/1P, D16	BV-3×2.5 PC16 WC	N2	壁挂式空调插座
		L,N,PE	GS260/1P, C16/0.03 1P+N	BV-3×2.5 PC16 WC	N3	一般插座
宿舍照明配电箱			AW		Pe=2.5 kW	

共317块　　200×300×160

图 1

14. 如图 1 所示，N3 回路所采用的电线材质是（　　）。

A. 铜芯电线　　B. 阻燃铜芯电线

C. 聚氯乙烯绝缘电线　　D. 铁芯电线

15. 如图 1 所示，N3 回路所采用的电线根数是（　　）根。

A. 2　　B. 3　　C. 4　　D. 5

16. 如图 1 所示，N3 回路所采用的电线中单根电线的截面面积是（　　）mm^2。

A. 2　　B. 2.5　　C. 3　　D. 4

17. 如图 1 所示，N3 回路所采用的电线穿管的材质是（　　）。

A. 焊接钢管　　B. 电线管敷　　C. 塑料管　　D. 线槽

18. 如图 1 所示，N3 回路所采用的敷设方式是（　　）。

A. 沿天棚顶敷设　　B. 暗敷在天棚顶内

C. 沿屋架梁敷设　　D. 暗敷在墙内

19. 如图 1 所示，该配电箱一共有几个回路？（　　）

A. 2　　B. 3　　C. 4　　D. 5

20. 如图 1 所示，该开关是什么名称？（　　）

A. 单位开关　　B. 两位开关　　C. 三位开关　　D. 四联开关

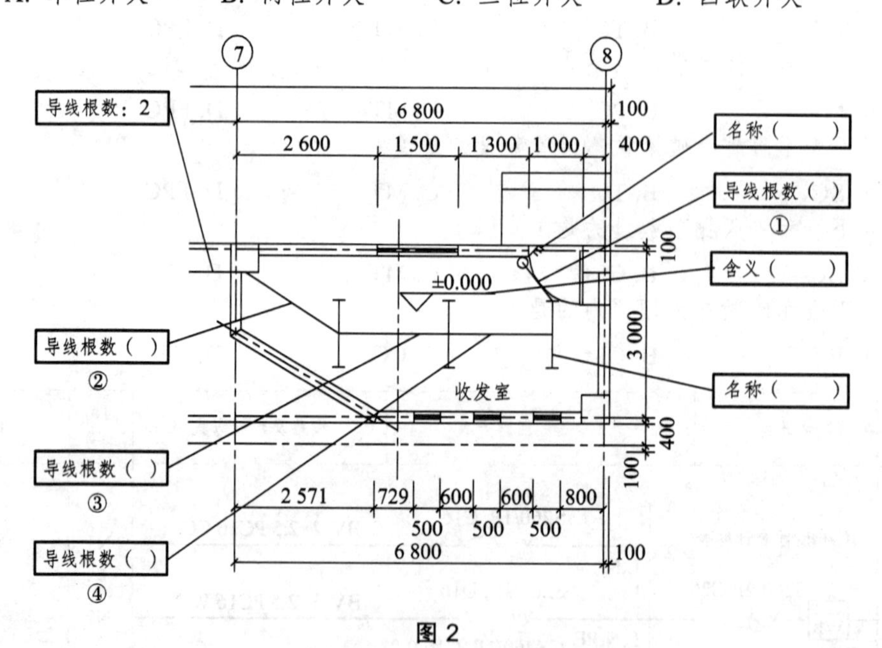

图 2

21. 如图 2 所示，该灯具是哪种类型的灯？（　　）

A. 单管荧光灯　　B. 双管荧光灯

C. 圆球形吸顶灯　　D. 安全出口指示灯

22. 如图 2 所示，该收发室内“±0.000”是什么意思？（　　）

A. 室内地坪标高为 0.000　　B. 室内高度为 0.000

C. 室外地坪标高为 0.000　　D. 室外高度为 0.000

23. 如图 2 所示，①所指位置导线根数有几根？（　　）

A. 2 根　　B. 3 根　　C. 4 根　　D. 5 根

24. 如图 2 所示，②所指位置导线根数有几根？（　　）

A. 1 根　　B. 2 根　　C. 3 根　　D. 4 根

25. 如图 2 所示，③所指位置导线根数有几根？（　　）

A. 1 根　　B. 2 根　　C. 3 根　　D. 4 根

26. 如图 2 所示，④所指位置导线根数有几根？（　　）

A. 1 根　　B. 2 根　　C. 3 根　　D. 4 根

27. 以下表示电缆沟敷设的是（　　）。

A. WE　　B. FC　　C. CC　　D. TC

课后作业答案

1 ~ 5. CBAAB　　6 ~ 10. CBABC　　11 ~ 15. DDCAB

16 ~ 20. BCDBC　　21 ~ 25. BADBC　　26 ~ 27. DD

第七章　防雷接地系统

教学内容：
（1）防雷接地系统概述。
（2）防雷接地系统识图。
（3）防雷接地系统施工工艺。
教学目的：系统讲解防雷接地系统。
知识目标：掌握防雷接地系统识图和施工工艺，了解其基本概念。
能力目标：运用所学的知识读懂防雷接地系统工程施工图，熟悉其施工工艺。
教学重点：识读防雷接地系统工程施工图。

第1节　防雷接地系统概述

1.1　防雷系统概述

1. 雷电的危害

雷电是一种自然现象。雷电就是雷云之间或雷云对大地的放电现象。雷电具有极大的破坏作用。根据雷电的危险可以分为以下几类：

第一类为直击雷：雷直接击在建筑物和设备上而发生的机械效应和热效应。可在瞬间击伤击毙人畜。

第二类为感应雷：雷电流产生电磁效应和静电效应。感应出高电压，会损坏电气设备，特别是电子元器件；雷电流沿电气线路和管道引入建筑物的内部，可毁坏电气设备的绝缘，使高压窜人低压，造成严重的触电事故。

防雷常识：雷雨季节，不宜到山顶、山脊、开旷田野、露天停车场、运动场和迎风坡等易受雷击的地方，以及楼顶、房顶、避雷针及其引下线附近、亭榭内、铁栅栏、架空线附近等；不宜使用通信工具；不宜躲在孤立的树下；不宜高举雨伞等带有金属的物体；不宜安装带金属的设备和通信、通电线路；不宜在水面、湿地或水陆交界处、高空作业，应迅速离开水中、小船、水田等；不宜游泳。城市道理中有积水时，不要冒险涉水；不宜进行户外活动及不要在户外旷野中奔跑；不宜停留在阳台、窗户边；雷雨过程中，不要接触电源开关和用电设备，不要上网；不宜使用太阳能热水器。

2. 建筑防雷

几种防雷措施：

1）防直击雷

通过试验发现，不论屋顶坡度多大，都是屋角和檐角的雷击率最高，如图 7.1-1 所示。接闪器就是对建筑物雷击率高的部位进行重点保护的一种接闪装置。接闪器的形式有避雷针、避雷带、避雷网、避雷线等。

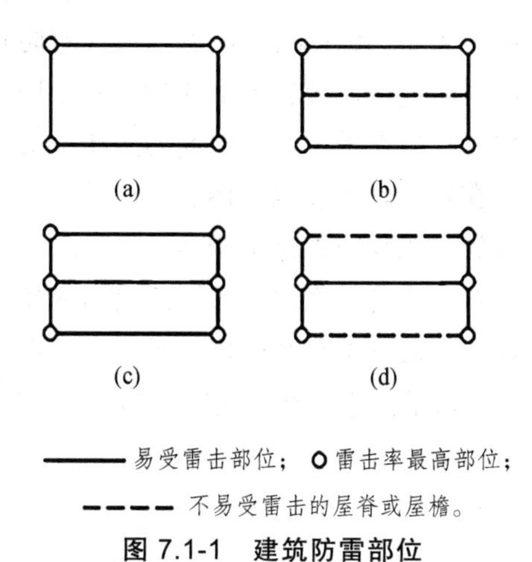

图 7.1-1 建筑防雷部位

2）防雷电感应

（1）通过将建筑物的金属屋顶、房屋中的大型金属物品，全部加以良好的接地处理来消除。

（2）防雷装置与建筑物内外电气设备、电线或其他金属线的绝缘距离应符合防雷的安全距离。

（3）将相互靠近的金属物体全部可靠地连成一体并加以接地的办法来消除。

3）防雷电波侵入

（1）配电线路全部采用地下电缆。

（2）进户线采用 50 ~ 100 m 长的一段电缆。

（3）在架空线进户之处，加装避雷器或放电保护间隙。

按建筑防雷等级进行防护有以下措施。

1）一级防雷建筑物的保护措施

（1）防直击雷的接闪器应采用装设在屋角、屋脊、女儿墙或屋檐上的避雷带，并在屋面上装设不大于 10 m × 10 m 的网格。

（2）为了防止雷电波的侵入，进入建筑物的各种线路及金属管道宜采用全线埋地引入，并在入户端将电缆的金属外皮、钢管及金属管道与接地装置连接。

（3）对于高层建筑，应采取防侧击雷和等电位措施。

2）二级防雷建筑物的保护措施

（1）防直击雷宜采用装设在屋角、屋脊、女儿墙或屋脊上的环状避雷带，并在屋面上装设不大于 15 m×15 m 的网格。

（2）为了防止雷电波的侵入，对全长低压线路采用埋地电缆或在架空金属线槽内的电缆引入，在入户端将电缆金属外皮、金属线槽接地，并与防雷接地装置相连。

（3）其他防雷措施与一级防雷措施相同。

3）三级防雷建筑物的保护措施

（1）防直击雷宜在建筑物屋角、屋檐、女儿墙或屋脊上装设避雷带或避雷针，当采用避雷带保护时，应在屋面上装设不大于 20 m×20 m 的网格。对防直击雷装置引下线的要求，与一级防雷建筑物的保护措施对防直击雷装置引下线的要求相同。

（2）为了防止雷电波的侵入，应在进线端将电缆的金属外皮、钢管等与电气设备接地相连。若电缆转换为架空线，应在转换处装设避雷器。

另外，有爆炸和火灾危险的建筑物防雷保护措施：

有爆炸危险的建筑物防雷对存放有易燃烧、易爆炸物品的建筑物，由于电火花可能造成爆炸和燃烧，故对这类建筑物的防雷要求相当严格。对于直击雷、雷电感应和沿架空线侵入的高电位，还应增加避雷网或避雷带的引下线，其间距为 18～24 m。防雷系统和内部的金属管线或金属设备的距离不得小于 3 m。

1.2 接地装置概述

电流和电压过高，影响人身和设备的安全，必须采取相应的安全措施来保证设备和人身安全。安全电压，是指不致使人直接致死或致残的电压。一般环境条件下允许持续接触的“安全特低电压”是 36 V。我国规定的安全电压有 3 个等级，分别为 12 V、24 V、36 V。

电气设备的任何部分与大地做良好的连接就是接地。接地指电力系统和电气装置的中性点（三线绕组的连接点为中性点）、电气设备的外露导电部分和装置外导电部分经由导体与大地相连，可以分为工作接地、保护接地和防雷接地。如图 7.1-2。

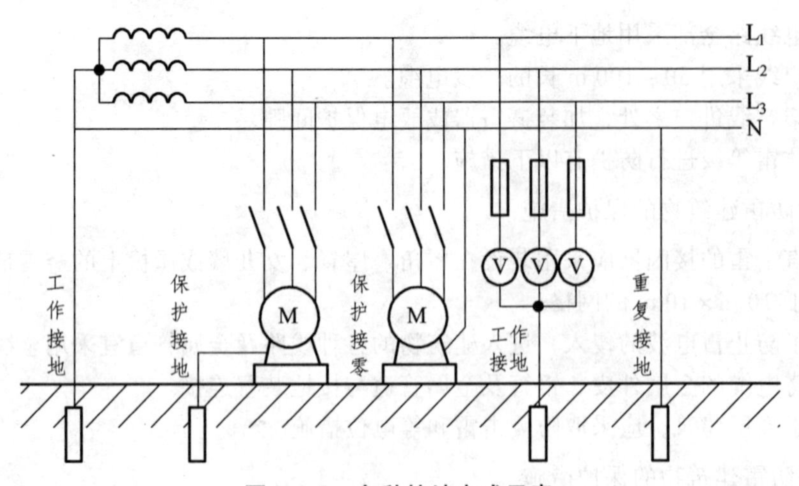

图 7.1-2 各种接地方式示意

（1）工作接地就是由电力系统运行需要而设置的（如中性点接地），电源的中性点与接地装置做金属连接。

（2）保护接地是为了防止设备因绝缘损坏带电而危及人身安全所设的接地，如电力设备的金属外壳、钢筋混凝土杆和金属杆塔。保护接零的基本作用是当某相带电部分碰到设备外壳时，通过设备外壳形成该相对零线的单相短路，短路电流促使线路上过电流保护装置迅速动作，把故障部分断开电流，消除触电危险。如图 7.1-3 所示，采用保护接地之后，当发生人身触电时，由于保护接地电阻的并联，人身触电电压下降，接地电阻越小，人接触电压越小，流过人体的电流越小。

（3）工作接地和保护接地同时进行为重复接地。

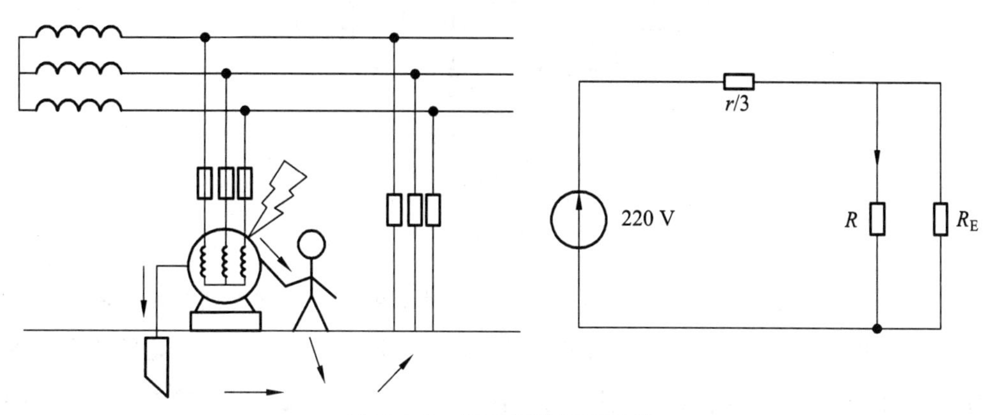

图 7.1-3　保护接地原理示意

根据低压配电系统接地方式的不同，保护接地又可分为接零和接地两种类型。在我国现行建筑设备规范（JGJ/T16—92）标准中将低压配电系统分为三种，即 TN 系统、TT 系统和 IT 系统三种形式。

（1）TN 系统采用接零保护，系统有一点直接接地，电气设备外露可导电部分通过保护线（或公用中性线 PEN）与接地点连接。按照中性线与保护线组合情况的不同，TN 系统又可分三种型式，即 TN-C 系统、TN-S 系统和 TN-C-S 系统。如图 7.1-4。

TN-C 系统中保护零线（PE）与工作零线（N）共用，当发生电气设备相线与外壳接触故障时，故障电流经中性线回流到接地点，故障电流较大。TN-C 系统适用于三相负荷基本平衡场合，若三相负荷不平衡，PE 线中存在不平衡电流，使设备外壳带电，易造成人身伤害。PIE 线重复接地，可有效降低零线对地电压。

TN-S 系统中保护线与中性线是分开的。当发生电气设备相线与外壳接触故障时，短路电流较大。当中性线断开时，三相负荷不平衡，中性点的电位升高，但设备外壳及 PE 线无电，保证设备及运行人员的安全。

TN-C-S 系统由两部分接地系统组成，一部分是 TN-C 系统，另一部分是 TN-S 系统。当发生电气设备相线与外壳接触时，故障同 TN-C 系统；当中性线断开时，故障同 FN-S 系统。PE 线重复接地，而 N 线不宜重复接地，这样 PE 线连接的设备外壳在正常运行时始终不会带电，提高了设备及运行人员的安全性。

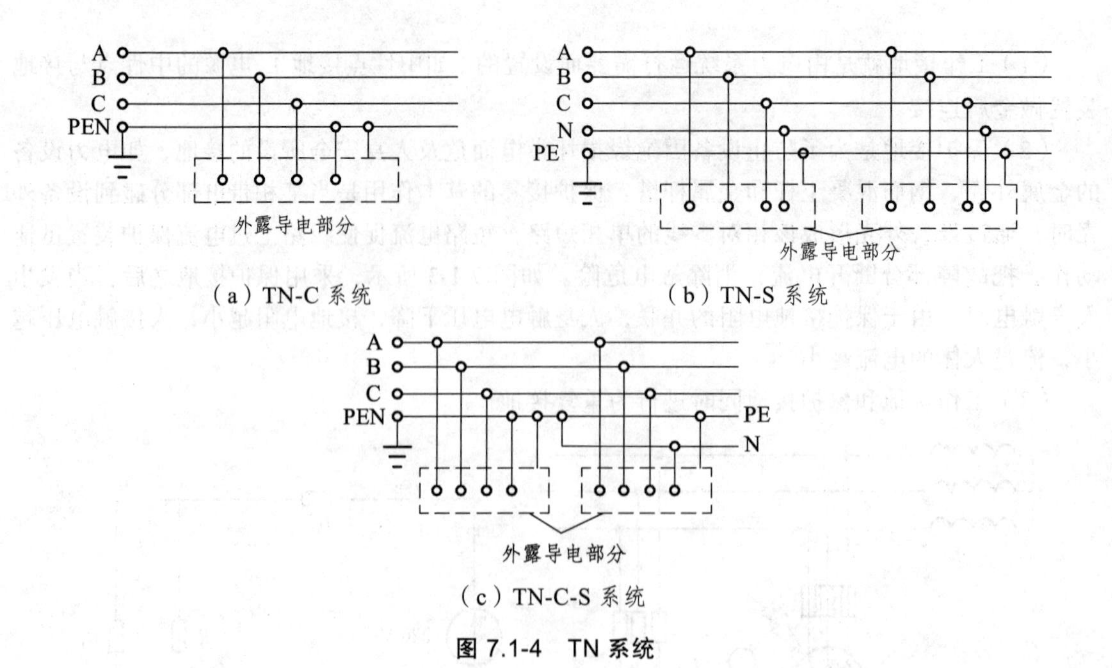

（a）TN-C 系统　　（b）TN-S 系统

（c）TN-C-S 系统

图 7.1-4　TN 系统

（2）TT 系统采用接地保护，系统有一点直接接地，电气设备的外露可导电部分通过保护线 PE 接至与电力系统接地点无直接关联的接地极。共用同一接地保护装置的所有外露可导电部分，必须用保护线与这些部分共用的接地极连接在一起（或与保护接地母线、总接地端子相连）。如图 7.1-5（a）。

（3）IT 系统采用接地保护，系统的带电部分与大地间无直接连接（或有一点经足够大的阻抗接地），电气设备的外露可导电部分通过保护接线至地极，且电源系统对地应保持良好的绝缘状态。严禁任何带电部分（包括中性线）直接接地，一般情况下不宜引出 N 线。如图 7.1-5（b）。

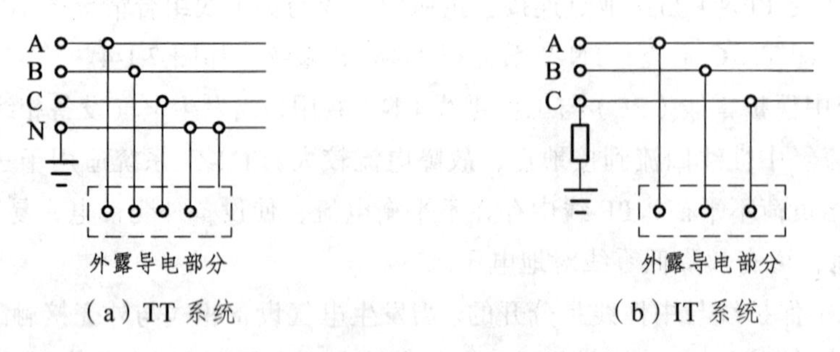

（a）TT 系统　　（b）IT 系统

图 7.1-5　TT、IT 系统

防雷接地是为了消除过电压危险影响而设的接地，如避雷针、避雷线和避雷器的接地。

1.3　防雷接地系统组成

防雷接地系统的组成主要如下。

1. 接闪器

接闪器主要有以下几种形式：

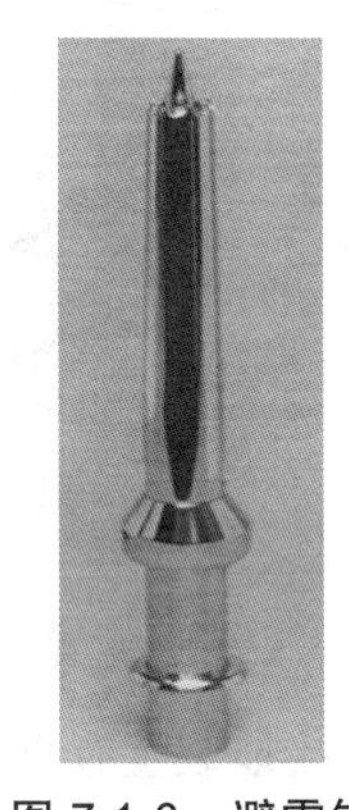

图 7.1-6　避雷针

（1）避雷针：人为设的最突出的良导体，是把雷电流吸引过来，完成避雷针的接闪作用。结构避雷针一般用镀锌圆钢或焊接钢管制成，圆钢截面不得小于 100 mm^2，钢管厚度不得小于 3 mm。避雷针有一般避雷针和独立避雷针等。如图 7.1-6。

（2）避雷带：雷击部位是有一定规律性的，建筑物雷击率高的部位有屋角檐角、屋脊、山墙、女儿墙等，避雷带就是对这些部位进行重点保护的一种接闪装置，它与防雷引下线相连，一般用直径 10 mm 的圆钢制作。如图 7.1-7。

（3）避雷网：建筑物依据其重要性、使用性质、发生雷电的可能性和后果，并结合防雷要求分类，将民用建筑分为三类。一类建筑物的屋面避雷网格不大于 10 m × 10 m；二类建筑物不大于 15 m × 15 m；三类级建筑物不大于 20 m × 20 m，与避雷带相连，作为防直击雷的接闪器避雷网（带）一般可用直径 10 mm 的圆钢做成。如图 7.1-8。

图 7.1-7　避雷带

图 7.1-8　避雷网

避雷带和避雷网在清单和定额中统一按避雷网分类。

2. 引下线

引下线指连接接闪器与接地装置的金属导体，有两种做法：

（1）专用引下线，利用镀锌圆钢或扁钢来做引下线，其根数不应少于 2 根，宜对称布置，引下线间距不应大于 18 m（一类）/20 m（二类）/25 m（三类）。

（2）利用柱内主筋作为引下线，其间距不应大于 18 m（一类）/20 m（二类）/25 m（三类），但建筑外廓各角上的柱筋都应利用（图 7.1-9）。根据规范要求，采用多根引下线时，宜在各引下线上于距地面 0.3 m 至 1.8 m 之间装设断接卡（图 7.1-10）。当利用混凝土钢筋、钢柱作为自然引下线并同时采用基础接地体时，可不设断接卡，但需设若干连接板作接地电阻测试用。

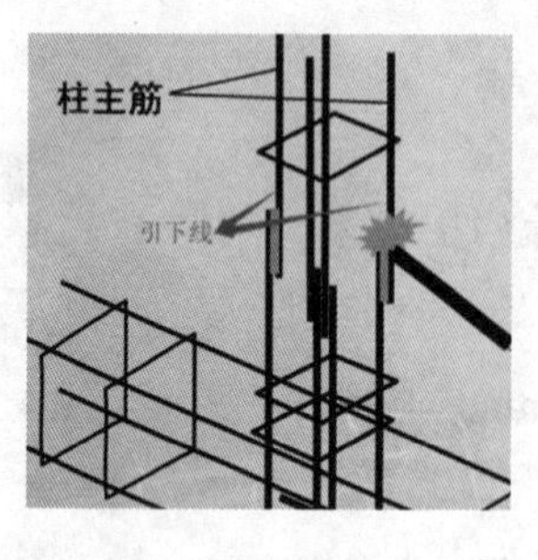

图 7.1-9　柱钢筋做引下线

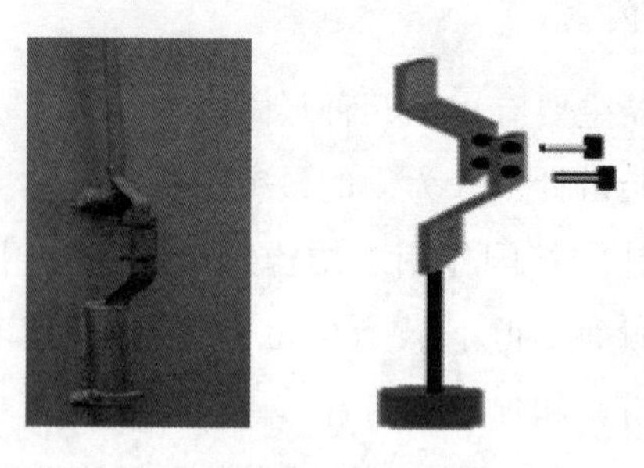

图 7.1-10　断接卡

3. 接地装置

接地装置有自然接地体和人工接地体。

在设计和装设接地装置时，首先应充分利用自然接地体，以节约投资。可作为自然接地体的物件包括与大地有可靠连接的建筑物的钢结构和钢筋、行车的钢轨、埋地的金属管道及埋地敷设的不少于 2 根的电缆金属外皮等。对于变配电所来说，可利用其建筑物钢筋混凝土基础作为自然接地体。

人工接地装置可分为三类。如图 7.1-11。

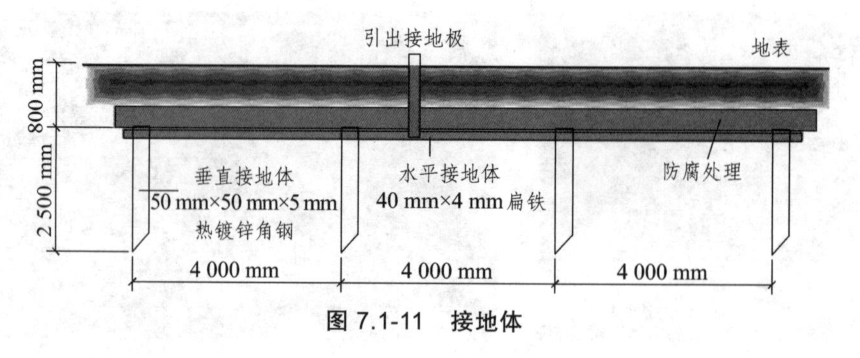

图 7.1-11　接地体

（1）垂直埋设的接地体。

垂直接地体可采用直径 50 mm、长度为 2.5 m 的钢管或角钢，间隔 5 m 埋一根，顶端埋深为大于 0.7 m，用水平接地线将其连成一体。

（2）水平接地体。

可采用 25 × 4 ~ 40 × 4 mm 的扁钢做成，埋深一般大于 0.7 m 或利用基础梁钢筋做水平接地体。

（3）混合接地体：水平接地体和垂直接地体混合。

4. 均压环、金属门窗接地

（1）在高层建筑物中，均压环是为防侧击雷而设计的环绕建筑物周边的水平避雷带，一般利用圈梁内两条主筋焊接成闭合圈做均压环。在高度超过滚球半径时（一类 30 m，二类 45 m，三类 60 m），每隔 6 m 设一均压环。如图 7.1-12。

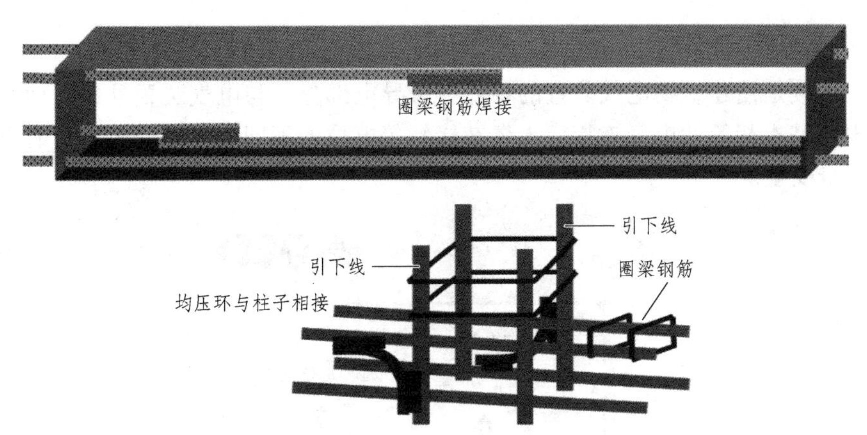

图 7.1-12　门窗与匀压环焊接

（2）金属门窗接地：GB 50057—94 中防雷要求分为 3 类。

当建筑物高于 30 m 时，30 m 及以上的建筑物的门窗栏杆等较大的金属物需要与防雷接地装置连接；当建筑物高于 45 m 时，45 m 及以上的建筑物的门窗栏杆等较大的金属物需要与防雷接地装置连接；当建筑物高于 60 m 时，60 m 及以上的建筑物的门窗栏杆等较大的金属物需要与防雷接地装置连接。总结：门窗栏杆一定要按照《建筑物防雷设计规范》要求，设计安装接地防雷装置，防止侧击雷袭击建筑物。如图 7.1-13。

图 7.1-13　金属栏杆接地

5. 接地跨接

接地跨接是两个金属体（机柜、桥架、线槽、钢筋、金属管等）之间用金属连接体（导线、圆钢、扁钢、扁铜等）连接起来，形成良好的接地体。如图 7.1-14。

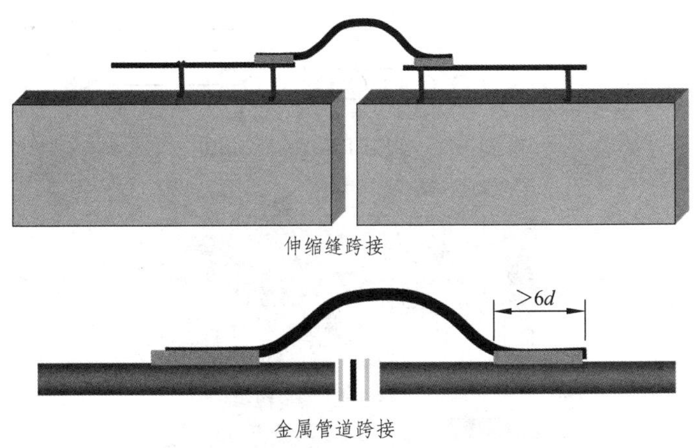

图 7.1-14　接地跨接

6. 等电位连接

等电位连接是使建筑物电气装置的各外露可导电部分，与电气装置外的其他金属可导电部分进行电位基本相等的电气连接。人体在接触等电位的不同金属外壳时不会有电流通过人体，保证人身安全。

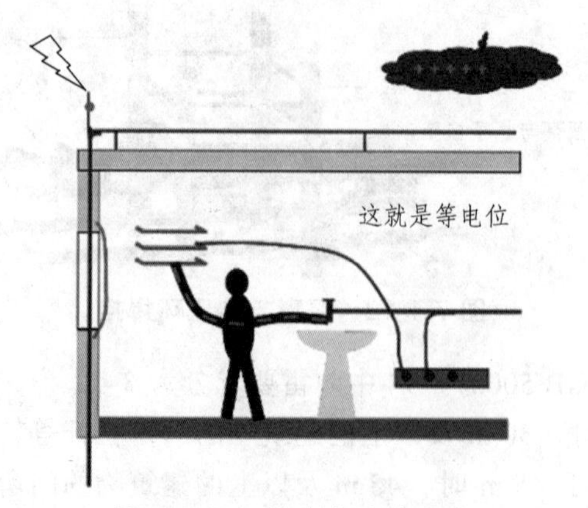

图 7.1-15 等电位连接示意

等电位类型：

（1）总等电位连接（MEB）：作用于全建筑物，在每一电源进线处，利用连接干线将保护线、接地线的总接线端子与建筑物内电气装置外的可导电部分（如：进出建筑物的金属管道、建筑物的金属结构构件等）连接成一体。

（2）局部等电位连接（LEB）：在局部范围内设置的等电位连接。

等电位连接端子箱将建筑物如高层住宅、医院、泳池等内的钢筋网，配电盘中的 PE 线端子、插座、上下水管、暖气管道、煤气管道，卫生间的金属浴盆、浴架、淋浴器扶手、电冰箱、空调、导电地板的金属网络将其连接到各自的等电位连接端子箱内的端子板上，从而构成各自的等电位体，保护人和设备的安全。如图 7.1-16。

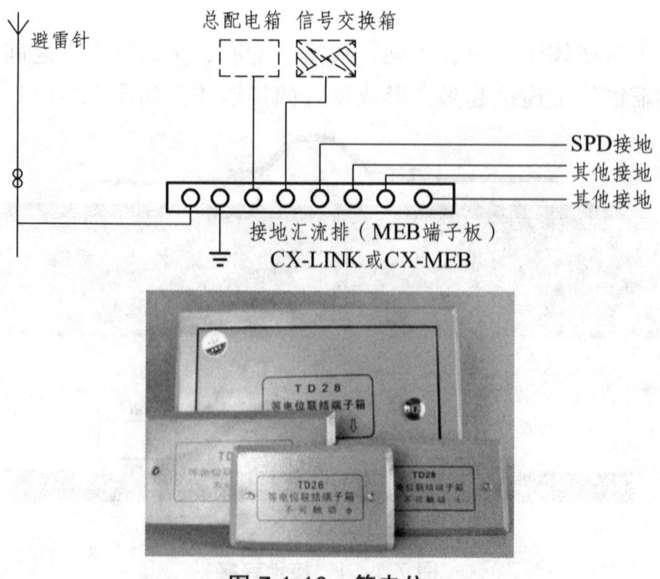

图 7.1-16 等电位

第 2 节　防雷接地系统识图

2.1　接闪器

图 7.2-1 中红色女儿墙上方全都要敷设避雷带，屋顶内暗敷避雷网热镀锌扁钢 – 30 × 4，高度为 0.5 m 的避雷短针敷设在屋顶最高处，共 7 处，详见图 7.2-2 所示：避雷带用 ϕ12 热镀锌圆钢沿女儿墙明敷设，ϕ12 热镀锌圆钢支掌。不同高度的女儿墙（600 mm、1 500 mm）及突出屋面楼梯间上的女儿墙（600 mm 高）上的避雷带要连接成闭合通路，所以有水平避雷带和竖向避雷带，避雷网和避雷带之间也要有效连接。接闪器部分的避雷针、避雷带、避雷网之间要连接为通路，详见图 7.2-3 ~ 7.2-5 所示。

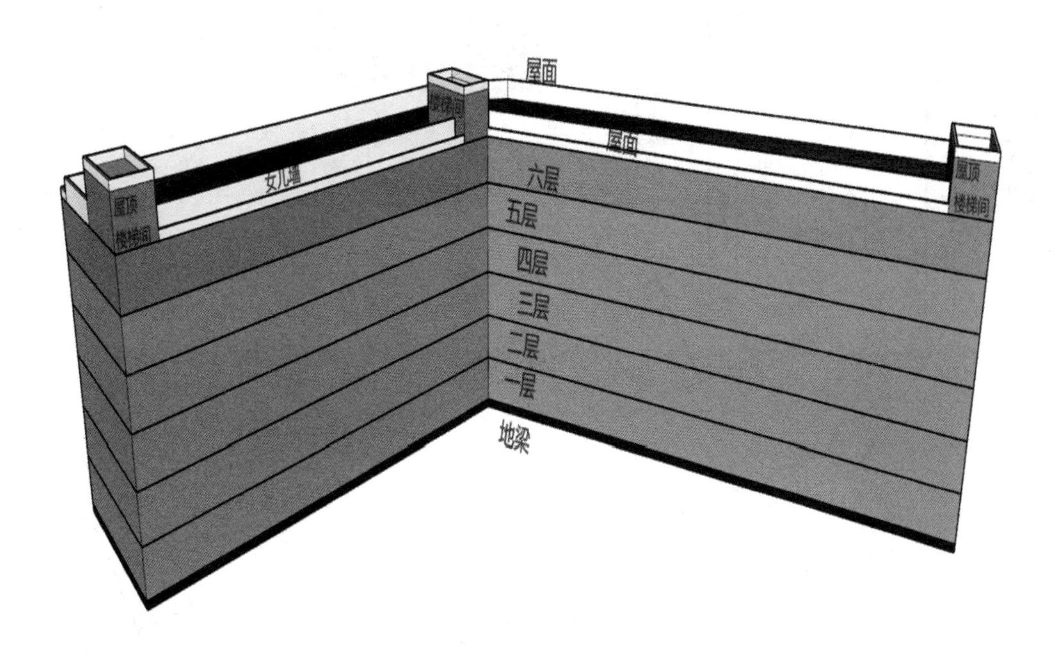

图 7.2-1　宿舍屋顶防雷平面图模型图

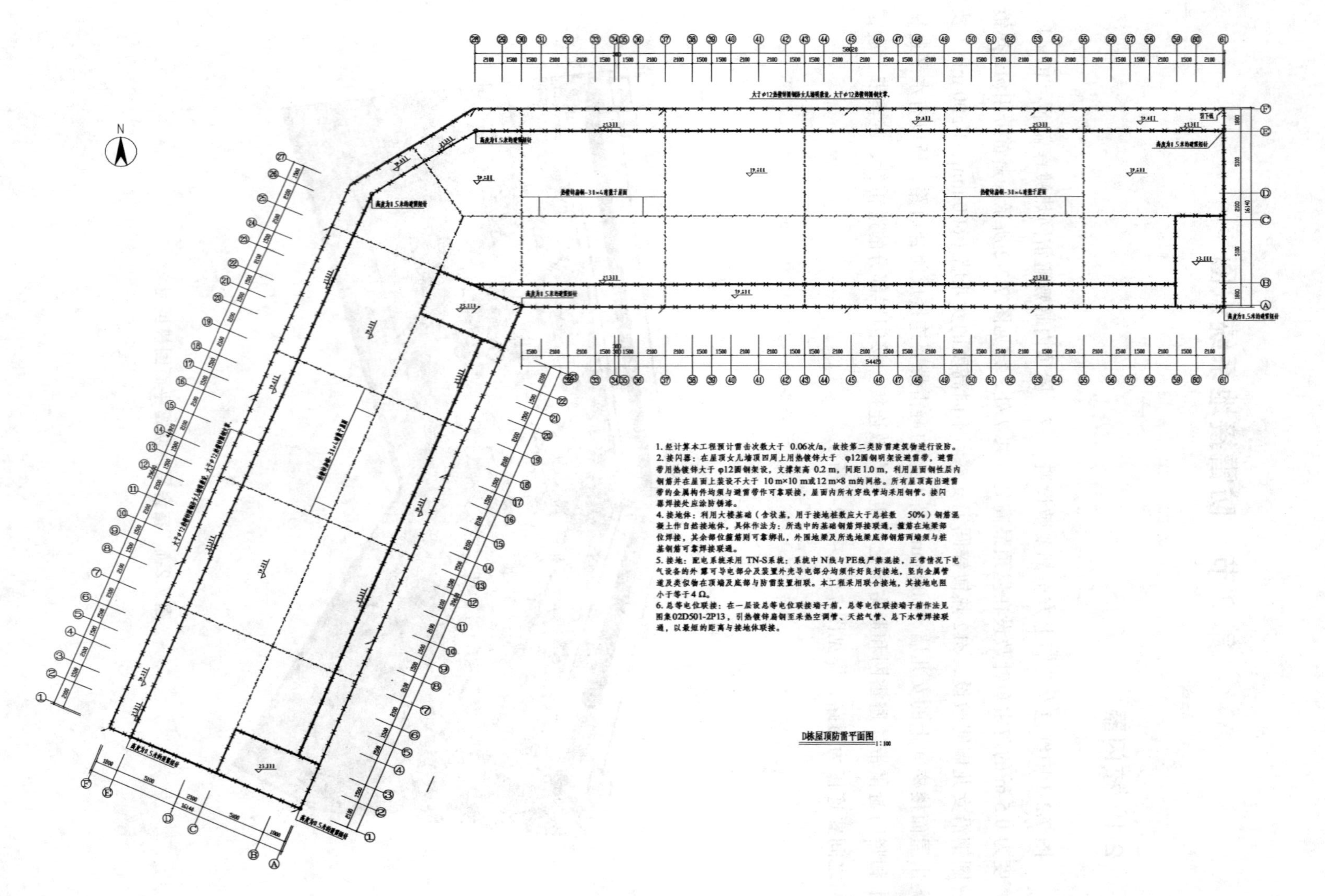

图 7.2-2　宿舍屋顶防雷平面图

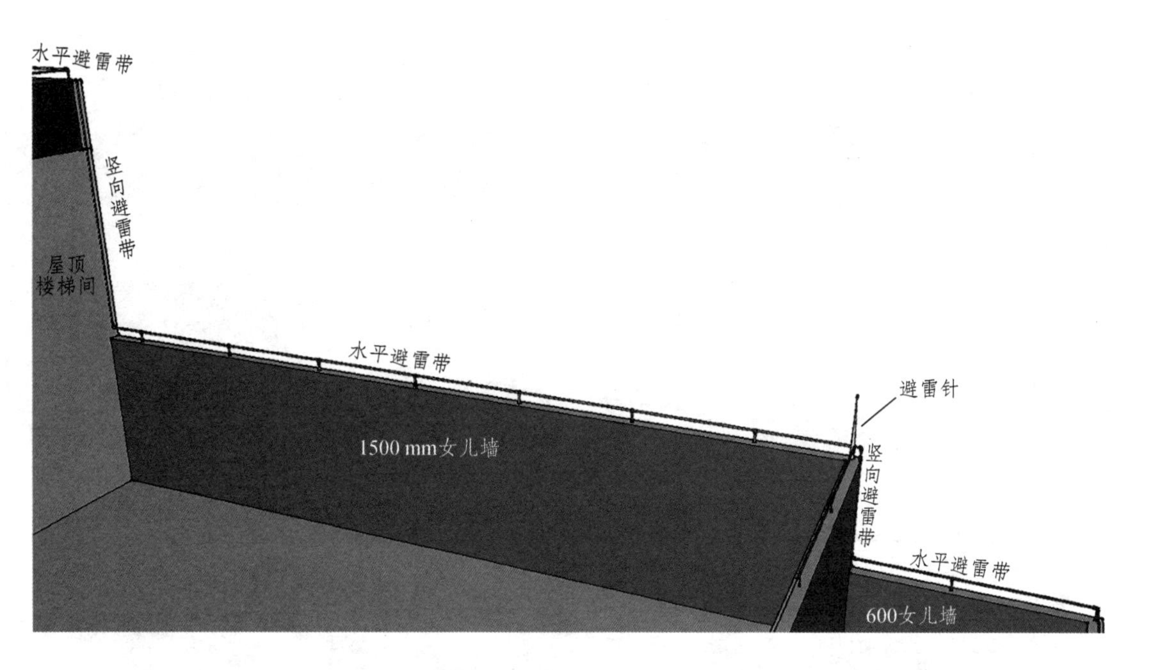

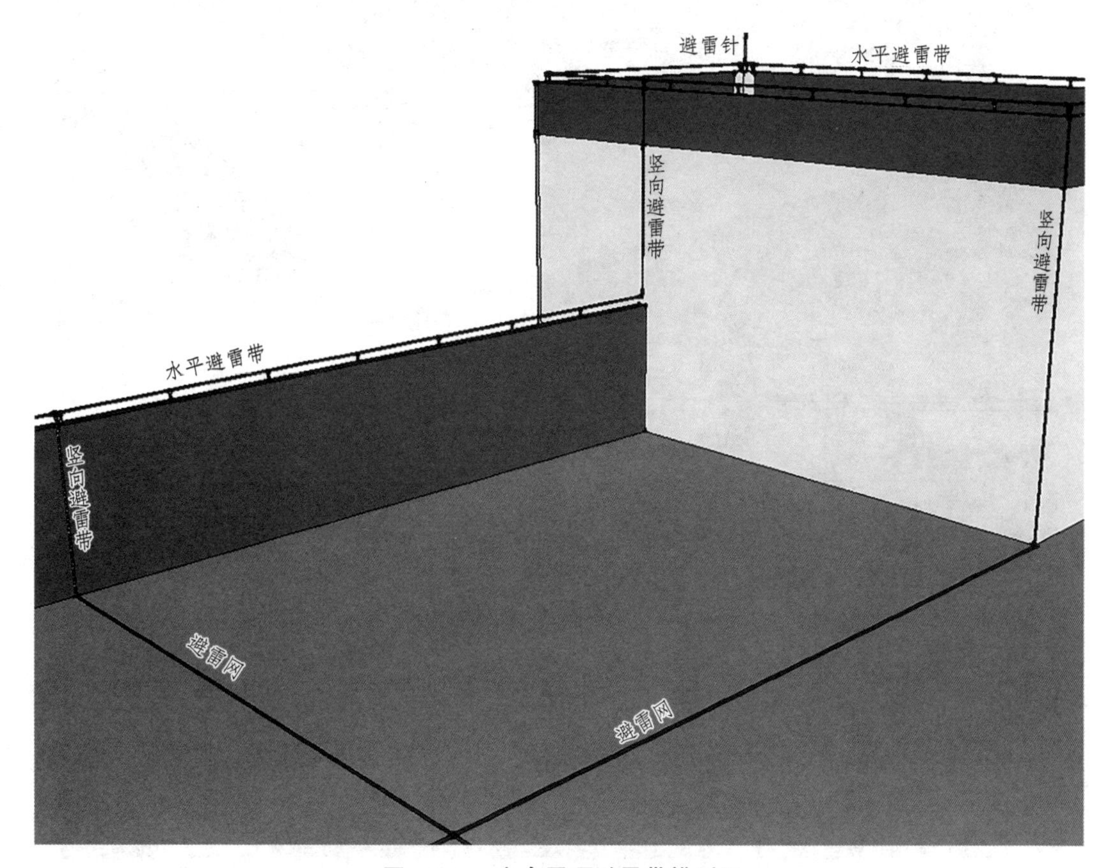

图 7.2-3　宿舍屋顶避雷带模型图

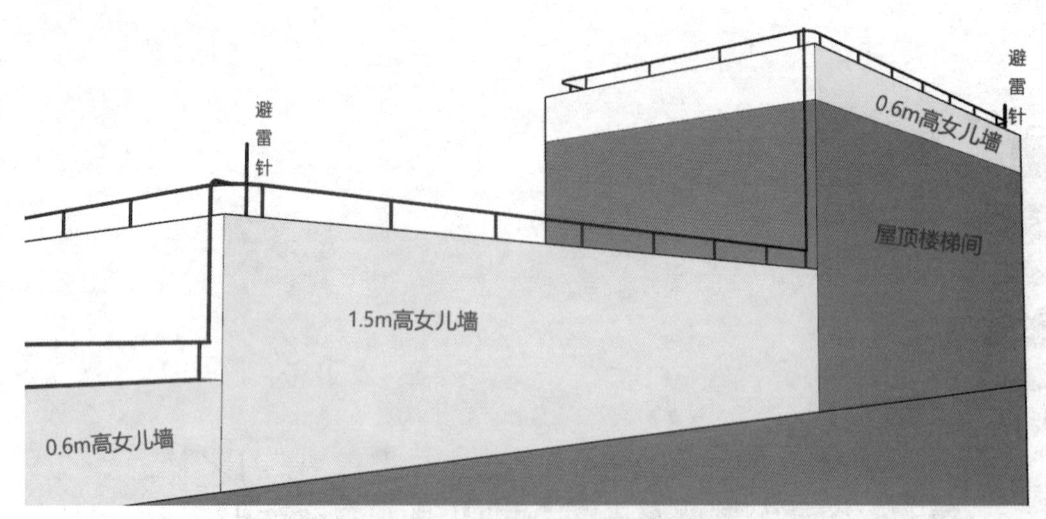

图 7.2-4　不同位置女儿墙上明敷避雷带

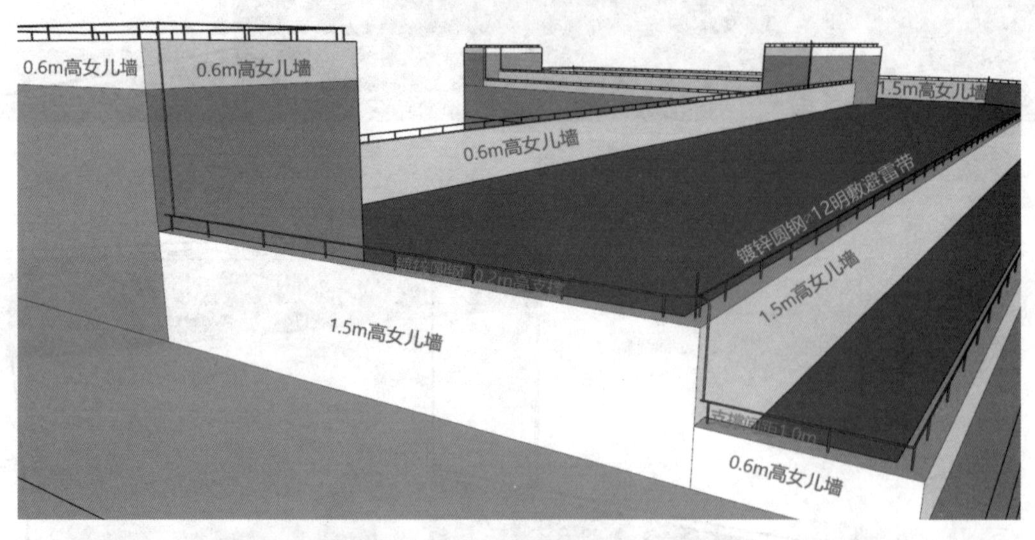

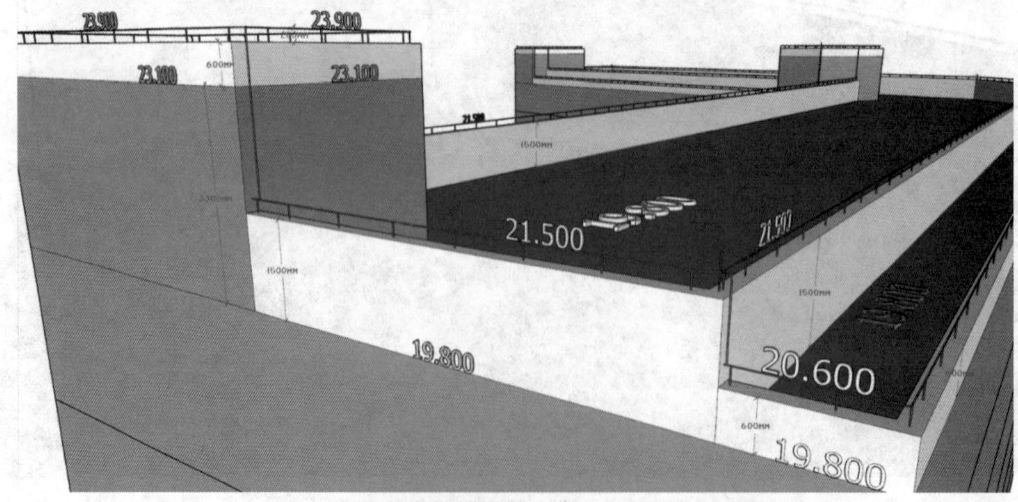

图 7.2-5　不同位置女儿墙上明敷避雷带的标高

根据上述模型和图纸将屋顶避雷网归纳为三类，分别是沿女儿墙明敷设热镀锌圆钢Φ12、屋面暗敷设热镀锌扁钢 – 30 × 4 避雷网、暗敷设热镀锌圆钢Φ12 避雷带，如图 7.2-6 ~ 7.2-9 所示。

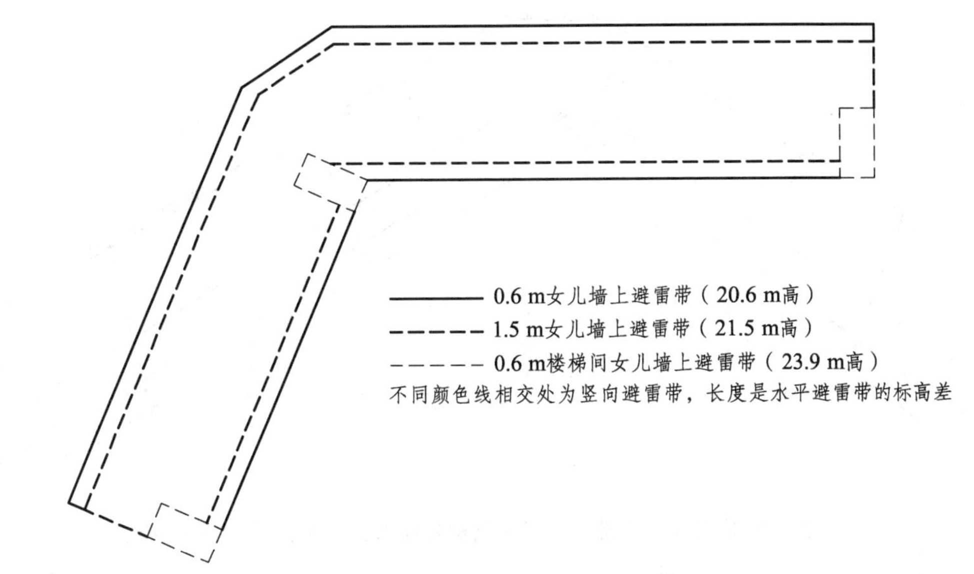

图 7.2-6　女儿墙上明敷避雷带

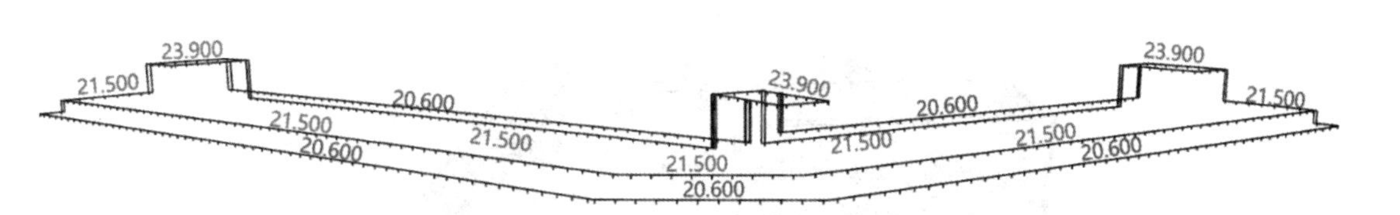

图 7.2-7　女儿墙上明敷避雷带模型

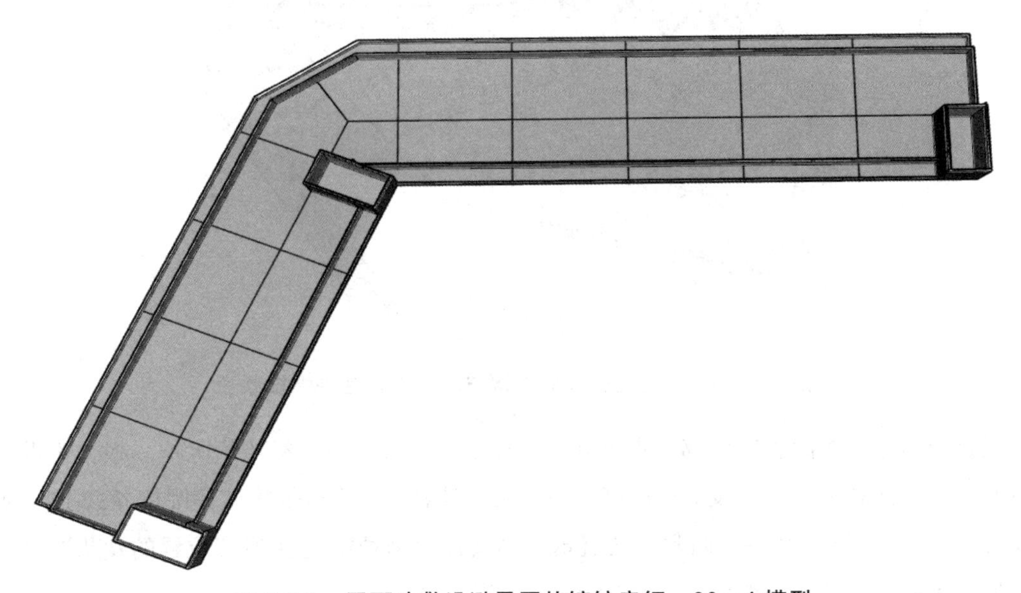

图 7.2-8　屋面暗敷设避雷网热镀锌扁钢 – 30 × 4 模型

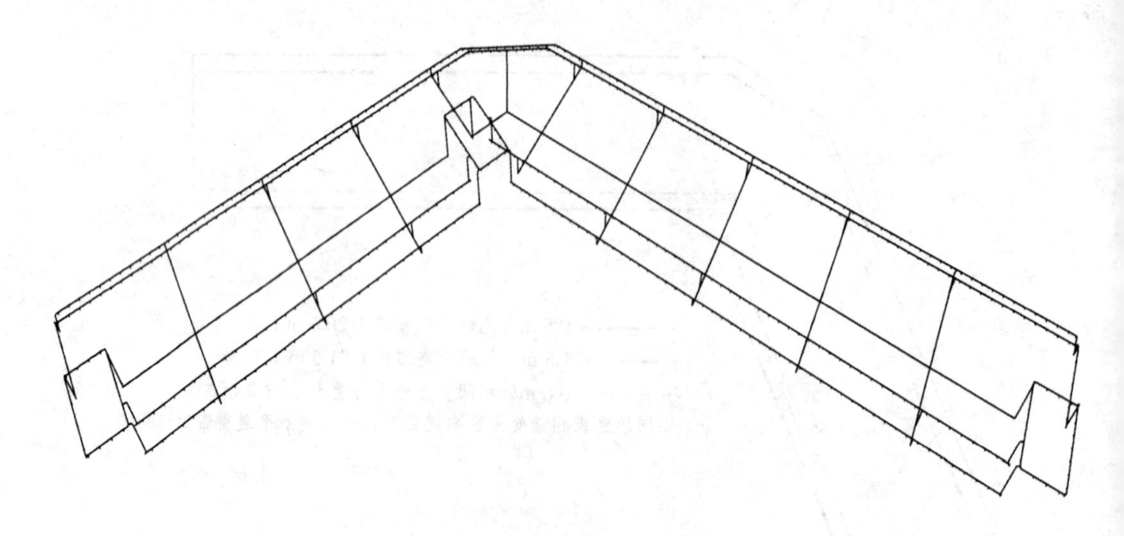

图 7.2-9　Φ12 暗敷避雷带联通屋面暗敷设避雷网与女儿墙明敷避雷带

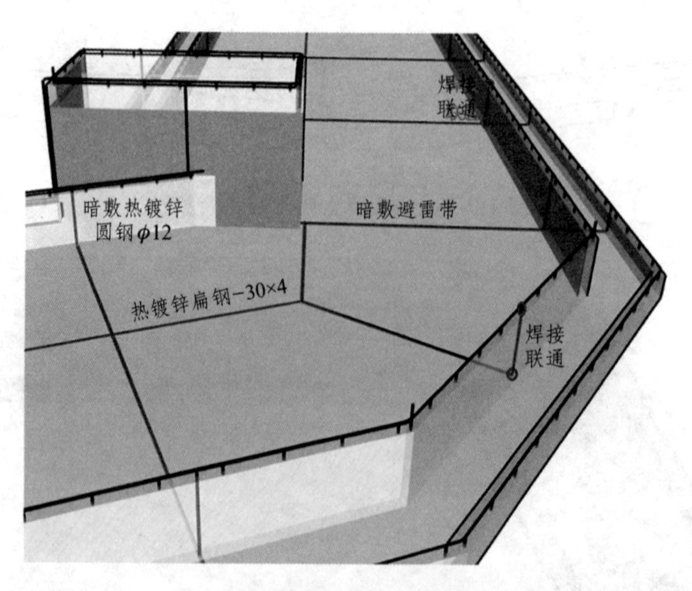

图 7.2-10　屋面暗敷设避雷网与明敷设避雷带焊接联通

屋顶接闪器所有的避雷网都要焊接联通，保证雷电通过引下线传给大地。根据避雷带、避雷网的不同标高和位置敷设对应的竖向避雷带。明敷设的避雷带热镀锌圆钢 $\Phi12$ 连接所有位置的女儿墙上明敷避雷带；暗敷设的避雷带热镀锌圆钢 $\Phi12$ 连接所有位置的女儿墙上明敷避雷带与屋面暗敷设的热镀锌扁钢 -30×4 避雷网。

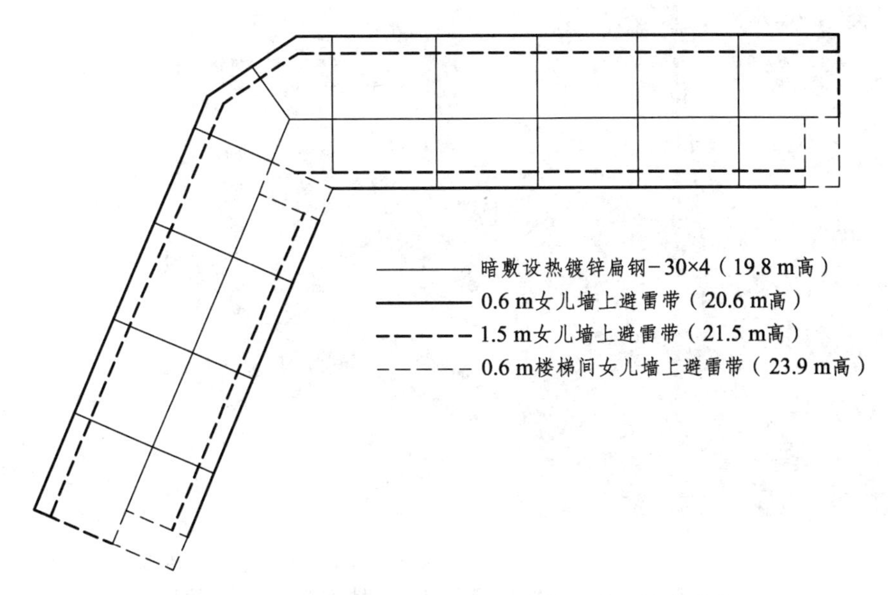

图 7.2-11　屋面暗敷设避雷网与明敷设避雷带连接点

2.2　引下线

引下线：利用所选取外围柱子中钢筋上下焊接联通，柱筋为ϕ16 及以上时，选用 2 根，柱筋为ϕ16 以下时，选用 4 根，上端与屋顶接闪器可靠焊接联通，下端与接地体可靠焊接联通；引下线共 17 处，引下线的位置详见平面图 7.2-12 所示。引下线与避雷网和接地线的连接如图 7.2-13 所示，柱钢筋作为引下线时，两根柱钢筋按一处引下线考虑，详见图 7.2-14 所示。引下线上端起点在女儿墙底部，下端到接地体地圈梁底部（标高－0.550 m）。

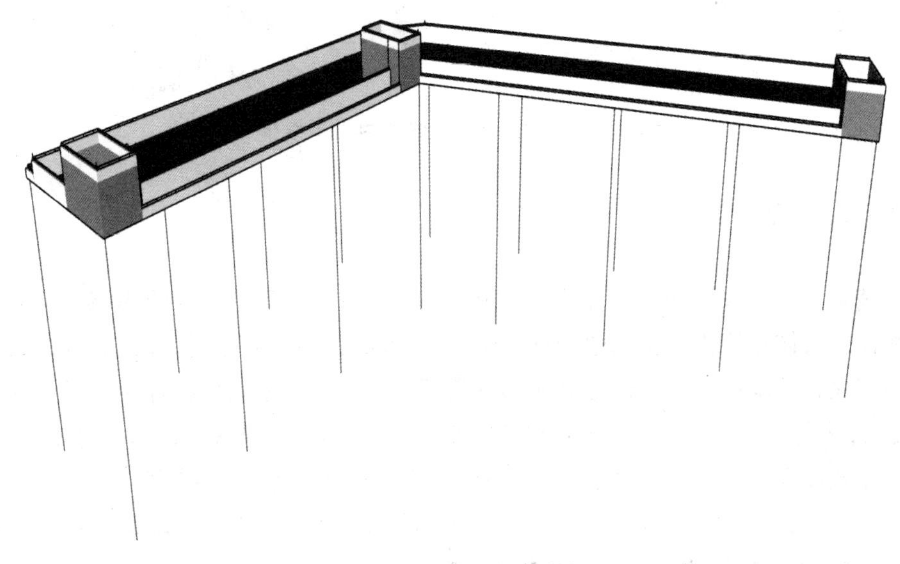

图 7.2-12　17 处引下线模型

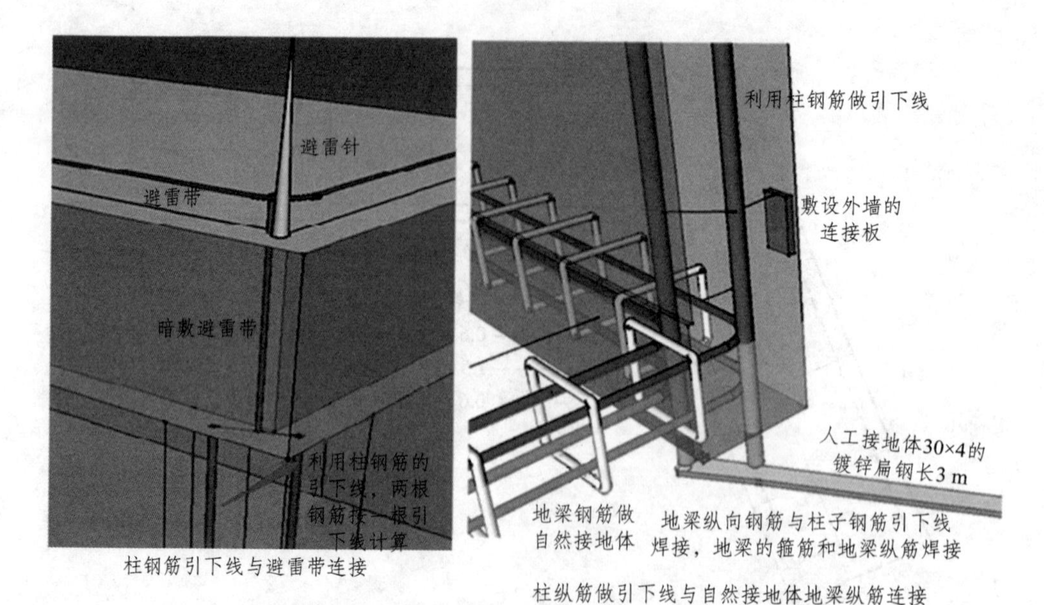

图 7.2-13　引下线与接闪器和接地体的连接模型图

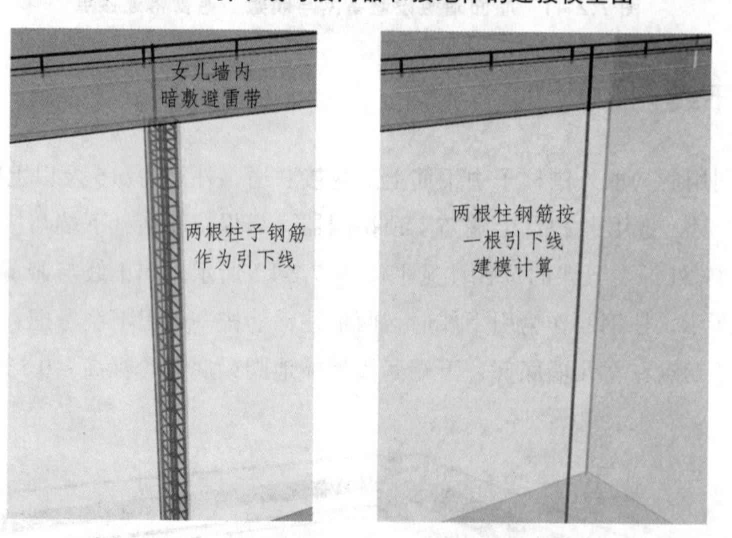

图 7.2-14　利用柱钢筋作为引下线模型图

2.3　接地体

接地装置：利用大楼基础（含桩基，用于接地桩数应大于总桩数的 50%）钢筋混凝土作自然接地体，具体作法为：所选中的基础钢筋焊接联通，箍筋在地梁部位焊接，其余部位箍筋则可靠绑扎，外围地梁及所选地梁底部钢筋两端须与柱基钢筋可靠焊接联通，详见平面图 7.2-15 所示；柱子纵筋为引下线，与地梁的纵筋焊接在一起，地梁纵筋即为接地体，见图 7.2-16 所示。在建筑标高为 – 1.0 m 处接人工接地体，为 30 × 4 的镀锌扁钢，长度 3 m 埋设在地基中，见图 7.2-17 所示。自然接地体（地圈梁钢筋）与人工接地体（30 × 4 的镀锌扁钢）要焊接联通，如图 7.2-18 所示。

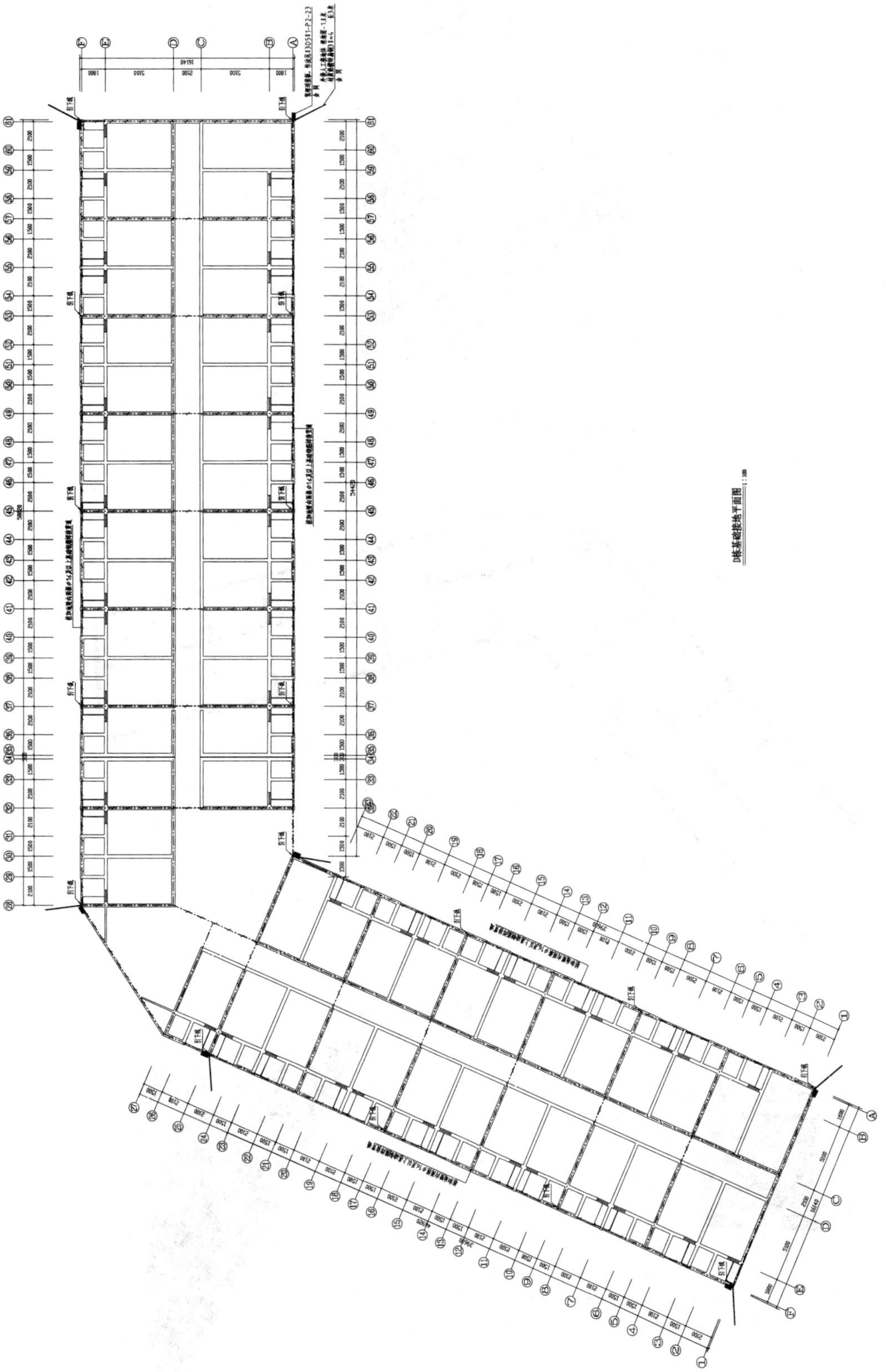

图 7.2-15 宿舍基础接地平面图

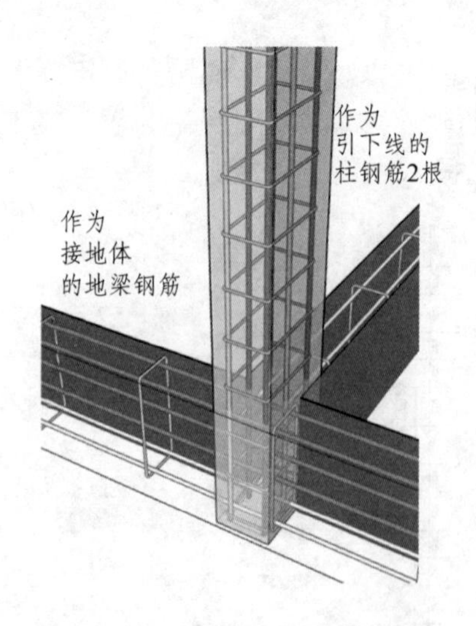

图 7.2-16　引下线和接地体连接

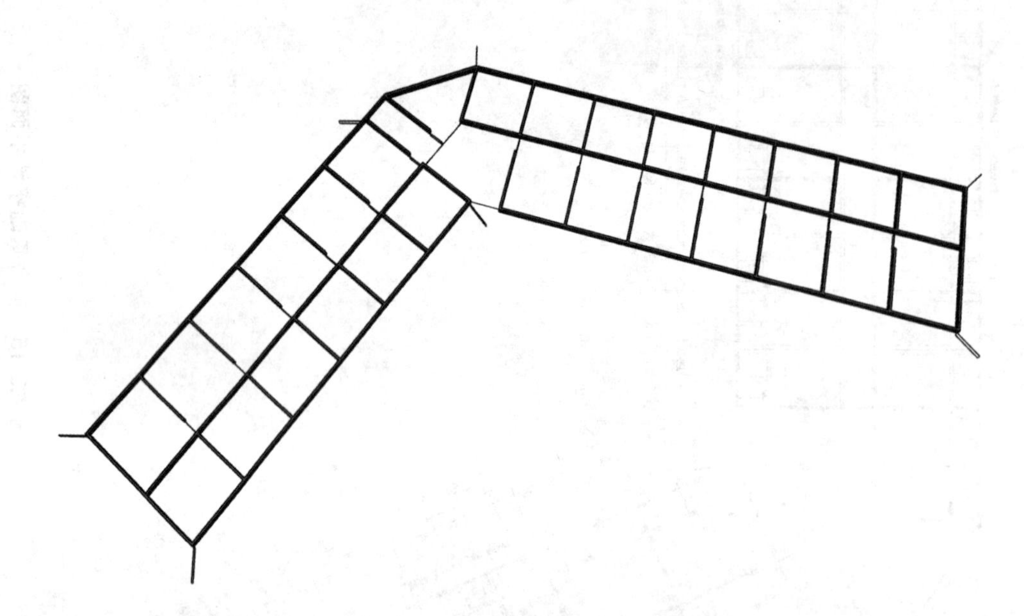

图 7.2-17　自然接地体和人工接地体

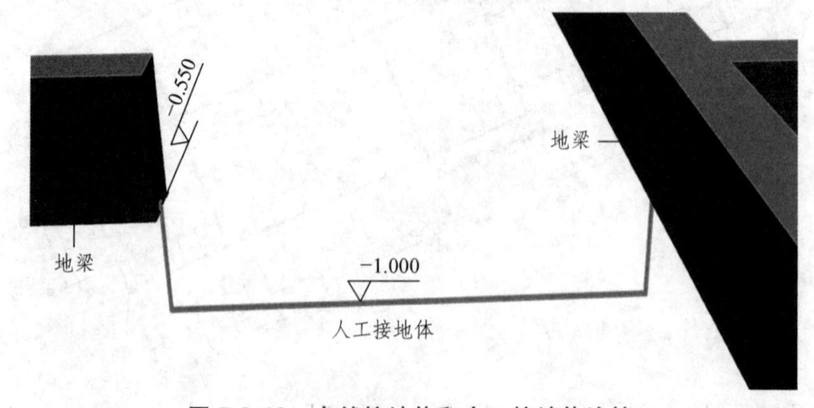

图 7.2-18　自然接地体和人工接地体连接

由于引下线为柱钢筋，所以不敷设断接卡，而是敷设连接板，根据图 7.2-19 可知，一般敷设在建筑外墙处。人工接地体和连接板共有 7 处，位置详见平面图 7.2-15，具体敷设见图 7.2-20 所示，具体做法详见防雷接地图集。

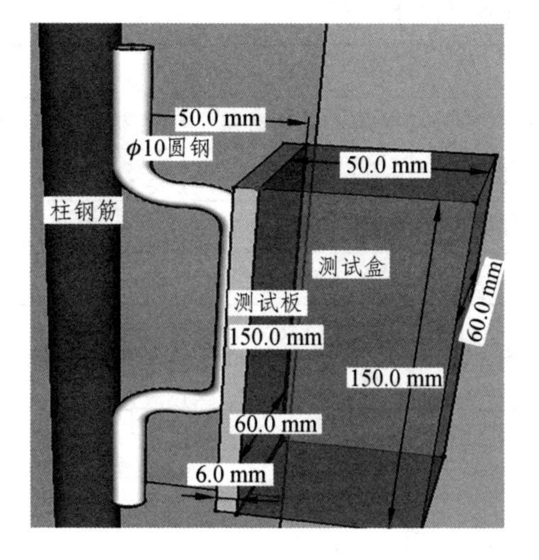

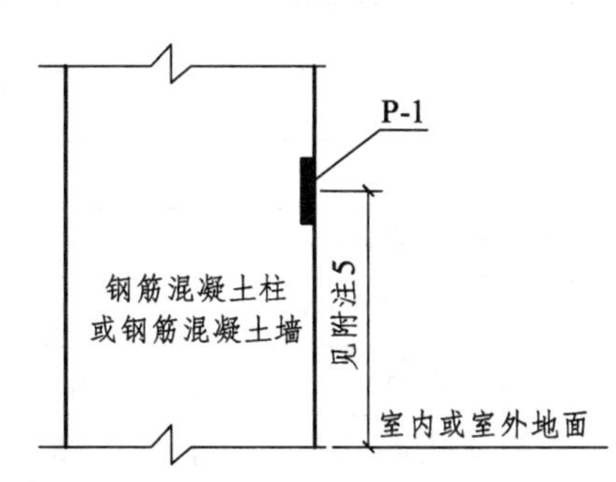

5. P-1 预埋板距地面的高度，由具体工程确定，距室外地面（用于连接人工接地体时）不低于 500 mm。

图 7.2-19　连接板敷设

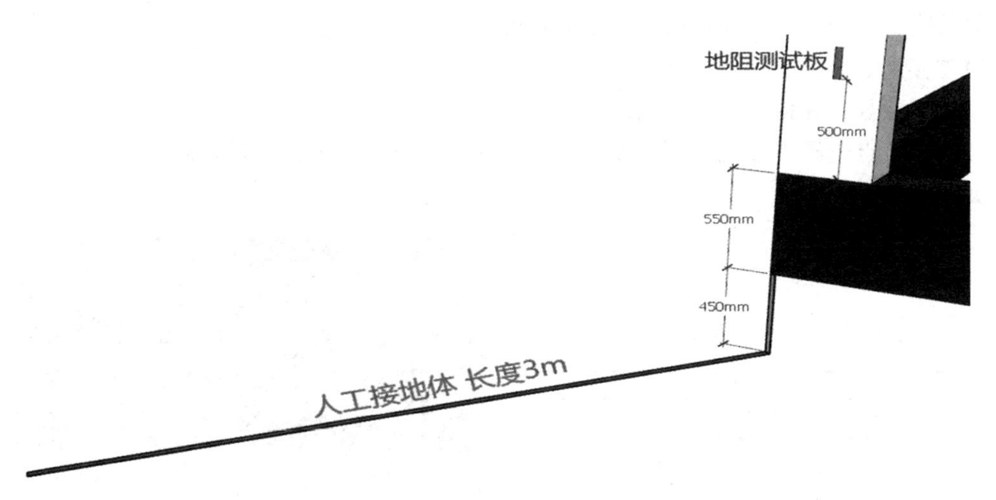

图 7.2-20　接地电阻测试板位置模型

第 3 节　防雷接地系统施工工艺

3.1　材料要求

（1）所有金属材料均使用镀锌件，如圆钢、角钢、扁钢、钢管、卡子、螺丝、螺栓、垫片等。

（2）卡子最好采用顶卡式，且应具有强度，不易变形。

（3）引下线甩出女儿墙处采用 2 根 Φ12 的镀锌圆钢。

（4）当设计无要求时，接地装置的材料采用为钢材，热浸镀锌，最小允许规格、尺寸见表 7.3-1。

表 7.3-1 最小允许规格、尺寸

<table>
<tr><td colspan="2" rowspan="2">种类规格及单位</td><td colspan="2">地 上</td><td colspan="2">地 下</td></tr>
<tr><td>室 内</td><td>室 外</td><td>交流电流回路</td><td>直流电流回路</td></tr>
<tr><td colspan="2">圆钢直径/mm</td><td>6</td><td>8</td><td>10</td><td>12</td></tr>
<tr><td rowspan="2">扁 钢</td><td>截面/mm²</td><td>60</td><td>100</td><td>100</td><td>100</td></tr>
<tr><td>厚度/mm</td><td>3</td><td>4</td><td>4.0</td><td>6.0</td></tr>
<tr><td colspan="2">角钢厚度/mm</td><td>2.0</td><td>2.5</td><td>4.0</td><td>6.0</td></tr>
<tr><td colspan="2">钢管壁厚/mm</td><td>2.5</td><td>2.5</td><td>3.5</td><td>4.5</td></tr>
</table>

3.2 焊接要求

连接应采用焊接，焊缝应饱满并有足够的机械强度，不得有夹渣、咬肉、裂纹、虚焊、气孔等缺陷，焊接处的药皮敲净后，刷沥青做防腐处理。

防雷接地焊接要求：

（1）双面焊，焊接长度大于 6*D*（*D* 为钢筋直径）。

（2）焊接点光滑平整无咬肉、加渣、漏焊现象，清除药皮，银粉防腐。

如图 7.3-1。

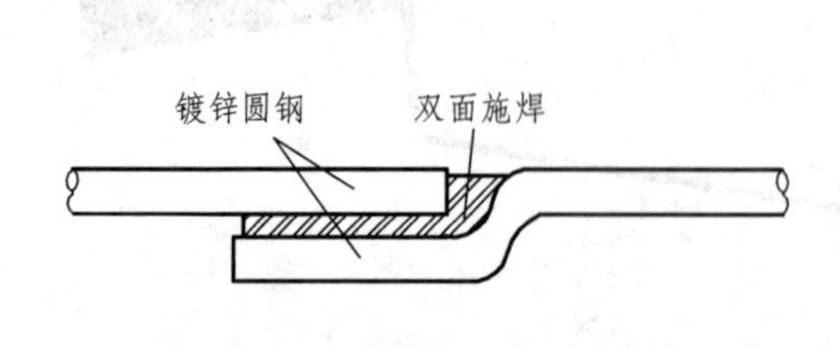

图 7.3-1 避雷网焊接

采用搭接焊时，其焊接长度如下：

镀锌扁钢焊接长度不得小于其宽度的 2 倍，且至少焊三边，煨弯不能太死，直线段不得有明显弯曲，并应立放。

镀锌圆钢焊接长度为其直径的 6 倍，并应双面施焊。

镀锌圆钢与镀锌圆钢焊接，焊接长度为圆钢直径的 6 倍。

镀锌扁钢与镀锌钢管（或角钢）焊接时，为了连接可靠，除应在接触部位两侧进行焊接外，还应将扁钢本身弯成弧形（或直角）与钢管（或角钢）焊接。

扁钢接地线做 T 型焊接时，暗敷设时可扭弯搭接焊接或采用 T 型焊接加辅助焊片，以保证其搭焊长度，明敷设时采用 90 度立弯搭接焊接。

每种焊接方法应保证同一工程焊接处的搭接长度一致，尤其在明装做法时，更应严格要求。

3.3 接地装置

1. 人工接地体

应选用角钢或圆钢，长度不小于 2.5 m，相互之间间距不应小于 5 m，其顶部应做成尖角；埋设时应挖深为 0.8 ~ 1 m，宽为 0.5 m 的沟，沟上宽下窄，打桩时，应采取措施，防止接地角钢或圆钢打劈。接地体应垂直设置，不得打偏，其顶部离地高度为 600 mm；接地体之间用镀锌扁钢焊接连接，扁钢应侧放，与接地体连接的位置距接地体顶部 100 mm，焊接达到上条要求，并留有足够长的连接长度；接地体埋设位置距建筑物不宜小于 1.5 m，遇有垃圾灰渣等时，应换土并分层夯实；当接地装置必须埋设在建筑物出入口或人行道小于 3 m 时，应采用均压带做法或接地装置上敷设 50 ~ 90 mm 沥青层，其宽度应超过接地装置 2 m。

2. 自然接地体

利用无防水底板钢筋或深基础做接地体，应按设计要求，将底板钢筋搭接焊好；将柱内两根相临或对角的钢筋与底板钢筋搭接焊好，并将柱内主筋用色标做好标记，色标颜色在同一单位工程中，应一致并与土建工程上用的颜色区分开。

3.4 接地干线

1. 室外接地干线敷设

室外接地干线一般敷设在沟内，回填土应压实但不需打夯，末端露出地面 500 mm，以便接引线。

2. 室内接地干线明敷设

室内接地干线多为明敷设，但部分设备连接的支线需经地面也可埋在混凝土内。明敷设接地线不应妨碍设备的拆除与检修。

接地线应水平或垂直敷设，也可沿建筑物表面平行敷设，不应有高低起伏及弯曲情况；接地线沿建筑物墙壁敷设时，接地干线距地面应不小于 200 mm，距墙面不小于 10 m，支持件间的水平直线距离一般为 1 m，垂直部分为 1.5 m，转弯部分为 0.5 m。接地干线敷设应平直，水平度及垂直度允许偏差 2/1 000，但全长不得超过 10 m；转角处接地干线弯曲半径不得小于扁钢宽度的 2 倍。

明敷设的接地线应表面刷黑漆，油漆应均匀无遗漏，但接地卡子及接地端子等处不得刷油。如因建筑物设计刷其他颜色，则应在连接处及分支处刷以各宽为 150 mm 的两条黑带，其间距 150 mm。

穿墙时，应套管保护，跨越伸缩缝，应做煨管补偿。在室内接地干线上隔 10 m，装设一个接地端子。

接地线引向建筑物入口处，应标以黑色接地标志。

3.5 引下线安装

引下线连接如图 7.3-2。

图 7.3-2 引下线连接

1. 引下线暗装

当利用建筑物主筋做引下线时应满足：利用所选取外围柱子中钢筋上下焊接联通，柱筋为ϕ16 及以上时，选用 2 根；柱筋为ϕ16 以下时，选用 4 根。上端与屋顶接闪器可靠焊接联通，下端与接地体可靠焊接联通。利用结构主筋作为防雷接地引下线时：

（1）双面施焊，焊接长度为 $6D$。

（2）接地引下线为墙体主筋时，要采用内外两主筋。

（3）接地引下线为柱子主筋时，要采用对角两主筋。

主筋搭接处接接地线的要求焊接，当主筋采用压力埋弧焊、对焊、冷挤压时其接头处可不跨接。

引下线扁钢不得小于 25 mm × 4 mm，圆钢直径不得小于 12 mm。

现浇混凝土墙内暗敷引下线时不做防腐处理，焊接应满足规范要求。

2. 引下线明装

明装引下线应躲开建筑物的入口和行人较易接触到的地点，以免发生危险。

每栋建筑物至少有 2 根引下线（投影小于 50 m^2 的建筑物例外），防雷引下线最好为对称位置，引下线间距不应大于 20 m。当大于 20 m 时应在中间多引一根引下线。

3.6 断接卡子或测试点

防雷引下线，接地体需要装设断接卡子或测试的部位、数量按图施工，无要求时按以下规定设置：

建筑物、构筑物只有一组接地体时，可不做断接卡子，但要设置测试点。

建筑物、构筑物采用多组接地体时，每组接地体均要设置断接卡子。

断接卡子或接地点设置的部位应不影响建筑物外观，应便于测试，暗设时距地高度为 0.5 m，明设时距地高度为 1.8 m。

防雷接地测试点安装：

（1）预留盒及盖板要定型专用产品，标识要清楚、永久。

（2）安装位置要美观、方便易于操作。

（3）高度 0.5 m。

断接卡子暗装盒应干净方正，最好为统一预制加工的镀锌件，所用螺栓直径不得小于 10 mm，并加镀锌垫圈、弹簧垫，同时加装盒盖并做上接地标记。如图 7.3-3。

图 7.3-3　断接卡

3.7　避雷网（均压环）安装

1. 避雷网

避雷网应平直牢固，不应有变形扭曲现象，距离建筑物表面距离应一致。平直度每 2 m，检查允许偏差 2/1 000，但全长不得超过 8 mm。避雷线弯曲处不得小于 90°，弯曲半径不得小于圆钢直径 10 倍。如图 7.3-4。

图 7.3-4　避雷网焊接

2. 屋顶避雷带

（1）避雷带安装高度 100 mm 支架每米 1 个，转角处 0.5 m，专用镀锌卡子。

（2）避雷线弯曲要有弧度，尽可能的大弯曲半径。

（3）突出建筑物的金属物都要做防雷连接。

避雷线如用扁钢，截面积不得小于 48 mm^2，如为圆钢，直径不得小于 8 mm。

避雷网支架高度为 100～200 mm，各支点间距不应大于 1 m。离拐弯中心点为 300 mm 设立支架，支架应有机械强度，不易变形。遇有变形缝应做煨弯补偿，各处煨弯造型应一致。建筑物屋顶上金属突出物，如金属旗杆、透气管、金属天沟、铁爬梯、冷却水塔、电视天线、风机、烟囱、广告牌等都必须与避雷网焊成一体。

3. 屋顶避雷带及突出金属物连接

（1）避雷带安装高度 100 mm 支架每米 1 个，转角处 0.5 m，专用镀锌卡子。

（2）避雷线弯曲要有弧度，尽可能的大弯曲半径。

（3）水泥捻口的金属管要焊跨接线。

（4）突出建筑物的金属物都要做防雷连接。

如图 7.3-5 所示。

图 7.3-5　金属构件与避雷网连接

上人的屋面尽量采取接地线暗敷，不宜设墩子明装避雷线，将各处要接地金属部件，用镀锌圆钢在屋面保温层暗敷到位。透气管的接地应与镀锌圆钢焊接，不宜采用抱箍卡接，突出屋面的各段管路都得焊接地线。

大型金属物象冷却塔等有必要做两处连接,无法焊接的部位要有专用接地螺丝压线连接。

图 7.3-6 为金属箱与避雷网连接。

图 7.3-6　金属箱与避雷网连接

对体积大、各金属部分连接不好处理的设备，如风机的风管、水塔、大型设备等的防雷方式最好做避雷针。避雷针采用镀锌钢管时，管壁厚度不小于 3 mm，针尖应搪锡，垂直安装固定牢固。

沿建筑物外轮廓线的室外彩灯应低于避雷网 30 mm。

4. 均压环

建筑物应根据设计要求设置均压环的高度，如没有要求应在 30 m 以上每隔 3 层围绕建筑物内墙内做均压环，利用结构圈梁内主筋或要筋与预先准备好的约 200 mm 的连接钢筋头焊接成一体，并与主筋中引下线焊成一个整体。当建筑物柱子与圈梁有贯通性连接时（绑扎或焊接）可不另设均压环。

从圈梁上各金属门窗洞口处，预留约 200 mm 的连接钢筋头或角铁，以与金属门窗接地。

外檐金属门窗、栏杆、扶手等金属部件的预埋焊点不应少于 2 处，与均压环焊成一体。

铝、钢制门窗与均压环连接，在加工门窗时就应要求甩出 300 mm 的铝带或镀锌扁钢 2 处，如超过 3 m，就需 3 处连接，以便压接或焊接。

本章小结

本章主要是讲解防雷接地施工图的组成和阅读技巧。图纸的阅读要以计量与计价为目的，根据防雷接地系统的定额和清单组成阅读施工图，为计量与计价服务。同时施工工艺的讲解也围绕接下来的计量与计价讲解。

课后作业

一、简答题

1. 防雷接地系统的组成有哪些?

2. 常见的接闪器有哪些?

3. 有几种形式的引下线?

4. 接地装置有几种类型?

课后作业答案

1. 防雷接地系统的组成有：

接闪器：避雷针、避雷带、避雷网。

引下线：专用引下线，利用柱钢筋作为引下线。

接地装置：自然接地体、人工接地体。

均压环。

2. 常见的接闪器有避雷针、避雷带、避雷网、避雷线等。

3. 引下线主要有专用引下线和利用柱钢筋作为引下线。

4. 接地装置主要分人工接地体和自然接地体，人工接地体包含接地极和接地母线。

参考文献

[1] 全国造价工程师执业资格考试培训教材编审委员会. 建设工程技术与计量（安装工程）[M]. 北京：中国计划出版社，2017.

[2] 中国有色工程设计研究总院. 03S402 室内管道支架及吊架[S]. 北京：中国计划出版社，2003.

[3] 中华人民共和国住房和城乡建设部. GB/T 50106—2010 建筑给水排水制图标准[S]. 北京：中国建筑工业出版社，2010.

[4] 上海建筑设计研究院有限公司. 09S304 卫生设备安装[S]. 北京：中国计划出版社，2009.

[5] 中国建筑科学研究院. GB 50300—2013 建筑工程施工质量验收统一标准[S]. 北京：中国建筑工业出版社，2013.

[6] 辽宁省建设厅. GB 50242—2002 建筑给排水及采暖工程施工质量验收规范[S]. 北京：中国建筑工业出版社，2002.

[7] 中华人民共和国住房和城乡建设部. GB 50268—2008 给水排水管道工程施工及验收规范[S]. 北京：中国建筑工业出版社，2008.

[8] 中国中元国际工程公司. GB 50974—2014 消防给水及消火栓系统技术规范[S]. 北京：中国计划出版社，2014.

[9] 浙江省住房和城乡建设厅. GB 50303—2015 建筑电气工程施工质量验收规范[S]. 北京：中国计划出版社，2015.

[10] 中华人民共和国住房和城乡建设部. GB 50617—2010 建筑电气照明装置施工与验收规范[S]. 北京：中国计划出版社，2010.

[11] 中华人民共和国住房和城乡建设部. GB 50575—2010 1 kV 及以下配电管线工程施工与验收规范[S]. 北京：中国计划出版社，2010.